U0518893

知识产权经典译丛
国家知识产权局专利复审委员会组织编译

专利估值

——通过分析改进决策

威廉·J. 墨菲

约翰·L. 奥科特◎著

保罗·C. 莱姆斯

张秉斋　肖迎雨　曹一洲　等◎译

赵　洪◎主审

知识产权出版社
全国百佳图书出版单位

图书在版编目（CIP）数据

专利估值：通过分析改进决策/（美）威廉·J. 墨菲（William J. Murphy），（美）约翰·L. 奥科特（John L. Orcutt），（美）保罗·C. 莱姆斯（Paul C. Remus）著；张秉斋等译. —北京：知识产权出版社，2017.10（2019.7 重印）

书名原文：Patent Valuation：Improving Decision Making through Analysis

ISBN 978 - 7 - 5130 - 5043 - 2

Ⅰ.①专… Ⅱ.①威… ②约… ③保… ④张… Ⅲ.①专利—估价—研究 Ⅳ.①G306

中国版本图书馆 CIP 数据核字（2017）第 210652 号

内容提要

本书分为三部分，共 13 章。第一部分主要介绍了与专利估值相关的基本知识，包括专利基本知识、估值基本知识、如何使用估值分析改进专利决策、分解与决策树及其在专利估值中的应用等；第二部分系统阐述了专利估值技术，包括估值之前的准备和三种基本估值方法，即收益法、市场法和成本法，并介绍了并入未来决策机会价值的高级收益法；第三部分介绍了专利估值实践，包括专利许可的定价、专利侵权损害赔偿的计算、利用专利进行担保贷款、专利证券化等方面的内容。

读者对象：知识产权法官、专利律师、资产评估师、专利估值师、专利分析师、知识产权管理人员、科研人员、专利审查员等。

责任编辑：黄清明　刘琳琳　　　　　　责任校对：潘凤越
装帧设计：张　冀　　　　　　　　　　责任出版：刘译文

知识产权经典译丛
国家知识产权局专利复审委员会组织编译

专利估值——通过分析改进决策

[美] 威廉·J. 墨菲　　[美] 约翰·L. 奥科特　　[美] 保罗·C. 莱姆斯◎著
张秉斋　肖迎雨　曹一洲　孙　夏　李会彩　郭佳欣　关楠楠　李敬辉◎译
赵　洪◎主审

出版发行：**知识产权出版社** 有限责任公司　　网　　址：http://www.ipph.cn
社　　址：北京市海淀区气象路 50 号院　　　　邮　　编：100081
责编电话：010 - 82000860 转 8117/8122　　　责编邮箱：hqm@cnipr.com
发行电话：010 - 82000860 转 8101/8102　　　发行传真：010 - 82000893/82005070/82000270
印　　刷：三河市国英印务有限公司　　　　　经　　销：各大网上书店、新华书店及相关专业书店
开　　本：720mm×1000mm　1/16　　　　　印　　张：19.5
版　　次：2017 年 10 月第 1 版　　　　　　　印　　次：2019 年 7 月第 2 次印刷
字　　数：374 千字　　　　　　　　　　　　定　　价：88.00 元
ISBN 978 -7 -5130 -5043 -2
京权图字：01 -2017 -5848

序

当今世界，经济全球化不断深入，知识经济方兴未艾，创新已然成为引领经济发展和推动社会进步的重要力量，发挥着越来越关键的作用。知识产权作为激励创新的基本保障，发展的重要资源和竞争力的核心要素，受到各方越来越多的重视。

现代知识产权制度发端于西方，迄今已有几百年的历史。在这几百年的发展历程中，西方不仅构筑了坚实的理论基础，也积累了丰富的实践经验。与国外相比，知识产权制度在我国则起步较晚，直到改革开放以后才得以正式建立。尽管过去三十多年，我国知识产权事业取得了举世公认的巨大成就，已成为一个名副其实的知识产权大国。但必须清醒地看到，无论是在知识产权理论构建上，还是在实践探索上，我们与发达国家相比都存在不小的差距，需要我们为之继续付出不懈的努力和探索。

长期以来，党中央、国务院高度重视知识产权工作，特别是十八大以来，更是将知识产权工作提到了前所未有的高度，做出了一系列重大部署，确立了全新的发展目标。强调要让知识产权制度成为激励创新的基本保障，要深入实施知识产权战略，加强知识产权运用和保护，加快建设知识产权强国。结合近年来的实践和探索，我们也凝练提出了"中国特色、世界水平"的知识产权强国建设目标定位，明确了"点线面结合、局省市联动、国内外统筹"的知识产权强国建设总体思路，奋力开启了知识产权强国建设的新征程。当然，我们也深刻地认识到，建设知识产权强国对我们而言不是一件简单的事情，它既是一个理论创新，也是一个实践创新，需要秉持开放态度，积极借鉴国外成功经验和做法，实现自身更好更快的发展。

自 2011 年起，国家知识产权局专利复审委员会携手知识产权出版社，每年有计划地从国外遴选一批知识产权经典著作，组织翻译出版了《知识产权经典译丛》。这些译著中既有涉及知识产权工作者所关注和研究的法律和理论问题，也有各个国家知识产权方面的实践经验总结，包括知识产权案件的经典判例等，具有很高的参考价值。这项工作的开展，为我们学习借鉴各国知识产权的经验做法，了解知识产权的发展历程，提供了有力支撑，受到了业界的广泛好评。如今，我们进入了建设知识产权强国新的发展阶段，这一工作的现实意义更加凸显。衷心希望专利复审委员会和知识产权出版社强强合作，各展所长，继续把这项工作做下去，并争取做得越来越好，使知识产权经典著作的翻译更加全面、更加深入、更加系统，也更有针对性、时效性和可借鉴性，促进我国的知识产权理论研究与实践探索，为知识产权强国建设做出新的更大的贡献。

当然，在翻译介绍国外知识产权经典著作的同时，也希望能够将我们国家在知识产权领域的理论研究成果和实践探索经验及时翻译推介出去，促进双向交流，努力为世界知识产权制度的发展与进步做出我们的贡献，让世界知识产权领域有越来越多的中国声音，这也是我们建设知识产权强国一个题中应有之意。

申长雨

2015 年 11 月

本书由国家知识产权局专利检索咨询中心主持翻译。

翻译：

张秉斋 （序言、致谢、作者简介、第 1~6 章）

肖迎雨 （第 7 章）

曹一洲 （第 8 章）

孙 夏 （第 9 章）

李会彩 （第 10 章第 1、第 2 节）

郭佳欣 （第 10 章第 3 节、第 11 章）

关楠楠 （第 12 章）

李敬辉 （第 13 章）

译校：

张秉斋 （第 8、第 9 章）

主审：赵 洪

作者简介

威廉·J. 墨菲是新罕布什尔大学（UNH）法学院商业与技术法研究生项目（从前的富兰克林·皮尔斯法律中心，美国知识产权顶尖学院之一）的法学教授和主席。墨菲与他人共同创建了"UNH 法学院知识产权估值研究所"（UNH Law's Intellectual Property Valuation Institute），目前担任该所的主任。从法学院毕业之后，在进入哈佛商学院继续深造之前，墨菲担任联邦贸易委员会竞争处的反垄断辩护律师。在哈佛商学院期间，他参与创建了一家教育软件公司和一家全球药物临床试验公司。他曾在哈佛的"Extension and the Radcliffe Seminars Programs"项目和波士顿马萨诸塞大学的管理学院为大学生和研究生授课。他是达特默斯学院的经济学客座教授，是爱尔兰科克大学的福尔布莱特奖学金获得者。在加入 UNH 法学院之前，他是知识产权法律事务所（Frankel，Murphy and Ogden）的创立合伙人。他是《市场竞争者研发合作》（*R&D Cooperation among Marketplace Competitors*）（Quorom，1990）一书的作者。墨菲曾获得宾夕法尼亚州立大学迪金森法学院的法学博士学位，并拥有哈佛大学商学院研究生院的硕士和博士学位。

约翰·L. 奥科特是"教员研究"（Faculty Research）的副主任，是新罕布什尔大学法学院的法学教授。奥科特与他人共同创建了"UNH 法学院知识产权估值研究所"（UNH Law's Intellectual Property Valuation Institute）及"国际技术转移研究所"（International Technology Transfer Institute）（它是一家专业研究与咨询中心，致力于通过提升政府投资的创新从大学或研究机构向商业领域流动来帮助世界各国促进经济发展）。奥科特是《影响中国创新未来：转型中的大学技术转移》（*Shaping China's Innovation Future：University Technology Transfer in Transition*）（Elgar Publishing，2010）的作者。在进入 UNH 法学院之前，奥科特在硅谷的 Robertson Stephens 担任技术投资银行家，在纽约和巴黎的 Shearman & Sterling 律师事务所担任资本市场律师。奥科特拥有加州大学伯克利分校的法学博士学位。

保罗·C. 莱姆斯是 Devine, Millimet & Branch, P. A. in Manchester, New Hampshire 律师事务所的股东。莱姆斯的知识产权业务主要集中于进行专利申请、起草非侵权意见和许可技术。他也调解涉及知识产权的争端，是美国地方法院调解专家组成员。莱姆斯也在涉及知识产权的私募和其他融资中代表公司和风险投资人。莱姆斯是列于《超级律师》（*Super Lawyers*）名录的首位新罕布什尔州知识产权律师，也被列于知识产权领域伍德沃/怀特《美国最佳律师》（*Best Lawyers in America*）名录，是新罕布什尔律师协会知识产权部（Intellectual Property Section of the New Hampshire Bar Association）的创始人和前主席。他勇于竞争，不墨守成规。莱姆斯拥有密歇根大学的法学博士学位。

英文版序

本书的目的非常简单：帮助发明人、企业家、管理人员、技术受让人、技术经理、律师、法官及其他参与专利过程的人员做出更好的专利决策。冠以"专利估值"之名的书籍的大多数读者都会认识到获得专利的发明是重要的，因此，本书将略过引言部分。知识产权书籍的典型引言一般会告诉读者知识产权尤其是专利在基于知识的世界中的重要性。本书假定读者已经了解，获得专利的发明为现代经济提供了基础，也为许多世界上最成功的公司提供了基础。

然而，很多读者或许没有充分认识到的是由两个相关概念产生的更微妙但同等重要的现实。第一个概念是，做出关于专利发明的创造、管理和防御的明智策略可以把竞争性成功（和重大财富创造）与竞争性失败（和经济浪费）区分开。为了让专利实现其产生价值的潜力，完成各种功能的众多行为人需要做出多重决策。例如，发明人需要决定从事哪个研究项目以及为该研究项目投资多少。如果该研究项目产生了可以申请专利的发明，发明人需要决定是否将该发明专利化；如果答案是要专利化，那么投资多少来申请专利？然后需要做出关于专利管理的决策。专利持有人应当应用该发明、将其转移给第三方或两者都做？如果专利持有人寻求转移其专利权的一部分或全部，那么应如何将该转移结构化？转移价格是多少？叠加所有这些决策同样也是重要的诉讼策略。专利持有人应对潜在侵权人提起诉讼吗，以及应在该诉讼上花费多少？专利持有人应当以什么价格和解？什么时候侵权嫌疑人应当和解掉潜在的诉讼？什么情况下应当申辩？随着专利的社会重要性持续增大，明智地做出这些专利决策（及其更多相关决策）中的每个决策的重要性也持续增大。

第二个概念是，专利决策可以被量化、比较、评估，通过认识到这一点，可以显著地改进专利决策。简言之，专利及其相关决策可以被估值和被隐含地估值，即使估值常常不被人注意。通过专业受训的思维过程，估值可让决策人确定出可以提供最有利结果的行动路线。尽管估值在其他商业情景中已得到认可，但是对于专利，估值一直发展很慢，尚未成为广泛的决策工具。造成未能系统地利用估值分析指导专利决策的一个原因（或许是最主要的原因）是普遍错误地认为专利估值太困难。因为大多数专利决策人认为对专利进行估值是天生困难的操作。他们常认为在估值上投入那么多精力是鲁莽的，除非绝对需要，例如当对一组专利权进行许可时。这样的想法是最误导人的。另外，未能认识到专利估值能够改进专利决策的程度。此外，专利估值过于困难的想法是简单错误的。本书的最基本前提之一是，专利过程中的每一个决策人都可以理解掌握理性的估值技术，都应当利用合理的估值技术。本书叙述性地描述了各种主题、说明性案例、一步一步的估值技术、用户友好的程序和核实清单，以及大量例子，它们有助于使专利估值成为可理解的、可被组织运用的决策工具。

本书概要

本书分为三部分。第一部分介绍专利估值与决策的基础。第 1 章"估值基本知识"概述了估值及其在决策过程中的作用。第 2 章"专利基本知识"介绍了专利法的基础知识。专利权对于发明生成价值的能力是关键性的，因此当对专利进行估值时理解这些权利是非常重要的。专利权与专利发明的潜在应用是分开的，专利权对于发明形成价值的能力是决定性的，因此，在对专利进行估值时，理解专利权是非常重要的。第 3 章"利用估值分析改进专利决策"综述了多种可受益于估值分析的专利决策，并考察了帮助指导在具体情况下进行何种程度的估值分析的决策战略。考虑到实际应用，本章还讲解了估值技术如何帮助决策理性化而不使其变成冗长过于累赘的工作。第 4 章"分解"介绍了如何将估值问题分解成其组成部分的基础工作，它往往是形成有用估值的至关重要的步骤。分解可以帮助评估师确定那些共同形成所估值项目的整体价值的各个因素，更好地理解这些因素及它们如何相互作用而形成价值，组织信息以便以可管理的方式处理信息，以及识别并消除对于估值过程不重要的额外信息。本章还讲解了如何将分解技术并入到专利估值分析之中。

第二部分提供了对专利进行估值的基本工具。第 5 章"估值准备"详细介绍了在开始精细的估值操作之前应当做的准备工作。第 6 章"收益法：未来经济效益折现分析"描述了用于专利估值的基本的未来经济效益折现（DFEB）模型。第 7 章"高级收益法：并入未来决策机会的价值"试图在基本 DFEB 模型的基础上扩展，以并入未来决策机会的价值。基本 DFEB 模型未完全捕捉到嵌在专利中的未来灵活性和选择机会，而更高级的技术（例如实物期权理论和决策树）可以做到。第 7 章探讨了这些高级技术的理论和实用性。第 8 章"市场法"分析了多种用于对专利进行估值的市场法，也解释了这些市场法的优点和缺点，以及如何高效地使用它们。第 9 章"成本法"介绍了用于对专利进行估值的核心成本法，并且阐释了如何实际使用成本法。

第三部分介绍了受益于专利估值的一些具体实用情形。第 10 章"专利许可的定价"研究了如何使专利许可结构化以及如何给专利许可定价。当专利权被自愿转移时，对一组专利权进行估值是最为关键的时刻之一；许可是这类转移的最常见方法。第 11 章"专利侵权损害赔偿"概述了专利侵权案件中计算损害的相关美国法。侵权诉讼的结果对于一方当事人可能是非常重大的；因此，了解如何计算专利损害赔偿金对于许多诉讼和非诉讼专利情境中的明智决策是很重要的。在许多专利决策中应当考虑到来自起诉的潜在净收益以及来自被起诉侵权的潜在净成本。第 12 章"开启专利中的潜在价值"介绍了专利中隐藏的资本形成潜力。开启专利资产的潜在价值以获得投资资本对于企业的创建和成长是至关重要的。本章描述了从专利中抽取这种潜在价值的许多新兴方法，并介绍了传统估值分析与这些新兴操作的交集。第 13 章"以专利为基础的税务规划策略中的估值"探讨了基于专利的减税策略，并介绍了估值在这些策略中的作用。

致　谢

知识产权估值研究所（IPVI）是新罕布什尔大学（University of New Hampshire，UNH）法学院知识产权富兰克林·皮尔斯中心的一部分，没有该研究所同事的帮助，我们不可能完成本书。我们的 IPVI 同事，特别是 Gordon Smith 和 Susan Richey 教授，在本书的写作过程中为我们提供了宝贵的帮助和见解。UNH 的法学助理教授 Jon Cavicchi 和 Tom Hemstock 是两位世界顶尖级法律图书管理专家，他们也给予了我们大量的支持。

在本书的撰写期间，我们还得到了许多极具才能的研究助理的帮助，其中包括 Jeremy Barton、Jacki Lin、Ian Muller、Sarah Rogers 和 Joseph Young，在本书研究和编辑过程中他们给予了我们慷慨而富有思想的帮助。

本书中我们所提供的各种决策树是利用 TreeAge Pro. 生成的。我们要感谢 TreeAge Software, Inc. of Williamstown, Massachusetts（www. treeage. com），该公司为我们提供了免费使用该软件的许可，使我们可以为本书构建决策树。

本书的作者也要感谢爱尔兰利莫瑞克大学（University of Limerick, Ireland）法学院的 Ray Friel 教授，他给了我们许多宝贵的建议和鼓励。作者还要感谢爱尔兰科克大学（University College Cork, Ireland）法学院，牺牲了 "2011 年电子法律暑期讲座"（2011 eLaw Summer Institute），为 Bill❶ 提供一些为本书工作所急需的时间。

最后，也是最重要的，我们要感谢我们的家庭和朋友所给予的支持。Bill 想感谢他的家庭，尤其是 Tyler 和 Kristen Murphy，他们不厌其烦地聆听专利估值的事情，他俩比任何两个大学生应当听的都多。John❷ 想感谢他的妻子 Corinne 及他的孩子 Xavier、Alexandre 和 Morgane 付出的所有牺牲，从而允许他为本书工作。John 特别要感谢 Morgane，在撰写本书期间，她是他办公室的 "常客"，并为他提供一贯的支持和鼓励。现在 UNH 法学院的每个

---

❶ 即威廉·J. 墨菲。——译者注
❷ 即约翰·L. 奥科特。——译者注

— Ⅵ —

人都很希望看到她。Paul❶ 想感谢妻子 Ann 及孩子 Amy、Dana 和 Jeb 对他的鼓励与支持。Paul 想特别感谢 Amy 和 Dana，这两位律师提出了似乎无穷无尽的假设性问题。

---

❶　即保罗·C. 莱姆斯。——译者注

目　录

第一部分　专利估值与决策的基础

第一部分

专利估值与决策的基础

第 *1* 章
估值基本知识

未经过估值就不能做出明智的决策。按照定义，决策需要在可选择的行动路线之间做出选择。暂且不谈价值的实际含义，理性的决策人将会寻求能够提供最大价值的可选方案。如果一个公司正在考虑是否购买一项资产，公司将会确定该资产对于公司的价值，并将其与取得成本进行比较。如果一个公司正在选择经营战略或融资战略，公司将会执行可以为公司提供最大价值的战略。明智的决策需要估值，这在许多商业情境中得到了人们的充分理解。你很难发现不依赖于估值作为主要决策工具的有能力的公司财务经理。

尽管估值已经在其他商业情境中被接受，但是对于专利，估值一直发展很慢，尚未成为广泛的决策工具。在专利情境中，只有在绝对需要时才趋向于进行估值分析。例如，当公司要将其专利权许可给第三方时，或者需要估计侵权案件的损害时，显然必须对该专利权进行估值。在其他时候有意识地对潜在的专利权进行估值是很不常见的。实际上，深入的估值工作仅限于当专利权财富要转手时或者需要将资产价值放到用于纳税计划或会计用途的账簿上时。然而，在其他情况下利用估值来做出专利决策仍然是例外而不是规则。二三十年之前，那时专利对于公司的成功还不那么至关重要，或可允许公司采用漫不经心的方法对专利进行估值并做出专利决策。现在的情况已经不是这样了。当今与专利有密切关系的成功经理、科学家、律师、代理人或政府官员时常被要求做出决策，而且理解和使用估值分析可以显著地改善决策过程。考虑一下公司每天都要面对的几个常见的与专利有关的决策：

- 公司应当从事哪个研发项目？
- 公司应当获得专利吗？
- 公司应当在哪个国家获得专利？
- 公司的律师应当多么宽泛地起草专利的权利要求？

■ 公司应当如何管理其专利组合？

■ 公司应当起诉可能的侵权人吗？

■ 公司应当如何响应侵权诉讼的威胁？

■ 公司应当如何使专利货币化？

对于那些有意或无意地试图避免估值分析的决策人，他们的回避努力不会成功。不论决策人接受与否，每一个决策都牵涉价值判断（被选定的选项优于未被选定的选项）。例如，当一个公司决定一个研发项目优先于另一个研发项目时，公司已经对它们做了价值评估，即：胜出的研发项目的价值高于另一个项目。当一个公司决定对一项专利诉讼进行和解时，该公司已经做了估值，即：和解选项的价值高于诉讼选项。因此，不是选择是否进行估值分析，而是选择采用有助于给决策提供信息的理性估值分析还是采用忽略有价值信息的马马虎虎过程。

传统上认为估值在专利情境中的作用有限，因为估值被感觉是如此复杂且不确定以至于估值所产生的信息不值所付出的努力。对于这种思路我们绝不同意。本书是基于两个我们希望贯穿全书来证实的基本原则：（1）对于专利，可以做出显著地改进专利决策的各个方面的合理的价值评估；（2）进行有益的专利估值并不困难。实际上，专利行业中的大多数参与者都可以理解、使用专利估值技术，从而在整个专利过程中改进决策。

在本章中，我们将：

■ 解释"价值"的含义是什么。

■ 提供专利过程的概述以及它可以实现什么。

■ 解释"准确地确定被估值的是什么"的重要性：发明、专利权，或二者。

■ 考察一些对于估值的常见误解，这些误解掩盖了估值操作的最终益处。

■ 提供对三种基本估值方法（收益法、市场法和成本法）的概述。

■ 考虑对估值和决策操作中的合理性的限制因素。

1.1 价值是什么？

估值分析寻求确定资产的价值。大多数人对于价值是什么具有直觉的认识：价值是指来自所述资产的利益。专利提供的统一利益（unifying benefit）是专利权帮助形成的现金流。公司为什么购买、出售专利权或者做出有关专利权的决策？有许多具体原因，但是连接每个专利决策的最重要原因是公司产生经济效益的欲望。就其本质而言，大多数公司都是利益驱动的实体。不论是否由法律规定（例如，股份有限公司的情况[1]），大多数商业公司的基本目的是产生利润。因此，一个公司积累、使用、转移、实施或者防御专利权的策略是由该策略产生"净"经济效益的能力驱动的；净经济效益是超出相关成本的经济利益，它能提高公司的经济地位。所以，专利估值分析是试图估计来自一个公司的与专利相关的决策的净经济效益。

专利权是怎样帮助权利持有人产生作为价值来源的纯经济效益的？这是我们在本书中将涵盖的一个主题。现在，请注意有两种选择：经济效益可以是直接的或是间接的。

1）直接经济效益：专利权可以为权利持有人创造如果没有专利权就不能获得的直接现金流。例如，持有专利权可以使得权利持有人产生源于将竞争对手排除在外的额外利润。

2）间接经济效益：专利权也可以为权利持有人产生间接经济回报。即，专利权可以：（1）通过减少或消除某些负面成本来为权利持有人节省金钱；（2）间接地帮助权利持有人来产生现金流（例如，专利可以显示研发优势，这可以帮助权利持有人募集投资资本，并建立其他业务）。

有时，专利也可以产生非经济效益（见文本框 1.1）。

文本框 1.1　工具价值 vs 内在价值（intrinsic value）

本书主要关注工具价值。专利如同商业工具一样具有价值，商业工具可为权利持有人提供一定的经济效益（直接效益和间接效益）。专利通常由公司或其他商业行为人持有，因此专利的工具价值是大多数权利持有人的主要关注点。

然而，不应忘记，对于某些权利持有人，专利或许也具有内在价值。很多发明人受可能的经济收益驱动而追求专利，而有一些发明人因专利的内在价值而追求专利。内在价值包括非经济报偿，例如持有专利而带来的声誉、个人成绩或成就感。对于这样的发明人，专利是成就和创造能力的标志，即使它不创造任何真实商业价值。专利的这种内在价值有助于解释为什么每年有那么多的专利被申请，而这些专利对发明人没有任何经济回报。

最后，价值是一个相对概念。完全相同的资产会产生非常不同的未来经济效益，亦即非常不同的价值，这依赖于谁拥有该资产和如何运用该资产。假定一个小的初创公司开发了一种影响血液流动的专利药物。这种药物可用于两

种不同健康状况的有效治疗：（1）它可以帮助治疗肺动脉高血压（PAH）；（2）它可以帮助治疗男性勃起功能障碍（ED）。该初创公司具有很强的研究能力，但是营销能力很弱。如果该初创公司保留着该专利并由自己营销该药物，利润（亦即该专利的价值）可能会较低。如果该初创公司决定将该药物的专利权许可给大的药物公司去营销该药物，利润（亦即该专利的价值）就可能会高很多。取决于谁持有专利权，同样的专利权会有两种非常不同的价值。同样的情况也适用于如何运用专利权。假设该初创公司将该药物的专利权许可给大的药物公司，由它决定如何营销该药物。它可能将该药物主要作为PAH治疗药物来营销，也可能主要作为治疗ED的药物来营销。这个假设性例子的结果是，ED市场远大于PAH市场，ED市场将产生更多利润。这再次说明，同样的专利权会具有两种不同的价值，但是这次运用（而不是谁持有专利权）是改变价值的变量。

正是价值的这种相对性让市场得以发展。不同的当事人对项目的估值不同，由此促进了交易，而交易是市场的驱动源泉。对于市场及其对专利估值的作用的讨论，参见第8章。

1.2 估值过程

应当如何确定价值？有几乎无限多的可能性：一些是符合逻辑的、合理的；一些则不然。然而，无论采用何种方法估计价值，价值评估的基础都是转换操作（见图1.1）。估值过程将复杂、不断变化、凌乱的现实转换成为简化的、用数字表示的度量（见文本框1.2），即估值结果。就专利来说，估值结果通常会以多少钱来表达，因为专利估值分析是为了估计来自专利的（直接和间接的）净经济效益。

图1.1 价值评估的基础是转换操作

文本框1.2 在估值分析中使用数字

使用数字是任何估值操作中最为重要的部分之一，也是最不准确的部分之一。数字本身是转换操作的结果，是估值师希望捕获的一些复杂现实

（例如，下年度来自专利的利润）的简化表示。这种将复杂现实转换成为数字（或数字范围）的过程是一简化过程。尽管在任何简化过程中都会丢失一些信息，但是利用简化方法的目的是保留尽可能多的关键信息而没有多余或使人分心的信息。当所有可以使用的简化方法都有丢失重要信息的风险时，评估师在解读任何评估分析的结果时都应注意并考虑丢失信息所造成的风险。

进行估值分析与三个基本变数有着密切关系（见图 1.2）：（1）信息输入（复杂、凌乱现实的度量）；（2）将这些输入转换成估值结果的估值方法；（3）产生的估值结果的解释。这种变量的组合是多数估值评论家将估值描述成为艺术与科学结合的原因。估值的科学部分是合理估值方法的符合逻辑的且一贯的应用，而艺术部分趋向于是其余的一切。信息变量的收集以及估值结果的解释都需要相当多的主观判断：什么样的信息将会被收集？什么样的信息将被忽略？丢失的信息如何处理？如何将不确定性、可能的未来结果以及在未来得到的新信息结合到分析之中？最后，估值结果真正意味着什么？

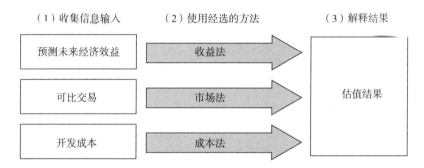

（1）收集信息输入　　（2）使用经选的方法　　（3）解释结果

预测未来经济效益　→　收益法

可比交易　→　市场法

开发成本　→　成本法

估值结果

图 1.2　估值分析与三个基本变数有着密切关系

由专利的本质决定，专利会给估值师带来特殊的信息输入挑战。专利的法律稳固性的不确定性以及发明的潜在技术生存力和商业生存力的不确定性使得用于专利的信息收集比用于许多资产种类的信息收集更为主观。专利的独特性质以及健全专利交易市场的缺乏加剧了这些挑战。因此，专利估值更偏重于艺术侧而不是科学侧。

1.3　确定估值的客体

任何估值操作的最初步骤之一是清楚地确定要估值的项目。对于专利估值，估值师必须弄清楚"专利"这一术语在具体的操作情境中指的是什么。问题产生于人们普遍赋予该术语的多种含义：它指发明应用、专利权，或两者。

1.3.1　发明应用、专利权，或两者？

有时"专利"这一术语用于描述专利发明的经济应用（见文本框 1.3）。有时它用于描述伴随一件专利的一部分或全部知识产权（例如，它可用于描述单个权利要求或实施例，或聚焦于与该专利相关的全部权利）。有时它用于整体性地描述发明应用和专利权。

文本框 1.3　专利发明的应用：专利物品 vs 专利方法

当考虑一项专利发明的商业应用时，有两种可能：

（1）市场中的一种产品，其产生于该专利发明；

（2）该专利发明做某事的应用。

有时，产品是专利的主题（按美国专利法的措辞是"专利物品"），因此同时具有这两种可能。而有时，专利的主题是一种方法（专利方法），该方法的应用会产生一种非专利产品。例如，假定一公司发现了一种生产筷子的新方法，该方法可以使筷子的生产成本降低 30%。最终产品不是可直接专利的，因为筷子是在数千年之前发明的。但是，该公司或许会获得一项制造筷子的新方法的专利。尽管在由专利方法生产的非专利物品上并不要求标注专利标识，[2]但是由专利方法所生产的筷子可以标注专利方法的标识。对于专利物品，要求标注专利标识，以便给出专利的主动警示，以避免无意识侵权，并在将来发生侵权时保留某些补救。

尽管潜在的发明应用与专利权是两种完全不同的产生价值的资产，但是要精确地将它们分开有时候是非常困难的，而且不值得如此麻烦。在那样的情况下，估值师可以选择进行一种"发明应用 + 专利权的组合"估值。风险投资家（VC）提供了这种组合方法的经典实例。当对一家初创公司的投资潜力进行评估时，VC 趋向于不将各个专利权的价值与专利发明的商业应用的价值分

开；相反，他们很可能把公司作为一个整体对公司的利润产生能力进行估值。对于具有一件、两件或三件专利产品的初创公司，VC 会整体地估计其产生未来效益的能力，而不太可能对构成该公司的每个专利权/发明应用资产进行单独估值。VC 的组合方法不是不讲道理的，但是它并非总是完满的。即使在 VC 投资的情境中，未能将发明应用的价值与专利权的价值区别开来也会导致 VC 和初创公司丢失关于初创公司整体价值的重要信息。考虑以下两种可能性：

（1）如果专利被宣告无效或者其范围被缩小，会怎样？

（2）如果专利权依然有效但是发明的应用在商业上不再可行，会怎样？

这两种可能中的任何一种都不是罕见的，这意味着 VC 和初创公司都会受益于将这样的可能性结合到他们的决策过程中。让我们一个一个地考察它们之中的可能性。

可能性 1：即使专利权不具有商业价值，发明应用仍可能具有商业价值

如果专利被宣告无效或其范围被缩小（例如当专利的多个权利要求之一被无效时），VC 在初创公司投资的价值会发生怎样的变化？这并不意味着由这样的专利权所覆盖的发明的价值将会被完全消除。发明应用或许仍然有价值并继续产生利润。一项发明的应用并不需要专利来产生价值。未获得专利的发明也可以通过不依赖于专利权的各种传统商业实践和技术来商业化并产生利润。几乎可以肯定，丧失专利权将会降低利润，但是并不意味着利润将会降低到零。

理解发明应用的独立价值可以有助于知会 VC 和初创公司。如果发明应用的独立价值很大，与投资相关联的风险就应该较低，也能够启示该技术公司应该将非独家专利许可战略纳入其商业计划。如果发明应用的独立价值很小，专利权的重要性就凸显，使得当事人将他们应有的工作集中在那些权利的稳固性上。

可能性 2：即使发明应用不具有商业价值，专利权仍可能具有商业价值

在专利的有效期内，发明的应用也可能会丧失其商业价值。例如，初创公司的竞争对手或许会开发一种"改进"，这种"改进"能缩减原始发明的商业生存力。在那样的情景中，初创公司会对发明本身的较早的商业应用失去兴趣。然而，原始发明的专利权会继续保持有价值，因为竞争对手为了制造、销售其"改进"会需要得到该初创公司的专利许可。

1.3.2 将发明应用的价值与专利权的价值分开

没有将发明应用的商业价值与相关联的专利权的价值分开的单一方法。如何分开将取决于许多因素，包括所采用的估值技术以及发明和专利权的以往记录。即使估值师没有正式地将发明的价值与专利权的价值分开,他/她也应当牢记,专利权的价值与发明应用的价值是不同的。该见解单独就可以改进估值工作。以上面讨论的典型的 VC 组合估值方法作为例子。文本框 1.4 说明,仅仅简单地认识到发明应用的价值与专利权的价值的分离性,用很少的额外工作,就可以帮助 VC 形成更有益的估值分析。

文本框 1.4　通过认识到发明应用的价值与专利权的价值的分离性来改进 VC 的组合估值方法

让我们假设,VC 正在考虑投资于一家销售一种主要产品的初创公司。该产品由三项专利所涵盖,每项专利都由该初创公司持有。VC 对该初创公司作为一个整体进行了估值分析,提出该公司的估值范围为 7 500 万 ~ 1.5 亿美元。驱动该估值范围的一些正面观察和假设包括:

- 该初创公司的经营团队的良好业绩记录。
- 该初创公司的强有力的销售与分配渠道,其提供了相对于竞争对手的竞争优势。
- 该初创公司产品的市场增长。
- 在未来几年收取溢价的能力,因为该市场当供应不足。

在消极的方面,三件专利的权利要求撰写得宽泛,如果受到挑战,有被无效掉的重大风险。

理解发明应用与专利权的单独价值可有助于知会 VC 对该初创公司的估值如下:

- 是发明的应用驱动该初创公司的价值,而不是专利权的价值。该初创公司产生未来现金流的能力主要取决于日益增长的市场、当前竞争对手的缺少以及该初创公司通过坚实的商业实践打击未来竞争对手的能力。
- 因此,专利权的弱性不应该减低该初创公司的价值太多。

1.4　关于估值的错误观念

有的估值书籍早早就引入并讨论数学概念和技术,这存在掩盖估值分析的主观性的危险。因而,在开始的时候就排除许多错误观念或许是有益的,这些错误观念会妨碍估值分析及其改进决策的能力。[3]

1.4.1　错误观念 1：估值分析只能由专家来进行

尽管由专家来进行价值评估是有益的，有时甚至是不可缺少的，但是将估值操作完全托付给外来的专家是不明智的。专家辅助对于完善的估值分析可能是非常重要的，但是过度依赖专家会缩减估值操作的价值。估值操作高度依赖于向具体估值方法提供的输入的质量。往往是，这些输入不是来自专家估值师，而是来自需要估值来指导其具体决策的参与者。理解用于提供给其所选择的估值方法的输入的局限性和含义的用户，与其他用户相比，将会更适于有效地解读和利用所产生的估值结果。

这一错误估值观念存留持久的原因源于对估值过程的误解、未能认识到亲自实际参与估值操作的益处以及许多人不愿意在他们惧怕的、没有充分训练或专业经验的领域工作。本书的一个目的是使估值过程非神秘化。正如读者将会看到，多数技术是在任何具有学习意愿和开放心态的人的理解力范围内。估值过程不是精确的科学，这驱使许多人转向专家权威，在面对不确定性时感觉专家能够消除疑虑；这种情况是令人不安的。不要害怕不确定性；较为理智的是参与估值过程并扩大对产生的估值结果的优缺点的理解。同样地，对估值的科学部分的理解——例如，哪个估值模型在哪种情形中应用最好，或需要什么才能正确地将一定的模型应用于可以得到的输入——可以使最终用户更好地懂得估值结果的局限性并适当地怀疑估值结果与某个确定真值的关系。

1.4.2　错误观念 2：估值分析的输出，即估值结果，比估值过程重要

估值过程涉及使用估值方法将围绕待估值对象的复杂、凌乱现实转换成为可用的、可比较的估值结果。当大多数人想到估值时，他们想到的是出自转换过程的数字；他们想到的是估值结果。遗憾的是，因为这夸大了转换过程的能力，低估了来自实施转换过程的洞见性知识。转换过程并不产生被估值对象的完美表示。转换过程的质量将依赖于所选估值方法的智慧、输入数据的质量以及估值师解读估值操作结果的能力。简而言之，估值结果的质量完全依赖于生成结果的过程的质量。

估值是与环境异常相关的工作，在一套环境中、一定时间点计算的价值不大可能适合于另一套环境、另一个时间点；记住这点也是非常重要的。不了解具体估值的过程和环境，往往会误解估值结果。

1.4.3 错误观念 3：方法越定量化、越数学化，估值结果越准确

定量模型以及数学的一贯应用提供了强大的估值工具。当考虑如何改进估值分析时，焦点常常是增加估值方法的复杂性，采用更多的定量和数学法。增加估值方法的复杂性或许是有益的，但是如果馈入该方法的输入数据过于不精确的话，这些有益效果会消失。一些常见的信息输入是可以计量的，并最终可以从真实世界获得，但是大多数输入，尤其是用于收益法的输入（见第 6 章、第 7 章），是来自估值的艺术侧并且包含相当多的主观解读。该专利产品未来 10 年的市场将会怎样？专利将为其持有人提供多大的定价权？竞争对手围绕专利进行发明有多容易（或多难）？这种类型的信息——其对于进行基于收益的估值分析是至关重要的——具有一种常常压倒形成精确数字表示的能力的主观要素。除非同时提高输入的精度，否则增加将那些输入转换成为估值结果的方法的复杂性将不会实质性地提高结果的真实度。可以把它看作是一个"垃圾进，垃圾出"（garbage in，garbage out）原理的例子。估值结果的质量不会高于输入的质量，无论数量运算多么复杂。

1.4.4 错误观念 4：估值分析必须生成精确的结果，只有结果精确了，才会有用

估值分析必须生成精确结果，只有结果精确了，才会有用。这是更难以克服的错误观念之一，因为它看起来是非常违反直觉的。现实是估值分析的客户会易于过度地关注估值分析的精确性。然而，估值天生就是不精确的工作。首先，估值分析本质上是相对操作，它并不单独地、绝对正确地确定资产的价值。资产的价值不是固定的内在性质，而是依赖于围绕该资产的环境。例如，谁拥有资产以及拥有者打算将该资产用于什么，将会极大地影响该资产的价值。其次，估值分析的功能会始终涉及高水平的不精确性。估值分析基本上是预测未来。换言之，商业资产，包括专利在内，其价值来自其在未来产生正经济效益（例如，利润）的能力。因此，对商业资产进行估值需要预测那些未来经济效益的程度，而预测未来总会伴有大量的错误。

估值分析的固有不精确性并不意味着估值操作是无用的，而是意味着决策者需要学会如何富有思想性地使用和解读估值分析。在第 3 章、第 4 章中，我们将详细讨论可能源于不精确但仍然有用的估值分析的决策改进。

1.4.5 错误观念 5：存在一种确定专利价值的神奇方法

估值服务的客户或许会被引导而相信存在一种确定专利价值的单一的、最

好的方法。当存在如此多的估值顾问而他们每人都有一种待售的具体估值方法时，这一错误观念或许是预期的结果。或许它是过分强调估值的科学侧而低估估值的艺术侧的结果，估值的科学侧方面具有数学公式和计算而估值的艺术侧方面存在未来预测、风险评估以及相当大的不确定性。然而，对于本书的读者将会非常清楚的一件事情是，用于对专利进行估值的方法有多种。每种方法都具有其优点和限制，而且没有一种单一、万能的方法。

1.5　三种基本估值方法

　　三种基本的估值方法是收益法、市场法和成本法。有时会使用不同的名称，或者声称有了某种新的估值方法，但是所有估值方法都可以追溯至这三种基本的估值分析方法。区分这三种方法的是各自用于产生估值结果的信息输入源（见图 1.3）。收益法寻求直接估量将从给定资产流出的未来经济效益。收益法是"瞻前"的操作，估值师预测未来并且使用对未来效益的预测作为模型的数据。市场法寻求通过参考其他买家和卖家对相同或相似资产的估值来确定资产的价值。对于市场法，估值师"环顾四周"，进行市场调查，并使用同时期市场交易作为模型的数据。最后，成本法寻求通过使用资产的某些可计量成本作为价值的代表来确定价值。成本法是"顾后"的操作；估值师"向后看"并使用历史成本作为模型的数据。

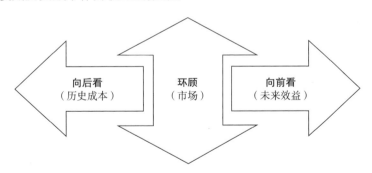

向后看
（历史成本）

环顾
（市场）

向前看
（未来效益）

图 1.3　三种估值方法使用三种不同类型的信息输入

　　以下是对于三种基本方法的概述（见表 1.1），意在让读者粗略地了解每种方法的经济基础。每种方法也是以后有关各章的主题（收益法是多个章节的主题）。在随后的有关各章中将详细地介绍各种估值方法、其优缺点以及如何使用各种方法对专利进行估值。

表 1.1　三种基本方法的概述

	收益法	市场法	成本法
该方法的焦点	预测将从给定资产流出的未来经济效益	考虑其他买方和卖方对相同或相似资产是如何进行估值的	使用资产的一些可计量成本作为价值的代表
该方法的常见例子	未来经济效益折现（或折现的现金流）分析	竞争性交易法 ■ 拍卖 ■ 不太正式的竞争性交易	开发成本
	实物期权分析	可比交易 ■ 估值比率 ■ 行业专利使用费率	合理替代方案的成本
		其他方法 ■ 影子定价法 ■ 替代物估值法 ■ 陈述性偏好法	

资料来源：该表受 Heinz Goddar 和 Ulrich Moser 所做的关于传统估值法的图的启发，见 "Traditional Valuation Methods：Cost，Market and Income Approach" in *The Economic Valuation of Patents*：*Methods and Applications*，eds. Federico Munari and Raffaele Oriani（2011），111.

1.5.1　收益法

　　收益法试图估计将从被估值资产流出的净经济效益。收益法的最常见形式涉及预测资产的未来净经济效益——其通常会被表达成自由现金流或净利润——然后将各种效益加起来。因为这些效益是将来随着时间而获得的，所以需要使用折现率以考虑金钱的时间价值、实际效益会低于预期效益的风险，等等。收益方法的最常见形式被称为现金流折现（DCF）分析，使用这一术语是因为该分析聚焦于预测被估值资产的未来自由现金流。然而，在本书中我们不使用 DCF 这一名称，而是将这一标准折现方法称为未来经济效益折现（DFEB）分析。我们相信 DFEB 分析这一术语能够更好地描述估值师应采用的总体估值方法，因为自由现金流并不是未来净经济效益的唯一相关量度。不论使用术语 DFEB 还是术语 DCF，这种收益法试图确定一个公司为在未来可能获得的净经济效益在现在应支付多少。DFEB 法是第 6 章的主题。

　　使用 DFEB 法的传统净现值预测的一个缺陷是这些预测未能捕捉未来的灵活性和选择。专利为其持有人提供了在未来做出合理选择的期权（option）。具有这些期权是非常有价值的，而将它们并入标准、线性的 DFEB 分析是困难的。已经有数种将未来灵活性的价值并入专利估值分析的尝试。赢得最大关注的方法是实物期权法（real options approach），但是它并不是唯一有生命力的方法。将未来决策机会的价值并入专利估值分析是第 7 章的主题。

1.5.2　市场法

作为一种估值工具，市场法试图通过使用自利的买方和卖方的智慧和经验来确定资产的价值。自利的买方和卖方可以利用许多估值技术来确定给定交易的价值。因此市场有助于聚集这些单个决策的结果。对资产进行估值的核心市场法有两种：

1）竞争性交易：识别并鼓励潜在买方市场为购置资产进行竞争，这有助于识别谁给予该资产最高价值。实际上，卖方是让市场"投票"，以确定买方现在愿意为被估值资产付出什么样的价格。

2）可比交易：资产的价值是通过查看过去或现在类似资产的价格范围确定的。价格来源于以下假设：一位理性的买方"不会为资产支付比购买类似代用物而花费的更多"。[4] 此外，如果类似交易发生在过去，则假定源于该过去交易的信息保持与在评审的交易相关。

除了这两种核心方法以外，还可以使用许多对资产进行估值的衍生的市场技术。市场法是第 8 章的主题。

1.5.3　成本法

可以将成本法概括为简单的一句话：资产的成本告诉你关于其价值的有用情况。尽管它们简单（或更可能是因为它们的简单性），成本法趋向于是三种类型的估值方法中最受广泛批评的一种方法。成本法似乎并不努力预测资产的未来净经济效益，这使它们容易成为批评的对象。当用于专利权估值时，有两种主要的成本法：

1）开发成本：一项专利应当至少值开发该专利技术并获得（和维持）该专利权所花费的总额。

2）合理替代方案的成本：一个经济上理性的技术收购方不会为一项专利付出比合理的替代技术的成本还多。

有一种趋势，其将这两种成本法混为一谈，并批评它们作为有用估值工具的妥当性。然而，这样的批评过于宽泛并且是会误导人的。例如，合理替代方案的成本会是非常有用的估值工具。成本法是第 9 章的主题。

1.5.4 三种基本方法的相互关系

尽管通常将这三种基本方法作为完全不同的估值方法来讨论，但是实际上它们并不是完全相互独立的。商业估值专家 Shannon Pratt、Robert Reilly 和 Robert Schweihs 提供了在对商业进行估值的情境下这三种基本方法的相互关系的下列解释：

> 收益法需要某种回报率，以此来使收益折现或资本化。市场的力量驱动这些回报率。所有的比较估值法都将市场价值观察与资产产生收益的能力的某种度量或与其资产的状况的某种度量相关联。成本法使用折旧和报废因子，这些因子在一定程度上是基于资产的市场价值的某种度量。[5]

当使用三种基本方法来对专利进行估值时，同样具有这样的相互关系。

1.6 估值与决策操作中的理性局限

在考虑估值基本知识时，还需要考虑另外一个概念。在过去的几十年中，认知科学的革命性发展已经改变了我们对人们在经济环境中如何行为的认识。描述于各种标题之下，例如行为经济学、神经经济学或认知经济学，对于人类思想过程的新研究表明，人们常常并不是经典经济学曾经假定的理性、效用最大化的经济决策者。[6]

本书中所讨论的大多数模型都假定决策者是理性的，并假定理性变成模型的一部分。近年来对真实世界的决策者和人类思想的研究表明，人类常常是非理性的，受各种产生于感知或环境的偏见的支配。[7]影响估值决策的最著名的偏见之一是"风险厌恶"。[8]风险厌恶是最为公知的人类特性，表现为系统性地偏爱避免不确定的潜在的更大奖赏，而选择更为确定的奖赏。当询问他们愿意选择有保证的 100 万美元还是选择赢得 140 万美元的 75% 的机会时，大多数人更喜欢前一种选择，即使后者的概率权值更大（它值 105 万美元）。幸运的是，有许多种将人的风险规避程度并入估值分析的技术；我们将在第 4 章中介绍这些技术中的一种，即决策树。

另一个已经被证明可以影响专利决策的人类偏见是"禀赋效应"（endowment effect），这一名称给予以下所观察到的现象：人们趋向于对于他们拥有的物品的估值要大于对于他们未拥有的、但希望获得的类似物品的估值。禀赋效应首次由研究者通过一系列"接受的意愿"（willingness to accept）vs"支付的意愿"（willingness to pay）实验而观察到。[9]在这些实验中，受实验者在放弃他们已经拥有的某物品时所要求的与他们得到相同的物品而愿意支付的相比要多得多。在专利拥有者与潜在的专利被许可人或购买者之间进行市场价格谈判时，这一效应会引起扭曲。

随着对人类偏见和非理性的理解的增加，我们将这些理性偏差纳入我们决策模型中的能力也会有所增强。

参考文献

[1] Damodaran, Aswath. 1994. *Damodaran on Valuation：Security Analysis for Investment and Corporate Finance.* New York：John Wiley & Sons.

[2] Damodaran, Aswath. 2001. *The Dark Side of Valuation：Valuing Old Tech, New Tech, and New Economy Companies.* Upper Saddle River, NJ：Prentice Hall.

[3] Kahneman, Daniel, Jack Knetsch, and Richard Thaler. Dec. 1990. "Experimental Tests of the Endowment Effect and the Coase Theorem." *Journal of Political Economy* 98：1325.

[4] Knetsch, Jack, and J. A. Sinden. 1984. "Willingness to Pay and Compensation Demanded：Experimental Evidence of an Unexpected Disparity in Measures of Value." *Quarterly Journal of Economics* 99：508.

[5] Koller, Tim, Marc Goedhart, and David Wessels. 2010. *Valuation：Measuring and Managing the Value of Companies.* 5th ed. Hoboken, NJ：John Wiley & Sons.

[6] Munari, Federico, and Raffaele Oriani, eds. 2011. *The Economic Valuation of Patents：Methods and Applications.* Cheltenham, UK：Edward Elgar.

[7] Murphy, William J. 2007. "Dealing with Risk and Uncertainty in Intellectual Property Valuation and Exploitation." In *Intellectual Property：Valuation, Exploitation, and Infringement Damages, Cumulative Supplement,* edited by Gordon V. Smith and Russell L. Parr, 40 – 66. Hoboken, NJ：John Wiley & Sons.

[8] Neil, D. J. 1988. "The Valuation of Intellectual Property." *International Journal of Technology Management* 3：31.

[9] Plous, Scott. 1993. *The Psychology of Judgment and Decision Making.*

[10] Pratt, Shannon, Robert Reilly, and Robert Schweihs. 2000. *Valuing a Business：The Analysis and Appraisal of Closely Held Companies.* 4th ed. New York：McGraw – Hill.

[11] Simon, Herbert. Feb. 1955. "A Behavioral Model of Rational Choice." *Quarterly Journal of Economics* 69：99.

[12] Smith, Gordon V., and Russell L. Parr. 2005. *Intellectual Property：Valuation, Exploitation, and Infringement Damages.* Hoboken, NJ：John Wiley & Sons.

[13] Thaler, Richard, ed. 1993. *Advances in Behavioral Finance.* Princeton, NJ：Princeton University Press.

[14] Tversky, Amos, and Daniel Kahneman. 1981. "The Framing of Decisions and Psychology of Choice." *Science* 211：453.

注　释

1. 参见，例如，*Dodge v. Ford Motor Co.*，170 N. W. 668（Mich. 1919）。

2. *Wine Railway Appliance Co. v. Enterprise R. Equipment Co.*，297 U. S. 387（1936）（经同意引用于 *Bandag*，*Inc. v. Gerrard Tire Co.*，*Inc.*，704 F. 2d 1578（Fed. Cir. 1983））。

3. 我们赞赏 Aswath Damodaran 教授就投资估值所做的工作。在其著作"*Damodaran on Valuation*"中 Damodaran 教授首先给出了许多关于金融投资的故事。见 Aswath Damodaran，*Damodaran on Valuation：Security Analysis for Investment and Corporate Finance*，2 - 4。其他估值作者也使用了类似的方法。我们在关于估值的错误观念这部分借用了这种方法。

4. Gordon V. Smith and Russell L. Parr，*Intellectual Property：Valuation，Exploitation，and Infringement Damages*（2005），169。

5. Shannon Pratt，Robert Reilly，and Robert Schweihs，*Valuing a Business：The Analysis and Appraisal of Closely Held Companies*，4th ed.（2000），46。

6. 这种革命性发展的开端或许可以追溯至 Herbert Simon 于 1955 年发表的开创性论文（他因此获得了 1978 年诺贝尔经济学奖），该论文引入了"有界理性"和"满意化"的概念，作为"最大化"的可选项。见 Herbert Simon，"A Behavioral Model of Rational Choice，"*Quarterly Journal of Economics* 69（February 1955）：99。

7. 关于有趣的（和数量还在增加的）认知偏见的列表，请读者查看 http：//en. wikipedia. org/wiki/List_ of_ cognitive_ biases（并希望向其投稿以增加内容）。

8. 自相矛盾的是，研究表明尽管人们会趋于规避风险，但是一旦经历了损失，人们就会采取追求风险的行为以便消除该损失。Amos Tversky and Daniel Kahneman，"The Framing of Decisions and Psychology of Choice，"*Science* 211（1981）：453。

9. 参见，例如，Daniel Kahneman，Jack Knetsch，and Richard Thaler，"Experimental Tests of the Endowment Effect and the Coase Theorem，"*The Journal of Political Economy* 98（December 1984）：1325；and Jack Knetsch and J. A. Sinden，"Willingness to Pay and Compensation Demanded：Experimental Evidence of an Unexpected Disparity in Measures of Value，"*The Quarterly Journal of Economics* 99（1984）：508。

第 **2** 章
专利基本知识

自人类历史以来，已经证明发明创造性社会比其他社会更为成功。不是体力或自然资源优势而是创造能力才是决定哪个社会兴旺、哪个社会衰退的最大因素。在当今基于知识的世界中，发明已经变得比以往任何时代都重要。新技术的创造和商业化是可持续经济增长和社会繁荣的驱动力。新技术创造新的产品、新的市场、新的经营方法，甚至全新的行业。不论在公司层面还是在国家层面上的经济成功，都需要源源不断的发明以及将这些发明转化成有用的产品和服务。

在发明过程以及发明在社会的实施中，专利扮演着独特且越来越重要的角色。商业上有用的发明通常是涉及许多参与者的复杂的、多因素过程的结果（见图 2.1，一个发明过程的例子）。典型的发明过程通常涉及以下参与者和活动：

- 发明人进行早期研究，形成有用的概念（构思）。
- 开发者采用有用的概念，（a）制作可以证明所述概念的商业效用的可使用的样机（品），并（b）完成产品开发。
- 发展用于新产品或服务的生产、销售能力。
- 如果新产品或服务证明是成功的，则扩大生产和销售能力。
- 每一步都需要资金。

通过提供发明中的可实施且可转移的知识产权，专利驱动着发明过程中的每一步骤。获得专利的能力促使研究者进行早期研究，并寻找各种资金来源（例如风险投资家或风投公司），从而为研究工作提供资金。专利也促进将发明概念转化成为商业上有用的产品或服务所需要的开发工作，从而也再次促进筹资工作。专利也鼓励、促进生产和销售能力的建立，以及将技术卖给第三方。

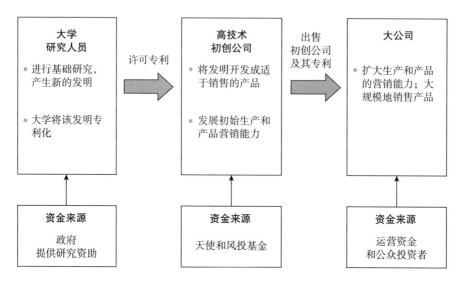

图 2.1　以大学为中心的发明过程的简化例子

可以通过许多数据来显示专利之日益增长的经济重要性。图 2.2 示出了全球 1991～2008 年专利申请的增长情况，图 2.3 示出了美国在同一阶段专利申请的增长情况。最后，图 2.4 示出了 2000～2010 年每年在美国地方法院提起的专利案件的数量。在此期间，每年提出的专利案件的平均数量在 2 600 件以下。

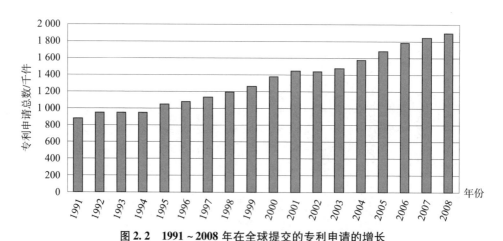

图 2.2　1991～2008 年在全球提交的专利申请的增长

资料来源：WIPO Statistics Database，2010 年 6 月。

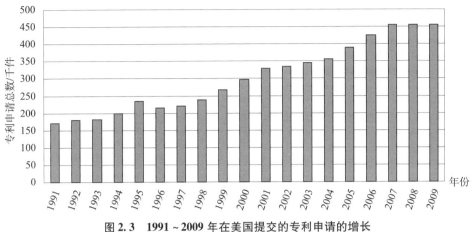

图 2.3　1991 ~ 2009 年在美国提交的专利申请的增长

资料来源：WIPO Statistics Database，2010 年 6 月。

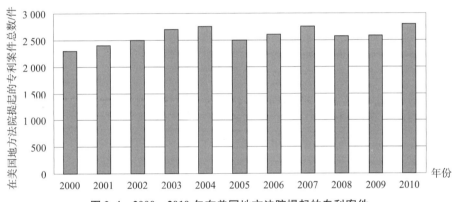

图 2.4　2000 ~ 2010 年在美国地方法院提起的专利案件

资料来源：Intellectual Property Litigation Clearinghouse。

　　专利权与发明的潜在应用是分开的（见第 1 章），它对于发明产生价值的能力至关重要，因此在对专利进行估值时理解专利权是关键性的。例如，专利的授权、应用、可强制实施性都是由相关专利体系的法律规定来驱动的。那些法律法规是专利经济价值的主要决定因素。本部分将聚焦于伴随专利的一系列法律法规。专利法是非常复杂的，需要理解一大堆法律、条例和法院判决。使事情更为复杂的是，专利保护是基于不同国家而规定的，这意味着需要理解并处理不同国家的专利法的具体变化。

　　在本章中，我们将：

　　　　■ 用平易的文字介绍专利法的基本知识。

■ 聚焦美国专利法,并解释美国专利持有人是如何与更广泛的国际社会相互影响的。

2.1 专利是什么?

美国宪法赋予国会"通过使作者和发明人获得他们各自作品和发现的有限时期的排他权利来促进有益技术领域中的科学的进步"的权力。[1]在 1790 年,国会通过美国第一部联邦专利法行使了这一权力。该法及其随后的法律批准了通常所称的实用专利。实用专利保护新的、非显而易见的有用发明,例如机器、装置、化学组合物和制造过程。实用专利赋予其持有人排除他人在美国制造、使用或销售该专利发明的权利,期限为从专利申请日起 20 年。专利持有人可以对任何未经授权而制造、使用或销售该专利发明的人提起侵权民事诉讼。

当提到专利时,大多数人想到的是实用专利,然而,还有其他三种类型的专利。其中一种类型的专利是临时专利,它可以用作获得实用专利的垫脚石。与实用专利相比,临时专利在形式上不要求那么严格,因此,它可以比实用专利更快、更便宜地提交申请。临时专利充当实用专利的"占位"。如果在提交临时专利申请后的一年内提出实用专利申请,则该实用专利申请可以回溯至该临时专利申请的日期。

另外两种类型的专利是设计专利和植物专利。它们涵盖实用专利未涵盖的主题。设计专利可用于装饰性且主要是非功能性的设计。植物专利仅可用于保护无性繁殖的、明显的且新的植物品种,例如,开花植物和果树。

2.1.1 由专利赋予的权利:排他权利

专利赋予其持有人从专利申请日开始为期 20 年的一定权利。伴随专利的最基本权利是,排除他人"在美国制造、使用、许诺销售或出售该发明的权利;如果该发明是一种方法的话,则是排除他人将通过该方法制造的产品进口到美国的权利"[2]。专利权从根本上说是负(negative)权利而不是正(positive)权利:

■ 负权利使权利持有人有权阻止他人做某事。
■ 正权利使权利持有人有权做某事。

专利持有人具有排除他人行使一些与专利发明相关的行为的权利。专利并不赋予其持有人任何制造、使用或出售专利发明的正权利。正、负权利之间的这种区别可以通过一个例子来说明。第一个发明人发明了三腿凳子并获得了专利，该凳子如图 2.5 所示。（我们知道，凳子不是可以专利的发明，但是为了说明正权利、负权利之间的区别，像凳子这样的简单物体可以提供方便的例子）在使用这种凳子并产生背痛之后，第二个发明人发明了一种改进的凳子即带有靠背的三腿凳子，如图 2.6 所示，并获得了专利。第二个发明人可以排除他人制造、使用或销售该改进的凳子，但是他/她自己不可以制造、使用或销售该改进的凳子。如果第二发明人制造、使用或销售该改进的凳子，他/她就会侵犯第一个发明人的专利。简言之，发明人不能仅仅因为其拥有涵盖改进的产品或方法的专利而侵犯另一个人的专利。

图 2.5　三腿凳子　　　　　　图 2.6　对三腿凳子的改进

如前所述，专利权是基于不同国家而授予的，这意味着权利受限于授权国的边界。对于美国专利，所述专利权仅在美国适用。

2.1.2　专利的主题

美国专利法第 101 条规定专利的主题资格如下：

> 无论何人发明或发现了任何新的且有用的过程、机器、制造品或组合物，或者其任何新且有用的改进，都可以获得其专利……[3]

包含"改进"意味着专利不仅仅用于重大的、历史性的发明。通常，公司不会仅仅对新产品申请专利，而还会对现存产品的改进申请专利，以防御其产品线。

除了改进之外，第 101 条还列出了四类可专利的主题。第一类是过程（process），其由方法（method）或程序（procedure）组成，典型的是做某事的方法或使用某物的方法。过程包括已知过程、机器、制造品或组合物的新应用。其他三类可专利主题，即机器、制造品或组合物，一般是物。法院认为，这三类归结起来可以涵盖"由人制造的天下任何东西"。[4]

尽管对可专利主题概念的解释很宽泛，但是法院创建了可专利主题的三种排除：自然规律、自然现象和抽象概念。专利的目的是促进科学的进步，如果可以将自然规律专利化并阻止他人使用的话，就会与这一目的相左。对于自然现象的排除，也是同样的情况；但是其应用是许多争论的主题。例如，对于分离到人体外的人基因是否是自然现象，或者人基因的分离是否已足够地改变了人基因，使得其不再是自然现象，法院已经得出不同的结论。

对于在什么情况下过程只是抽象概念的问题的争论更多。商业方法专利申请数量的急剧增长引起了人们对它们中的大多数是否只是抽象概念的描述的疑问。美国最高法院的 *Bilski v. Kappos* 案[5]裁定驳回了"机器或转化检验"（machine – or – transformation test）是过程权利要求的可专利性的唯一检验的观念。"机器或转化检验"让发明人通过显示一过程权利要求是与一具体机器相联结的或通过显示一过程权利要求转化一物品来证明该权利要求是可专利的。如果"机器或转化检验"是过程权利要求可专利性的唯一检验，过程权利要求的范围就会大大缩小。

2.1.3 获得专利的程序

为获得专利，发明人必须及时地向美国专利商标局（USPTO）提交专利申请。专利申请必须描述发明并精确地对发明提出权利要求，这将在下面进行更详细的讨论。USPTO 将每件申请分配给在相关技术领域具有经验和专长的审查员。审查员确定申请中所描述的发明是否符合可专利性的法律要求：实用性、新颖性以及一些其他要求。如果审查员做出不利的决定，就会发出通知书，以驳回申请中的全部或部分权利要求。发明人于是就有机会修改申请，以消除驳回的依据，或论证驳回的依据不恰当。如果审查员得出有利的决定，就会允许申请中的权利要求，USPTO 自然就会授予专利。典型的专利过程如图2.7 所示。

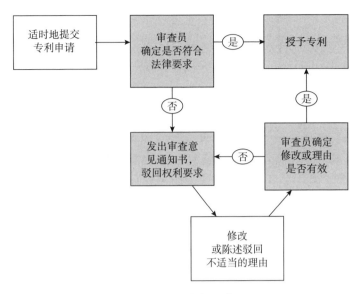

图 2.7 典型的专利过程

2.1.4 发明人

正确地确定专利申请中的发明人是非常重要的。如果某人实际上并不是发明人但被命名为发明人，或者遗漏了一发明人，并且如果所述错误未被改正，则所形成的任何专利都会被无效掉。如果认为发明是问题的解决方案，该方案描述在权利要求中（进一步参见权利要求的讨论），那么发明人身份的问题就取决于谁对权利要求中所描述的问题的解决方案做出了贡献。

多个发明人的贡献不必是相等的。另外，发明人的贡献必须不只是提出一个期望结果（而是到达该结果的手段），必须不只是遵照他人的指导（而是对发明构思做出贡献）。

2.1.5 对专利的阻止

美国专利法第 102 条规定了一些对发明人获得专利的"阻止"（bars）。总的来说，这些阻止是为了确保：如果有多个描述同一发明的专利申请，最早发明的那个发明人获得专利。就绝大部分而言，这些阻止规定了他人可以阻止发明人获得专利的行为。

第 102 条（b）还规定了发明人将会阻止发明人自己就发明人自己的发明获得专利的一些行为：

在美国或其他国家，该发明被专利过或者印刷的出版物中描述过；或者在美国申请专利的日期之前在美国公开使用或销售一年以上。[6]

发明人会毁掉发明人自己获得专利的机会，如果发明人在提交专利申请之前公开发明或提供发明销售超过一年的宽限期。

美国原是世界上唯一的一个将专利授予"先发明"的发明人的国家。其他国家都是将专利授予"先申请"的发明人，即最先就主题发明提交专利申请的发明人。然而，由于美国发明法案（America Invents Act）的结果，从 2013 年 3 月 16 日开始，美国也变成为"先申请制"国家。第 102 条仍然维持一年的宽限期，其中公开发明的首先发明人具有一年的时间提交专利申请。

2.2 专利的结构剖析

当 USPTO 公布一专利时，采用发明人提交的专利申请，连同该审请在审查过程中做出的修改，以 USPTO 的格式重新排版，并将其作为专利予以公布。专利申请及随后的专利被分为三个主要部分：说明书、附图、权利要求。

2.2.1 说明书

说明书是用清楚易懂的书面语言对发明的描述。它一般分为四个部分：
（1）这里是存在的问题。
（2）这里是不足以解决该问题的尝试。
（3）这里是我的发明如何解决该问题的。
（4）这里是对我的发明如何工作的详细描述。

2.2.2 附　图

所有的专利都包括某种类型的附图，以帮助读者理解专利中所描述的发明。如果专利是属于机械的，附图则一般是机械装置的示意图；机械装置的部件带有编号，这些编号也用在说明书的正文中。如果发明是一种过程，附图则往往是流程图；流程图的步骤带有编号，这些编号也用在说明书中。

2.2.3 权利要求

专利的最后部分包含权利要求。发明的法律定义被阐述在权利要求中。实际上，权利要求类似于房地产的契约，它们规定了发明的法律边界范围。例如，一项独立权利要求（其不依赖于其他权利要求而存在）可以描述一种具有外壳的设备。随后的从属权利要求，即附属于并且依赖于独立权利要求的权利要求，可以称该外壳是塑料的。

每一个编号的权利要求都是对发明的单独定义。例如，三腿凳子的独立权利要求可以像下面这样措辞：

> 我要求一种包括座和三条腿的凳子。

所描述的具体特征被称为限定。当另一发明具有一专利的权利要求之一中的所有限定时，该专利就被侵犯。另一项发明可以具有另外的特征，例如另一条腿，共计四条腿，这与该发明是否侵犯所述专利无关。

发明人通常要求权利要求能非常具体地描述他们的发明。例如，发明人会这样来措辞撰写三腿凳子的独立权利要求：

> 我要求一种包括塑料座和三条金属腿的凳子。

如果是完全用木头制成的凳子，就不会侵犯这一权利要求，因为它既不是塑料座也不是金属腿。[7]权利要求越具体，它越不容易被侵权。因此，有经验的专利起草人会努力将至少一些权利要求撰写得尽量宽泛。然而，如果权利要求太宽泛，就会包括其他已经被他人专利的发明。例如，对于三腿凳子来说过于宽泛的独立权利要求（因为它会包括任何在先专利的椅子、凳子或支座）或许是这样措辞的：

> 我要求一种具有一条或多条支柱的、可以坐在上面的支撑物。

因此，发明人和专利起草人会努力在撰写太窄的权利要求和太宽的权利要求之间取得恰当的平衡。权利要求撰写对于专利权的价值具有很大的影响。如果权利要求太窄，价值损失就会相当大，因为其他人将能够更容易地围绕该专利进行发明。然而，如果太宽泛，权利要求就会在随后的诉讼中被无效掉。

2.3 专利的判据

为了符合专利的要求，一项发明需要具有三个特点。它必须是有用的、新的、非显而易见的。

2.3.1 有用性

美国专利法第 101 条要求，只有"有用的"发明才可以得到专利。这一要求容易得到满足。发明不必优于现存的技术；只要求是可行的并且能够为人类提供些许益处。为了说明 USPTO 通常所要求的有用性的低门槛，Janice Meuller 在她的专利论文"专利法导论"中引用了美国专利 No. 5,457,821 作为例子（见文本框2.1），它是一件煎蛋形帽子的专利（见图2.8）。[8] 为了证明发明的有用性，发明人的描述解释到，该帽子"具有有用性，例如，在商品展览、会议等上作为与宣传推广活动有关的引起注意的物品"。[9] USPTO 的审查员认为该帽子发明符合有用性要求，于1995年10月17日授予专利。

文本框2.1　美国专利 No. 5, 457, 821

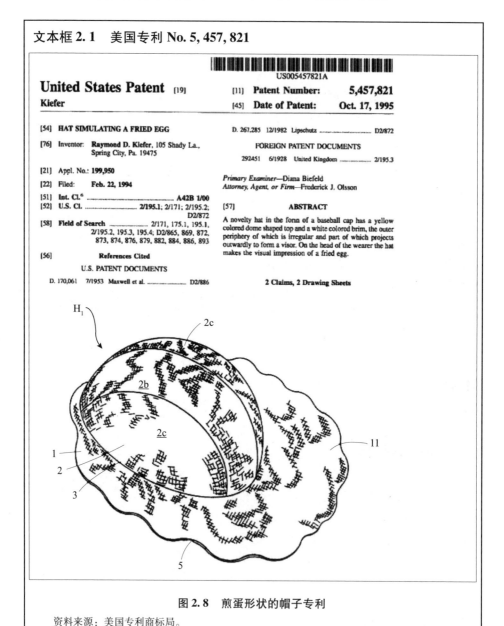

United States Patent [19]

Kiefer

[11] **Patent Number:**　5,457,821

[45] **Date of Patent:**　Oct. 17, 1995

US005457821A

[54] HAT SIMULATING A FRIED EGG

[76] Inventor: **Raymond D. Kiefer**, 105 Shady La., Spring City, Pa. 19475

[21] Appl. No.: **199,950**

[22] Filed: **Feb. 22, 1994**

[51] Int. Cl.[6] A42B 1/00

[52] U.S. Cl. 2/195.1; 2/171; 2/195.2; D2/872

[58] Field of Search 2/171, 175.1, 195.1, 2/195.2, 195.3, 195.4; D2/865, 869, 872, 873, 874, 876, 879, 882, 884, 886, 893

[56] 　　　**References Cited**

U.S. PATENT DOCUMENTS

D. 170,061　7/1953　Maxwell et al. D2/886

D. 267,285　12/1982　Lipschutz D2/872

FOREIGN PATENT DOCUMENTS

292451　6/1928　United Kingdom 2/195.3

Primary Examiner—Diana Biefeld

Attorney, Agent, or Firm—Frederick J. Olsson

[57] 　　　**ABSTRACT**

A novelty hat in the form of a baseball cap has a yellow colored dome shaped top and a white colored brim, the outer periphery of which is irregular and part of which projects outwardly to form a visor. On the head of the wearer the hat makes the visual impression of a fried egg.

2 Claims, 2 Drawing Sheets

图 2.8　煎蛋形状的帽子专利

资料来源：美国专利商标局。

不满足有用性要求的发明通常是不能实施的发明。这些不能实施的因此是无用的发明的典型例子包括永动机[10]、时间机器等。

2.3.2　新颖性

第 101 条还要求发明是"新"的。这种"新"或"新颖性"要求是指发明必须以前未被在单一源中描述。如果一项发明的所有要素都出现在单篇现有技术参考文献中所描述的另一项发明中，那么这项发明不能满足新颖性检验。该规定排除了结合多篇参考文献来说明一项发明。

2.3.3　非显而易见性

与新颖性要求相关联的是发明是非显而易见的要求。第 103 条（a）款规定，下列情况下不可以获得专利：

> 如果寻求专利的主题与现有技术之间的区别是这样的：在做出发明时，该主题作为一个整体对于该主题所属技术领域的具有普通技术的人员来说会是显而易见的。[11]

法院在定义什么是显而易见的与什么不是显而易见的之间的界线时遇到了巨大的困难。其实，该条规定意在阻止有人将对在本领域工作的任何人来说都是显而易见的小改进专利化。许多国家具有相似的标准。例如，日本和许多欧洲国家都要求创造性。

专利审查员可以结合多篇现有技术参考文献来表明本领域的技术人员会知道这些参考文献并且会使用常识将它们结合起来以实现一项显而易见的改进。但问题是，很多主题事后来看是显而易见的，尽管在做发明时它们并不是显而易见的。除了技术考虑因素外，发明人还可以使用非技术考虑因素，例如商业成功及长久需要的满足，以表明一项发明在它被做出时是非显而易见的。

2.4　转移专利权

一旦发明人获得了一项专利，下一个问题就是如何将该发明商业化。发明人可以保留专利并自己着手将发明商业化。然而，该过程需要发明人投入资本生产并销售新产品，并且要求发明人有将其商业化的时间和专长。它还要求发明人承担发明的商业化不成功的风险。很多发明人没有能力或不愿意进行这些投资或承担这些风险。在此情形下，发明人会寻求将其在专利中的全部或部分利益转移给另一方。

2.4.1　转　让

对于专利持有人来说，转移专利的最简单方法是将其转让。转让只不过是卖掉专利的专利用语。转让人（卖方）将专利中的所有权利转移给受让人（买方）。可以转让现有的专利、待决的专利申请，甚至是发明人以后可以研发的未来发明的权利。例如，以研发为中心的行业中的雇主通常要求雇员签订发明转让契约，将雇员的专利权预先转让至未来的与工作相关的发明中。

权利持有人也可以将其专利权质押以借款，这涉及一种特别类型的转让。质押专利涉及专利持有人借款和有条件地将专利权转让给债权人直到债务偿还为止。一旦债务被偿还，专利权的所有权就归还原专利持有人。关于专利作为质押物的详细讨论参见第 12 章。

2.4.2　许　可

权利持有人在保留与转让专利的权利之间的中间立场是许可专利。与转让不同，专利许可并不将专利所有权转移给另一方。而转让（与质押相关的有条件转让除外）是专利权的不可撤销的出售；许可则是出租。专利许可是一种合约，借此，许可人允许被许可人在规定的时间内使用一套专利权，以换取规定的报酬。

2.4.2.1　排他许可 vs 非排他许可

因为许可是合约，所以几乎可以按许可人和被许可人可以想到的任何方式来构建许可的具体条款。财产可以是完全竞争性的、完全非竞争性的，或者是介于二者之间的。对于完全竞争性的财产，当一个人使用（或消费）它时，就阻止了其他人在同一时间使用它。锤子常被用作竞争性财产的例子。如果一个人正在使用这把锤子，没有其他人能够同时使用该锤子。对于完全非竞争性的财产，当一个人使用它时，并不阻止其他人使用它，即其他人可以在同一时间也使用它。

专利是非竞争性的。一个人使用包含在专利中的知识并不阻止其他人同时使用该知识。专利的非竞争性质意味着专利持有人需要决定如何许可专利权。专利持有人想要将权利许可给单一方还是利用非竞争性将权利许可给多方？根据对该问题的回答，可以将许可归为两大类：

（1）排他许可：专利所有人承诺将一项或多项专利权提供给一个当事人，而且不提供给其他任何人。排他许可可以涵盖整个专利，或者将其限制在一个具体的地理区域、应用领域或二者都有。

（2）非排他许可：专利所有人承诺将一项或多项专利权提供给多个当事人，并且对任何一个被许可人都不承诺任何排他性。

简而言之，当许可人要将专利权提供给单个当事人时，使用排他许可；当许可人要把专利权提供给多个当事人时，则使用非排他许可。

2.4.2.2 对许可进行限制

无论是排他性的还是非排他性的专利许可，都可以涵盖整个专利或者以一定的方式对其进行限制。典型的限制包括以下四种：

■ 使用方式的限制：许可可以准许专利权的一些使用方式（例如，将专利技术用于测试），而不准许其他（例如，出售专利技术）。

■ 地理限制：许可可以将使用专利权的权限限制在特定的地理区域（例如，许可只准许在加利福尼亚州实施所述专利）。

■ 应用领域的限制：许可可以将使用专利权的权限限制在特定的应用领域（例如，许可准许被许可人制造专利零件并将其用于家电产品，但是不准用于工业应用）。

■ 转移限制：许可可以限制或禁止被许可人将专利权转移给另外一方。

2.4.3 确定许可还是转让

许可远比转让常见。许可大受欢迎主要是由于许可的具体特征以及许可与转让相比它们提供更大的灵活性。表 2.1 提供了许可与转让许多关键特征的比较。如果权利持有人想要利用专利权的非竞争性，同时将专利权转移给多个受转人，许可选项提供了显而易见的解决方案。

表 2.1 许可与转让就选定特征的比较

	许　　可	转　　让
利用专利权非竞争性的能力	非排他许可具有无限的能力； 基于许可合约中准予的权利，排他许可具有有限的能力	无
转移的本质	权利仍然属于权利持有人； 转移是可以撤销的	权利转至被转移人； 转移是不可撤销的
格式要求	无	必须以可以实施的书面形式
诉讼的原告资格	非排他许可的被许可人不具有起诉专利侵权的资格； 排他许可的被许可人具有起诉专利侵权的资格，但是可能会被要求与专利持有人一起参加诉讼	受让人具有起诉专利侵权的原告资格

当专利持有人希望卖掉专利时，该出售通常将会被结构化为排他许可而不是转让。许可的灵活性以及许可人仍保持着对专利的某些控制，使得许可比完全彻底的转让对专利持有人更有吸引力。

2.4.4 用于专利权转移的支付方法

对于用于转让或许可专利权的支付方法没有限制。支付方法可以是各种富有创意的方法，只要相关各方同意。用于专利权转移的常见支付方法包括如下几种：

- 基于受转人从专利权产生的经济效益，循环支付专利费。
- 在转移时一次性付款。
- 在转移时部分预先付款，接着循环支付专利费。
- 受转人的股权。
- 雇主雇佣雇员的协定（在雇员发明转让协定的情况下）。

关于专利许可定价及其支付方法的详细讨论，详见第 10 章。

2.5 专利的国家性

重要的是要牢记专利保护是基于国家来进行的。一项发明在特定的国家不会被保护，除非该国家的专利当局就该发明授予了专利。然而，大多数国家参加的条约使得在各国的专利申请便利了。

2.5.1 《巴黎公约》

如前所述，在美国，发明人必须在公开其发明的一年之内提交专利申请，否则会被禁止获得专利。在大多数其他国家，必须在公开之前提交专利申请；否则，发明人会被禁止获得专利。《巴黎公约》缓解了这一问题。它规定，如果发明人在任何一个是《巴黎公约》签约国的国家提交了专利申请，他/她就具有一年的时间以在任何其他签约国提交申请，并且第二申请将回溯至第一申请的申请日。例如，发明人在美国提交了一份申请，然后公开了其发明，他/她仍然可以在是《巴黎公约》签约国的其他多个国家提交多个申请。如果他/她的申请在美国申请的一年内提出，在其他国家的申请将会回溯至美国申请，从而使日期居于公开之前。

2.5.2 《专利合作条约》

《专利合作条约》（PCT）实质上是一条将在其他国家获得专利保护的主要成本延缓 30 个月的途径。按照 PCT，必须在提出美国申请的一年内提出 PCT 申请。发明人于是就有了从美国申请日算起的 30 个月，以在他/她想进行专利保护的其他国家提交申请。在 30 个月期间，发明人可以了解其发明将会如何成功，并获得专利费付款以帮助提供进入其他国家的费用。

参考文献

［1］ Chisum，Donald. Updated through 2011. *Chisum on Patents*. Newark，NJ：Matthew Bender.

［2］ Fusco，Stefania. 2009. "Is *In re Bilski a Déjà Vu?*" *Stanford Technology Law Review* 1.

［3］ Meuller，Janice. 2006. *An Introduction to Patent Law*. 2nd ed. New York：Aspen Law & Business.

［4］ Romer，Paul M. 1990. "Endogenous Technological Change." *Journal of Political Economy* 98：S71.

［5］ Schecter，Roger E.，and John R. Thomas. 2004. *Principles of Patent Law Concise Hornbook Series*. St. Paul，MN：West.

［6］ Stanford Encyclopedia of Philosophy. Available at http：//plato. stanford. edu/.

注　释

1. 美国宪法第一部分，第 8 条，第 8 款。

2. 35 U. S. C. sec. 154.

3. 35 U. S. C. sec. 101.

4. *Diamond v. Chakrabarty*，447 U. S. 303，309（1980），引用 S. Rep. No. 1979，82d Cong.，2d Sess.，5（1952）；H. R. Rep. No. 1923，82d Cong.，2d Sess.，6（1952）。*Diamond v. Chakrabarty* 裁决的脚注进一步解释道，"anything under the sun"（天下的任何物）这一文字为 P. J. Federico 所使用，他是 1952 专利法的重编版的主要起草人。在关于 1952 专利法的证言中，Federico 解释道，"Under section 101 a person may have invented a machine or a manufacture，which may include anything under the sun that is made by man…"（根据第 101 条，一个人或许已经发明了一种机器或一种制造物，它们可以包括天下由人制造的任何物）在众议院司法委员会第 3 次小组委员会上就 H. R. 3760 的听证（Hearings on H. R. 3760 before Subcommittee No. 3 of the House Committee on the Judiciary）82d Cong.，1st Sess.，37（1951）。

5. 130 S. Ct. 3218（2010）.

6. 35 U. S. C. sec. 102（b）.

7. 等同原则，其超出了本讨论的范围，在某些受限的情况下会减轻该结果。

8. Janice Meuller, *An Introduction to Patent Law*, 2nd ed. （2006）196 – 198.

9. 同上书, 196.

10. 一个根据第 101 条拒绝给予专利的永动机的新近例子，见 *Newman v. Quigg*, 877 F. 2d 1575 （1989）.

11. 35 U. S. C. sec. 103 （a）.

第 *3* 章
利用估值分析改进专利决策

每个人都想做出比较好的决策，但这到底意味着什么？为了研究人类决策过程并产生更好的结果，人们已经发展了整个学科，其中以决策理论及其各种分支最为显著。这些研究工作的目标是帮助决策者在竞争性但不确定的选择当中确定最优策略。起源于决策理论的一个更为关键性的洞见是认识到选择是可以被量化的，从而可以在同类基础上相互比较。

每个决策都涉及价值确定。当一个选项相对于另外一个被选择了时，决策者已经有意识地或潜意识地进行了估值，认为所选决策的价值高于其他竞争性选择。如果公司决定获得专利 A 的许可而非专利 B 的许可，公司就已经确定专利 A 的许可对公司的价值比专利 B 的许可高（见图 3.1）。以公式表示，我们可以说专利 A 许可的价值大于专利 B 许可的价值。

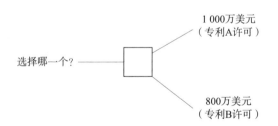

图 3.1　在专利许可之间进行选择

实际上，在一个项目与另一个项目之间做直接比较可能是很困难的。它常常需要比较大量的判断，其中多数判断是高度不确定的。如果决策者一次面对多个选择，就不能快速地做出直接比较。为了避免直接比较的难以处理性，大多数估值操作用等值运算代替直接比较。决策者不直接比较许可 A 与许可 B，而是先以可计量的共同量度即货币来确定许可的价值，然后再基于共同量度做同类比较（见图 3.2）。如果公司确定许可 A 可提供 300 万美元的净利润，而许可 B 可提供 200 万美元的净利润，选择许可 A 而非许可 B 就很清楚了。如果该情况还涉及更多的选择（例如，寻求许可 C 或使用非专利技术），这些选择也可以用美元来计算，并且很容易与许可的选择进行比较。

可以用估值等式来确定许可A是否是比许可B
更有价值的选择：

X	$=$	Y

待估值的项目　　　　　　　　　　　　　　通常为货币

如果许可A=300万美元，而许可B=200万美元
则许可A>许可B

图 3.2　像等值运算那样进行估值

估值分析对于专利决策是特别有益的。随着专利的社会重要性日益增加，制定正确的专利决策的重要性也越来越大。现在与专利有关的成功经理、科学家、律师或政府官员经常不断地被要求做出决策，而通过认识到策略可以被量化、比较和评估，可以有效地改善决策过程。本书的基本前提是，专利过程中的各种决策者都可以理解掌握智慧的估值技术，也应当使用这些智慧的估值技术。

在本章中，我们将：

■ 概述许多可受益于估值分析的专利决策。

■ 考察常见的决策战略，并考虑这些战略如何指导在特定情况下进行多少估值分析。

■ 解释估值技术如何有助于使决策理性化，而不使决策变成冗长乏味、过度繁重的工作。

■ 介绍一种可用于区分专利决策优先次序的专利决策审计体系。

3.1　专利决策

专利具有创造巨大价值的能力。然而，为了让专利实现其产生价值的潜力，履行各种职能的众多行为人需要做出多重决策（见图 3.3）。改进该复矩阵的结果需要在整个过程中都改进决策。做出这样的改进的第一步是比较精确地确定各种决策。如果行为人没有认识到他/她正在做出一项可以通过估值分析改进的至关重要的决策，就毫无希望改进决策。一旦各行为人对他们可以改进的各种决策有了更好的认识——通常用非常少的成本或努力——本书第二部分中所提供的估值工具就会变得更容易实施。

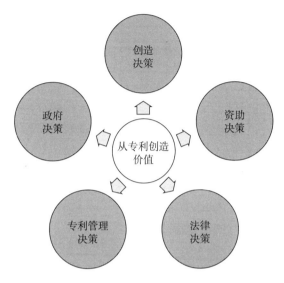

图 3.3　职能分布和从专利创造价值所需的决策

3.1.1　创造决策

　　一些最早的与专利相关的决策起源于创造过程，这些决策可以引领发明人创造值得专利保护的有价值的发明。例如，当面对竞争性项目时，研究人员需要决定从事哪个研究项目。图 3.4 示出了一种常见情形，在该情形中研究人员必须在竞争性项目之间做出选择。做出该选择会是极其困难的，但是研究人员能够在每个项目上放置一个估值（见图 3.5），关于从事哪个项目的决策就会变得更加清楚。此时，项目 B 是最有吸引力的选择。

图 3.4　在竞争性项目之间做出选择

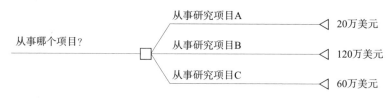

图 3.5 在竞争性项目上放置估值

尽管我们将会在第二部分中讲解估值技术，此时也值得注意：这样的估值技术并不限于纯粹有形的经济效益。例如，图 3.5 中的那些估值数量并不限于研究人员期望从该项目获得的经济效益。这些估值数量可以包括对研究人员的许多无形效益，例如研究人员可以从一个项目比从另一个项目赢得更高的声誉或更大的快乐。可以受益于某种类型的估值分析的其他常见创造策略包括以下几种：

- 应当如何花费研究资金？
- 研究人员应为谁工作？
- 研究人员应当在什么地理区域进行研究？
- 是否应当在与其他研究人员合作的基础上进行研究？如果答案是肯定的，那么应如何结构化这种合作关系？应当如何在各个合作者之间分享研究成果？

3.1.2 资助决策

在 2009 年由普华永道的知识产权传媒集团主持的访谈中，一位西门子执行官解释道，"如果你不能对你的 IP（知识产权）进行估值，你就不能区分你的研究和开发的优先顺序。"[1]资助决策是一个正式估值分析并非罕见的领域。因为资助决策要求投资，所以资助机构认识到估值分析的重要性。一般来说，资助机构会寻求预期投资回报（ROI）最大的项目。对于图 3.6，资助机构显然应为项目 A 而非项目 B 或项目 C 提供资金。项目 A 的 ROI 预期值比其他各选项的高得多。

图 3.6 决定为哪个研究项目提供资金

3.1.3　法律决策

法律以及涉及法律的选择在专利的潜在有效期内极大地影响专利权。法律决策在权利持有人是创造还是损毁专利价值中起着主要作用。令人遗憾的是，律师一直没兴趣将估值分析纳入他们的决策中，这使得法律决策成为最需改进的领域之一。

3.1.3.1　保护知识产权

选择是否为发明寻求专利化是发明人最基本的法律决策之一。在形成知识产权保护战略当中，发明人需要决定是否将发明专利化，是否将发明作为商业秘密保持，或者是否使用专利＋商业秘密的组合战略。专利与商业秘密长期以来被描述成为非此即彼的方案：要么获得专利，要么保持商业秘密。每种方式都有各自的优点和缺点；可以对这些优缺点进行评估，从而使决策更为理性（见文本框3.1）。第三种选择常常被忽略：将发明的专利保护与商业秘密保护组合起来的选项。Karl Jorda 长期致力于这种组合的知识产权管理方式。Jorda 认为，"最佳策略和实践是：获得专利作为知识产权组合的核心；保持商业秘密作为专利的支撑以保护不可专利的附属技术诀窍和技术示范。"[2]

文本框3.1　用于在专利和商业秘密保护之间进行选择的常见因素

在下列情况下，优选专利保护：

■ 发明人希望将技术许可给第三方。

■ 对逆向工程师来说，该发明是容易的。

■ 该发明的应用将要求公开其基础秘密。

■ 竞争者正在开发类似的发明。

■ 发明人（或其产品）会受益于专利所产生的额外的可信性。

在下列情况下，优选商业秘密保护：

■ 发明人不打算将技术许可给第三方。

■ 该发明对于逆向工程师是困难的，并且易于保持秘密。

■ 获得及维持专利的费用大于将从该发明获得的收益。

3.1.3.2　申请专利

专利申请是一个天生复杂的过程，该过程不时被很多大和小的决策所打断。每个决策本身都会带来各种可能的结果和风险，因此可以用估值分析来改进。文本框3.2为发明人提供了一些与申请专利有关的最常见决策。比较重要的专利申请决策之一是发明人关于如何响应专利局的第一次意见通知书的选择。根据美国专利法，审查意见通知书是美国专利商标局（USPTO）的审查员发出的官方书面信件，阐明 USPTO 对于在审专利申请的意见。如果审查意见通知书驳回了专利申请的某些权利要求，发明人就需要决定如何答复。放弃或缩窄有问题的权利要求将会增加专利授权的机会，但是也会显著地降低授权专利的价值。这种类型的决策会大大地受益于经过认真推敲的估值分析。

文本框 3.2 申请美国专利时常见决策的清单

（1）初期决策

▨ 如何宽广地起草权利要求书

（2）提交之后紧接着的决策

▨ 是否提交 PCT 申请

▨ 是否请求不公开该专利申请

（3）在第一次审查意见通知书之后的决策

▨ 如何处理被审查员驳回的权利要求（例如，修改、论证、删除或放弃被驳回的权利要求）

（4）与专利审查员的沟通

▨ 与专利审查员面谈以讨论被驳回的权利要求

（5）最后一次审查意见通知书

▨ 是否提出请求，对驳回的权利要求继续进行审查

（6）转向法院系统

▨ 是否将驳回的权利要求上诉至专利上诉与干涉委员会（BPAI）

▨ 如果 BPAI 驳回了权利要求，是否将其上诉至美国联邦巡回上诉法院（CAFC）

▨ 如果 CAFC 驳回了权利要求，是否向美国最高法院请求诉讼案件移送令

3.1.3.3 诉讼管理

诉讼是专利体系所必需的一部分。无论是强制实施许可协议的案件还是专利侵权案件，诉讼为专利持有人提供了最基本的强制工具。估值分析在诉讼情境中的最明显的应用是计算专利侵权案件中的潜在损害赔偿（见第 11 章）。然而，计算损害赔偿仅仅是估值分析的众多可能应用之一。诉讼涉及案件双方的大量决策，而每个决策都会受益于估值分析。为了说明这一概念，设想有一

家被控专利侵权的公司。原告提出用 100 万美元了结该案。被告及其律师应如何决定是否接受该和解报价？一种方法是被告确定和解决策的备选方案并估计每个备选方案的价值（见图 3.7）。被告可以利用本书第二部分的估值技术对每个备选方案进行估值并选择其中最有价值的一个方案。

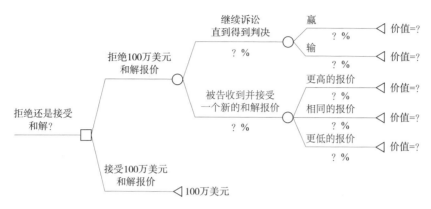

图 3.7　决定是否接受和解报价

其他会受益于估值分析的常见诉讼决策包括如下：

- 是否提起诉讼。
- 在案件起诉或辩护中投资多少。
- 确定案件的审判地点。
- 被告都包括谁。
- 是否对负面裁决提出上诉。

3.1.4　专利管理决策

如同其他财产，专利权也需要管理，以便使它们的潜在经济效益最大化。最为明显的是，需要形成商业化战略。专利持有人应自己实施专利，应将专利转让给第三方，应将专利许可给第三方，还是应将这些选项做某种组合？专利持有人大概会实施最有价值的商业化战略。除了这些最基本的商业化决策以外，还有许多更微妙但同等重要的专利管理决策。这些决策包括：

- 专利持有人是否应当创建一家知识产权持有公司以持有该专利并使该专利商业化？关于知识产权持有公司的讨论以及产生于该战略的潜在纳税优势，参见第 13 章。
- 专利持有人是否应当将专利质押？关于专利质押的讨论，参见第 13 章。

■ 专利持有人是否应当追求附加的改进专利？

■ 专利持有人是否应当继续为专利支付维持费或者让该专利失效？

3.1.5　政府决策

当考虑专利以及最需要估值分析的参与者时，有聚焦于某些明显的参与者的趋势。立刻能想到的需要估值分析的参与者是发明人、技术公司、技术买方和卖方、技术投资者以及专利诉讼当事人。然而，常常被遗漏的一方参与者实际上对于整个社会创造专利并从专利中获取价值的能力可能是最关键性的。这个常常被遗忘的参与者就是政府；政府可能是最需要估值分析的参与者。

政府在专利体系中承担多种角色。最重要的是，政府建立规则。如果把创造可专利的发明并从它们中产生价值看成是一种游戏，那么专利法及其细则就是该游戏的主要规则。什么可以被专利？满足什么条件才能获得专利？拥有专利就具有了什么样的财产权？当专利持有人认为其专利被侵犯时，对于专利持有人有什么救济方法？这些游戏规则对于游戏中的各个选手的行为具有深远的影响。无疑应当建议，政府规则制定者的目标是鼓励被明确限定的最佳行为。就专利来说，法律及细则应当鼓励创造更多的发明并将它们商业化，鼓励增加公共知识的存量。通过为所希望的行为建立奖赏（使遵守专利规则的发明人获得知识产权）、为越轨行为建立惩罚（使专利侵权者受到各种制裁）来鼓励最佳行为。

制定法律和细则与投资是非常相似的。就投资来说，投资者基于其对产生于投资的未来经济效益的预测而投入资金。投资人可以（且应当）使用估值分析来预测、估计那些未来经济效益的价值。估值分析也可（且应当）以类似的方式用于影响法律规则制定；估值分析只是聚焦于估量稍微不同的结果而已。如上所述，法律和细则的主要目标是鼓励有益的行为，阻止不良行为。该行为或许有，或许没有切实的经济效果，但是法律和细则总是旨在影响行为。因此，估值分析会试图预测法律和细则的潜在的行为结果以及与该结果相关联的成本和效益。政府规则制定者应当更多地依赖于估值分析以指导其规则制定功能，而不是让政治争论驱动该过程。

3.2　最大化、优化、满意化：在估值分析中投资多少

很少有人不同意本书的主要前提：专利申请和专利体系涉及很多决策，而且大多数这些决策都会受益于估值分析。我们遇到阻力的地方不是估值的概

念，而是估值的实际应用。你如何将估值实际地实施到基本决策制定之中？当面临专利侵权诉讼时或者当专利权被转移时，花费时间进行估值是一回事，但是将估值分析广泛地用于决策可能会看起来过于繁重，难以承担。将估值分析普遍用于更广泛的决策，会显得过于繁重的原因有二：

（1）认为进行估值分析是极其复杂、昂贵的，并且需要估值专家才能正确地完成。

（2）认为估值分析可能不准确、有缺陷。

正如我们在本书中所阐明的，第一个忧虑是完全错误的。尽管专家指导和辅助是有益的，但是大多数估值技术都在具有学习意愿和开放心态的任何人的理解范围之内。第二个忧虑是趋向于更有问题的一个。因为估值是天生不精确的工作——估值分析确定资产的价值从来不唯一、不绝对正确——很多人会问为什么要花费资源去获得一个几乎肯定是错误的估值决定。然而，这种思路是错误的。第二个忧虑的问题在于，未认识到可用于制定策略的各种战略，进而未认识源于不精确但仍然有用的估值分析的决策改进。有如下三种公认的用于制定策略的逻辑战略：

（1）最大化战略：决策者试图确定将会提供"最佳"可能结果的选项——如主观定义的偏爱所定义的那样（例如利润最大化）——并且忽略（在很大程度上)[3]获得揭示最佳结果所需信息的成本。

（2）优化战略：决策者想追逐最佳可能选项，但是认识到需要考虑与决策相关的直接成本和机会成本。决策者将会寻求最佳可能选项，直到寻求更佳选项的成本变得太高为止，此时决策者尽管不完全满意，但将接受已找出的最佳选项；同时决策者明白，或许还存在更佳选项并且更佳选项是可以被发现的，如果找出最佳可能选项的信息成本是不受约束的话。

（3）满意化战略[4]：决策者针对"什么是足够好的结果"设立了界限值。决策者一旦找到将会产生足够好的结果的选项，就停止搜索更好的选项，并采用该足够好的选项。

当然，当事人也可以遵行较少逻辑、较少受约束或不怎么理性的决策战略，但是大概没有几个当事人会有意识地使用明显有缺陷的战略。明显有缺陷的战略产生自没有认识到缺陷或者不了解存在更好战略的当事人。

认识到存在一系列的决策战略，有助于根据不同情况来利用估值分析的价值并指导决策者在这样的分析中投资多少。估值分析是一项"量体裁衣"的工作。没有评价决策方案的单一方法。而且，对于在特定的估值工作中投资多少或对于特定的估值工作要求什么水平的精确度是值得的，也没有单一的确定方法。对于某些决策，估值工作规模较大并且非常精确才会是有益的。对于其他决策，较小规模、较低精确度的估值工作对于决策者仍然是非常有益的。图3.8提供了一种用于确定估值分析规模的方法图解说明。x轴表示决策的重要性；y轴表示获得有用估值信息的容易性。这两个变量，当与那三个合乎逻辑的决策战略结合起来时，将会启示理性的决策者就在估值分析中投资多少做出下列战略选择：

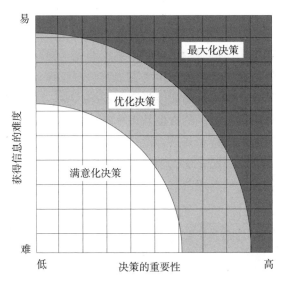

图3.8 用于特定专利估值工作的理想决策战略

（1）最大化作为优先的战略：采用最大化战略，决策者将不会关心收集信息的成本，并且收集尽可能多的信息以便制定最合适的决策。如果决策是非常重要的并且获得信息的难度不高，决策者应准备进行大规模的估值分析而不应当顾虑其成本。决策正确的重要性和获得信息的容易性将压倒对最大化方式的典型批评——因产生冗余或重叠的信息，它可能是不经济的。

在诸如重大专利侵权诉讼（例如，对于被告来说是"赌上公司"的诉讼）和出售基于专利的初创公司等情况下，最大化可能是优先的战略。在这两种情况下，决策者都会容易地获取大多数相关估值信息；所做的决策可能是公司最后一个真正有意义的决策。在"赌上公司"的诉讼中，如果被告输掉诉讼，被告可能就会关门停业。对于初创公司的出售，交易可能相当于是公司所有者的清算事件。

（2）优化作为优先的战略：对于优化战略，决策者继续寻求最佳的可能选项，但是明白，或许需要依赖于更加限量的信息。最大化与优化之间的区别实际上只是程度的问题；当确定是否延伸值分析时，优化者密切注意成本-效益分析。随着决策的重要性降低和获得有用估值信息的困难增加，优化变成优选的战略。决策重要性的降低逐渐削弱了将资源消耗在信息收集工作上的合理性。另外，随着信息成本的增加，额外估值分析将会是浪费性的可能性也增加。

除了"赌上公司"的诉讼或出售基于专利的初创公司的情况以外，优化将会是大多数重要决策的优先战略。例如，重大资助决策、重大专利组合收购决策、建立专利定价战略决策、重大许可交易等都可能喜欢采用优化战略。尽管估值分析对决策过程将会是关键性的，但是决策者应当对估值分析的成本-效益问题保持敏感。

（3）满意化作为优先的战略：乍一看，满意化战略直觉上可能不如最大化或优化战略具有吸引力。根据定义，决策者并不试图找到最合适的选项，而是设定一个让他可以接受的、满足了条件的第一选项的搜索界限。获得诺贝尔奖的经济学家 Herbert Simon 被认为将满意化这一概念发展成为决策战略。Simon 致力于新古典经济理论，该理论"假设决策者具有一个综合、一致的效用函数，知晓可用于选择的所有备选方案，并且能够计算与每个备选方案相关的效用的期望值"。[5]Simon 认为，人类头脑只具有有限的规划、制定复杂决策的能力，并且为经济行为人提供了他所谓的"有限理性"的更为现实的愿景。人类决策者仍然需要做出决策，但是他们一定以"显然不完整、不准确地了解行为结果"的方式做出决策。[6]Simon 认为，满意化战略很适合这个有限理性的世界。文本框 3.3 提供了满意化战略的一个日常例子来阐明这一概念。

文本框 3.3 满意化战略的一个日常例子：购买移动电话

　　移动电话的几乎普遍使用意味着我们中的大多数人都有必须决定购买某种带有某种套餐的电话的经历。经典经济理论假定，消费者是效用最大化者，他们先衡量所有的电话及套餐备选方案，当匹配全部的甄选标准时才选择最佳的组合。这不是我们大多数人在做出这种决策时使用的技术。各个电话公司提供的形形色色的电话套餐足够繁多、复杂，普通消费者极不可能会花费时间和精力去收集数据，更不用说去分析它们。加上伴随的电话装备决策，消费者使用最大化战略之外的某种战略做出他们的决策就不足为奇了。

我们大多数人通常使用的决策技术是满意化决策技术。我们首先确定可处理数量的关键选择标准，例如该套餐覆盖一定的地理区域吗？它会容易地让我们与朋友、家庭通信吗？它与所希望的电话能匹配吗？它符合一定的费用参数吗？然后我们搜索多个电话及套餐选项，直到我们找到满足该筛选标准的一款为止，此时，我们很可能停止进一步的调查（见图3.9）。或许还有一个更好的选项，但是我们找到的那个已经足够好。我们中有人会真的宣称，我们百分之百地相信我们最终选择的电话及套餐组合是绝对最好的吗？当然不会，因为我们中的大多数人都相信，做出那种决定所必需的时间和努力是不值得的。

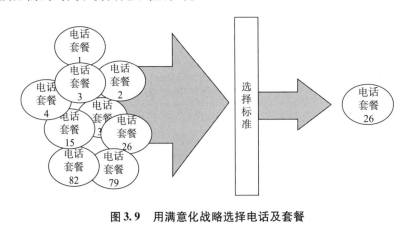

图3.9　用满意化战略选择电话及套餐

就专利估值而言，当决策的重要性和获得有用估值信息的成本并不支持优化战略的合理性时，满意化战略就成为优选的战略。降低的决策重要性和高昂的信息成本将会迫使决策者正视其资源和认知局限的现实。一项决策需要做出，而存在的局限意味着该决策几乎肯定是不完美的。满意化决策制定者不会将资源投向该决策，而会把那些资源留给更重要的决策或信息成本较低的决策，但是仍然保持令人满意的结果。

对于任何一项不支持优化战略的决策，满意化是优选的战略。当考虑专利价值时，大多数人会考虑最大化情境（例如为重大专利侵权诉讼对专利权的价值进行评估），但是最大化情境实际上仅仅构成专利决策的极少的一部分。绝大多数的专利决策都适用满意化战略。也就是说，所述决策可以通过进行最低限度但深思的估值分析来改善。然而，因为所述估值分析的目标是较为适中的，所以这样的分析不需要完美无缺，并且可以比较便宜地完成。正如我们将进一步说明的，满意化战略也可以用作分类工具，来帮助区分较重要的决策与较不重要的决策。满意化战略可以帮助确定哪个决策适合更为彻底的优化或最大化方式。

3.3　初步的专利组合估值审计：一种实用的估值技术

具有重大专利组合的公司或组织的许多最基本的专利决策都涉及区分专利组合中的各个专利的优先次序。公司的专利组合可以为公司产生可观的价值，但是这几乎肯定需要对该组合进行管理以便获得正的结果。专利组合管理可以以很多方式为公司产生价值：

▨ 通过识别未得到适当保护的有价值的专利并增强对它们的保护。
▨ 通过识别未被充分货币化的有价值的专利。
▨ 通过识别其价值不再值得支付维持费的专利。

管理一个大的专利组合的第一步是进行某种形式的分类以决定哪些专利应当获得立即的关注。理想的情况是，公司首先处理其最有价值的专利，但是公司应当怎样做出该决定？对大规模组合中的每项专利都进行彻底的估值可能太繁重、太费时、太昂贵，以致大多数公司不考虑。彻底估值对于几项专利或许是可能的，但是处理整个组合几乎肯定将需要更便宜的方法。我们喜欢用一种我们称之为初步组合估值（PPV）审计的技术来进行初始分类。这种审计并非旨在为各个专利确立明确的价值，而是基于沿两个独立维度的评定为组合内的专利管理廉价地确定三大类专利，所述两个对立维度是：（1）专利的战略重要性和（2）该专利的法律关系的稳固性。通过使用 PPV 审计，专利组合经理可以快速地确定：

▨ 战略上重要、但没有得到足够的法律保护并且需要立即关注的专利。
▨ 战略重要性与现有的法律保护处于平衡并且当前不需要特别关注的专利。
▨ 战略重要性不支持现有法律保护水平的合理性，并且除非战略重要性可以被提升，否则就可能表示公司的资源和资产的潜在浪费的专利。

通过使用 PPV 审计对组合中的专利进行大体分类，形成行动计划，并且可以将更精细的估值分析战略性地运用于一类更易处理的目标专利。PPV 审计的威力不限于分解组合管理问题的能力，而且也来源于其富有思想性地重新组合信息的能力。一项专利的价值是其商业质量和其法律质量的函数，需要对二者都进行分析才能形成合理的估值。遗憾的是，多数公司要么使用专利代理人，要么使用商人来管理其专利组合，这会导致具有偏向性的分析。如果专利组合由专利代理人来管理，专利组合分析将会过分强调问题的法律方面，这一风险是相当大的。特别是，专利代理人会最关注未得到足够保护的专利，即使那些专利在战略上对公司并不非常重要。如果专利组合由商人来管理，则可能出现相反的偏向。商人可能会最关注战略上重要的专利而轻视潜在的法律风险。PPV 审计很容易使得公司的法律代理人和商业代理人都为分析做出贡献，并将他们的集体智慧结合起来。

PVV 审计过程

一项专利的价值取决于其法律和商业两方面要素的分析。影响法律价值的因素包括法律稳固性和专利权利要求的宽度（或称范围）、法院当前如何解释这种类型的专利以及美国和其他国家专利局的惯例。在商业方面，重要的因素包括未来的潜在市场、可预见的竞争对手、专利技术的可能替代技术以及一般经济状况。问题是如何考虑并将对所有这些因素的评估合并到一个简单且相对便宜的估值操作之中，以排列出所管理的专利的优先顺序。应当注意，目标不是为每项专利确定一个非常准确的估值，而是提供一种容易做的、低成本的评估，利用该评估足以将专利划分成几个待进一步关注的不同类别。

一种形成足够好评估的方法是进行 PPV 审计。PPV 审计将与特定专利相关的各种商业和法律维度简化成 x、y 坐标，该坐标可以在双轴图表上标出（见图 3.10）。PPV 审计允许估值师为每项鉴定的专利资产标出一个点（或泡，如果增加了另一个计量维度的话）[7]。

可以将 PPV 审计概括为一个四步过程。

（1）确定专利：第一步是了解公司的专利组合，然后确定公司的每一件专利资产。

（2）确定专利资产的战略重要性：下一步是评估公司每件经确定的专利资产的战略重要性。一般来说，这项工作涉及明确公司的各个商业战略以及确定那些实现这些战略所必需的各个专利。对于那些明显与公司当前商业战略不一致的专利，这项工作需要确定这些专利是否会变得对未来战略有价值或者对第三方有价值。没有单一的方法可以将这些战略评估转换成一个可以被绘制在 PPV 审计图表上的数字。一种简单的方法是制作统一的计分表，这需要两步：

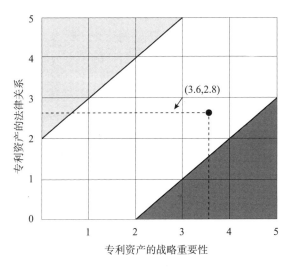

图 3.10　在 PPV 图表上标出的点代表单个专利资产

　　a. 制定适用于每件专利的统一的计分表。确定使得专利对于特定公司在战略上重要的因子。图 3.11 提供了一个例子。该图中所列的因子是示例性的，并不适合每一个公司。为了从该操作中获得更多的信息，我们推荐对因子的重要性进行加权而不是同等地处理所有因子。所有因子的综合权重加起来必须等于 1（或 100%）（见图 3.11）。该统一的计分表将用于本公司的所有专利，以便专利组合中的专利资产之间可以做同类比较。

战略重要性因子	权重 （0~1）	×	分数 （0~5）	=	计算的 因子值
增强竞争地位	0.4	×		=	
降低生产成本	0.2	×		=	
改进产品特性	0.1	×		=	
提供营销优越性	0.2	×		=	
烘托其他产品	0.1	×		=	

全部权重加起来必须达到1.0

将所有计算的因子值加起来并标在x轴上　→

图 3.11　确定战略重要性因子和加权

b. 给每件专利打分。使用该计分表为每件专利资产打分；每个战略重要性因子的分值范围为 0 ~ 5（见图 3.12）。每个因子的分数乘以其权重得到因子值。将所有的因子值加起来得到被审专利资产的单个战略重要性值。该值将是 PPV 审计图表上的 x 值。

战略重要性因子	权重 （0~1）	×	分数 （0~5）	=	计算的 因子值
增强竞争地位	0.4	×	3	=	1.2
降低生产成本	0.2	×	4	=	0.8
改进产品特性	0.1	×	4	=	0.4
提供营销优越性	0.2	×	5	=	1.0
烘托其他产品	0.1	×	2	=	0.2

全部权重加起来必须达到1.0

将所有计算的因子值加起来并标在 x 轴上 ⟶ 3.6

图 3.12　完成的战略重要性计分表的例子

讨论、确定公司的专利资产的权重和分数的过程本身自然是非常有用的工作。我们推荐不要将该项工作委托给外部专家，尽管他们的帮助可能是有益的。这些讨论会使公司的决策者一方更深地理解、认识影响价值的相关因子。如果该工作由某个远离最终决策活动的人来完成，就不会如此有效地获得这样的理解和认识[8]。

（3）确定公司与专利资产的法律关系。同样也必须评估公司与每件专利资产的法律关系。该过程与评估资产战略重要性的过程是相似的。

a. 制定适用于每件专利的统一的计分表。一般在法律顾问的帮助下制定法律关系计分表。该计分表应当包括影响公司具有的对每件专利资产的控制确定性的法律关系因子（见图 3.13）。如战略重要性计分表的情况，法律关系因子也应当加权，所有权重加起来必须等于 1（或 100%）。

b. 给每件专利打分。使用计分表为每件专利资产打分，每个因子的分数范围为 0 ~ 5（见图 3.14）。每个因子的分数乘以其权重得到因子值。将所有的因子值加起来得到被审专利资产的单个法律关系值，该值将是 PPV 审计表上的 y 值。

法律关系因子	权重 （0~1）	×	分数 （0~5）	=	计算的 因子值
经得住法律挑战	0.4	×		=	
权利要求范围宽	0.2	×		=	
没有封锁专利	0.1	×		=	
专利涵盖关键的竞争要素	0.2	×		=	
没有接近的现有技术	0.1	×		=	

全部权重加起来必须达到1.0

将所有计算的因子值加起来并标在y轴[1]上　⟶

图 3.13　确定法律关系因子和权重

法律关系因子	权重 （0~1）	×	分数 （0~5）	=	计算的 因子值
经得住法律挑战	0.4	×	2	=	0.8
权利要求范围宽	0.2	×	4	=	0.8
没有封锁专利	0.1	×	2	=	0.2
专利涵盖关键的竞争要素	0.2	×	3	=	0.6
没有接近的现有技术	0.1	×	4	=	0.4

全部权重加起来必须达到1.0

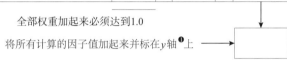

将所有计算的因子值加起来并标在y轴[2]上　⟶　2.8

图 3.14　完成的法律关系计分表的例子

（4）绘制 PPV 审计图并对结果进行评估。一旦将一组专利资产标在估值图表上，行动与决策指南就比较清楚了。例如，利用图 3.15 中的图表可以看出，专利资产 7 需要关注（法律或其他方面）以加强公司与该资产的关系。相比之下，专利资产 1 被过度保护，表明在它上面已经浪费了宝贵的资源。利用该图表，管理人员可以快速地确定公司不具有足够的法律关系、战略上重要

---

❶❷　原书为 x 轴，译者疑为错误，已改为 y 轴。——译者注

的专利资产以及法律上被过度保护的专利资产。

图 3.15 中的 PPV 审计图表包含两个有阴影的区域，这两个区域可以作为管理行为的有益指示器。图表的右下角的阴影区表示我们所谓的危险区。通过 PPV 审计操作确定的属于该区的专利资产需要立即的管理关注；该图表告诉我们，该专利资产具有与其法律关系不相称的战略重要性。PPV 审计图表确定出需要聚焦于哪些专利以及需要做什么：加强法律关系。

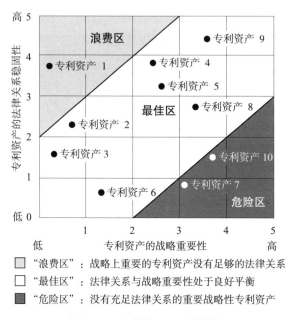

"浪费区"：战略上重要的专利资产没有足够的法律关系
"最佳区"：法律关系与战略重要性处于良好平衡
"危险区"：没有充足法律关系的重要战略性专利资产

图 3.15　完成的 PPV 审计图表

另外，在该图表左上角的阴影区表示我们所谓的浪费区。落于该区的专利资产具有超过其战略重要性的法律关系，表明花费在保证或保护法律关系上的资源超过了从该资产期望得到的经济效益。这种情形给专利管理人员提出了更为复杂的未来行动方针。在浪费区中的一些专利资产应当获得较低的优先级并且不应获得另外的资源。对于浪费区中的其他专利资产，最佳的行动方针可能是投入资源以提高资产的评估战略重要性。PPV 因子表为专利管理人员提供了应给予关注的一系列因子。即使专利资产没有什么前景发展成为内部使用的重要战略资产，但该专利或许具有提供巨大现金流的外部市场。

参考文献

[1] Bernstein，Peter. 1998. *Against the Gods：The Remarkable Story of Risk.* New York：John Wiley & Sons.

［2］Hadjiloucas, Tony, and Mark Haller. 2009. "Intellectual Asset Deals and Decisions: Are You Building or Destroying Value?" *Intellectual Asset Management Magazine—IP Value* 2009. 34.

［3］Jorda, Karl. 2008. "Patent and Trade Secret Complementariness: An Unsuspected Strategy." *Washburn Law Journal* 48: 1.

［4］Lin, Jacki. 2011. "Risk Analysis for Patent Prosecution." UNH Law Student White Paper Series (copy on file with authors).

［5］Raiffa, Howard. 1968. *Decision Analysis: Introductory Lectures on Choices under Uncertainty.* Reading, MA: Addison – Wesley Publishing.

［6］Simon, Herbert. 1956. "Rational Choice and the Structure of the Environment." *Psychological Review* 63: 129.

［7］Simon, Herbert. 1959. "Theories of Decision – Making in Economics and Behavioral Science." *American Economic Review* 49: 253.

［8］Simon, Herbert. 1997. *An Empirically Based Microeconomics.* Cambridge, UK: Cambridge University Press.

［9］Skinner, David. 1999. *Introduction to Decision Analysis: A Practitioner's Guide to Improving Decision Quality.* 2nd ed. Gainesville, FL: Probabilistic Publishing.

［10］Watson, S. R., and R. V. Brown. 1978. "The Valuation of Decision Analysis." *Journal of the Royal Statistical Society—Series A* 141: 69.

［11］Vermeule, Adrian. 2005. "Three Strategies of Interpretation." *San Diego Law Review* 42: 607.

注 释

1. Tony Hadjiloucas and Mark Haller, "Intellectual Asset Deals and Decisions: Are You Building or Destroying Value?" *Intellectual Asset Management Magazine—IP Value* 2009 (2009): 34.

2. Karl Jorda, "Patent and Trade Secret Complementariness: An Unsuspected Strategy," 48 *Washburn Law Journal* 1 (2008): 1.

3. 在经济理论中，最大化战略通常被描述成决策人完全忽略获得信息的费用。这样的决策人会被描述为"头脑过于简单的最大化者"，他们会持续搜索所有可能的信息，丝毫不顾获得信息所涉及的费用。例如，见：Adrian Vermeule, "Three Strategies of Interpretation," *San Diego Law Review* 42 (2005): 607. 我们认为，最大化战略的理论构想太过极端以至于极其无用。在估值中，没有人会完全忽略收集信息的费用。因此，我们将最大化战略描述成决策人在很大程度上忽略获得信息的费用，因为我们相信有时候比较极端地收集信息的努力是有益的，并且应当将其与优化战略区别开来。

4. "A decision-making strategy that aims for a satisfactory or adequate result, rather than the optimal solution. This is because aiming for the optimal solution may necessitate needless expenditure of time, energy, and resources. The term 'satisfice' was coined by American scientist and Noble-

laureate Herbert Simon in 1956. " Satisficing. Dictionary. com. *Investopedia. com.* Investopedia Inc. www. investopedia. com/terms/s/satisficing. asp#axzz1k7PFe1xc （访问于：2012 年 1 月 21 日）.

5. Herbert Simon，*An Empirically Based Microeconomics*（1997），17.

6. 同上书。

7. 标准的 PPV 审计操作生成一个标在图上的点（x，y），该图具有两个度量维度（通常战略重要性作为 x 轴，法律关系的稳固性作为 y 轴）。可以通过使用"泡"代替"点"来直观地表示另外一个维度，其中"泡"直径代表另外的那个维度。有助于 PPV 审计的一个另外维度是让"泡"直径反映所标出的专利的估价（或计价），这为决策者提供了直观提示：需要仔细关注较大的"泡"（即价值加大的专利）。

8. 相对于所产生的估值结果，估值过程的重要性在于第 1 章中所给出的头两个估值错误观念的话题：估值分析只能由专家来进行；估值分析的输出——估值结果——比估值过程更重要。

第 **4** 章
分　解

　　将估值问题分解为其组成部分的工作往往是形成有用估值的最关键步骤。将任何问题分成它的关键要素，然后分别地评估它们，随后按逻辑性、一致性的方式将它们再组配到一起，是一种得到公认的分析技术。分解最适合于估值操作。

　　简而言之，估值分析具有以下三个要素：

（1）信息输入。

（2）将信息输入转换成价值结果的估值技术。

（3）价值结果的解读。

　　大多数改进估值的工作都聚焦于改进估值技术。开发使用复杂数学方法的更为定量的模型让人觉得分析更严谨、数字更可靠。实际上，估值技术的益处（不论技术多么复杂）仍然依赖于信息输入的质量（见图4.1）。估值技术只是将信息输入转换成为价值结果而已。如果信息输入非常不准确，价值结果就会非常不准确。

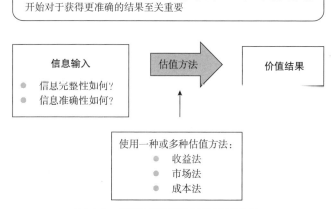

图 4.1　转换过程对数据的质量敏感

如果估值师具有完美的信息，估值分析就不会有什么挑战。完美的信息会被输入能生成易于解读的估值结果的合理估值方法中。例如，标准的折现未来经济效益（DFEB）分析（见第 6 章），试图估计将来自被估值资产的净经济效益。如果估值师具有关于：（a）将来自该资产的自由现金流和（b）计算资金的时间价值所需的折现率的完美信息，则确定该资产的价值将会是极其简单的。当然，估值师不会具有如此完美的信息，而会面临许多信息问题，包括：

■ 未来自由现金流的各种直接和间接来源是什么？

■ 每个来源的自由现金流的量和时间将是什么？

■ 获得那些结果的最大风险是什么？该专利产品未来 10 年的市场将会是什么样？该专利将会为其持有人提供多大的定价权？竞争对手围绕该专利进行发明将会如何容易（或如何困难）？

■ 可以从该专利资产产生经济效益的多条途径（目前已知的和未知的）都是什么？

■ 在被估值的未来时间段内的通货膨胀率将会是多少？

使用同样的 DFEB 方法，针对这些问题做了更好工作的估值师将会生成更准确的估值结果。更好地减少了信息问题的估值师将会提高被评估数据的准确度、价值结果的准确度以及对于价值结果解读的准确度。

在估值情形中改善信息输入的最有效途径之一是通过一个分解过程。将估值任务分解成其组成部分有助于估值师更清楚地确定将会影响价值结果的各个信息输入，并更好地评估每个输入的影响，从而增大没有重大要素被忽略的可能性。另外，通过将复杂、多方面的估值任务分解成为多个容易理解、评估的要素，选择将各组成部分再组配到一起的最合适的技术就变得比较容易了。分解过程本身可以被分解成一个三步过程：

（1）将估值问题分解成为其各个部分。

（2）对每个部分进行集中的逻辑分析。

（3）将各个部分重新组配成为一个可以在整体水平上评估的连贯的方案。

这个分解过程有助于估值师确定共同生成被估值项目的总价值的各个因子，更好地理解这些因子及它们如何相互作用生成价值，组织信息以便以容易处理的方式处理信息，以及确定并消除对于估值过程无关紧要的信息。

在本章中，我们将：

■ 介绍作为专利估值的分解（和再组配）工具的决策树。

■ 讲解如何运用分解技术为专利估值形成较高质量的数据。

■ 讲解如何用分解提高估值师解读用于专利估值的输入数据以及专
　利估值结果的能力。

4.1　分解与决策树

用于分解、分析、重组专利问题的最强有力工具之一是决策树。决策树的
名字取自于像侧卧的树的技术图示；决策树利用示图使估值师将被估值的项目
（或决策）分解并仔细分析每个组成部分。在各种估值情况下，决策树都可以
用于改进专利估值分析和专利决策。例如，在本书中，我们在许多情况下都使
用决策树：提高或改进用于 DFEB 分析的利润或现金流预测的精确度；作为一
种把可能变得可以利用的未来选择并入估值分析的方法；确定是否接受诉讼和
解；确定各种基于专利的减税策略的智慧。而这些应用仅是其中的数种可能
而已。

4.1.1　决策树及图例

决策树（也称为概率树）使用树状的图模型来表示潜在的事件结果。该
模型由节点和连接节点的分支组成。有三种不同的节点用于决策树（见图
4.2）：

（1）决策（或选择）节点，通常显示为正方形或长方形。

（2）不确定性（或可能性）节点，显示为圆圈。

（3）结果（或后果）节点，显示为三角形。

决策节点　　　　不确定性节点　　　　结果节点

图 4.2　用于决策树的标准图例

决策树有助于凸显多种选择性方案中的最佳选择（或最可能的结果）。构
建决策树的步骤有五步：

（1）确定决策或估值操作的组成部分。

（2）列出产生于初始决策的随后决策和不确定性。

（3）确定每个未来不确定性的概率。

（4）预测每个选择性决策和结果路径的价值。

（5）完成必要的"回滚"（rollback）计算以将各组成要素重新组合成为价值结果。

4.1.2 构建决策树

说明构建决策树的步骤的最容易方式是通过例子。让我们假定，一家公司（Acme）已经被诉专利侵权。Acme 收到原告解除诉讼的报价，需要支付原告100 万美元。实际上，Acme 的估值师需要确定该诉讼的成本以及支付 100 万美元以避免诉讼对于 Acme 公司是否值得。

步骤 1：确定决策或估值操作的组成部分

在这个简单的例子中，Acme 具有两个可选方案（见图 4.3）：

（1）接受和解，诉讼结束；

（2）拒绝和解，诉讼继续。

图 4.3　和解或继续诉讼问题的图示

步骤 2：列出产生于初始决策的随后决策和不确定性

如果 Acme 接受和解报价，对于该可选方案就不存在更进一步的不确定性了。因此，决策树的该分支就会终止。对于另一分支，Acme 拒绝和解，继续存在不确定性，具有两个直接的可能结果：

（1）诉讼继续，直到审判并获得判决。

（2）Acme 收到新的和解报价并最终解决了争端。

将这些结果添加到例子中，我们得到图 4.4 中的决策树。

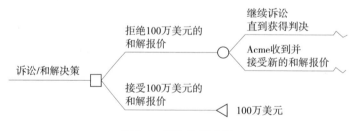

图 4.4　插入初始结果

步骤3：确定每个未来不确定性的概率

在该例子中我们已经确定两个可能的结果，因此决策树现在要求我们为每个结果指配一个概率估计值（见图4.5）。让我们假定，估计Acme收到进一步的和解报价并最终解决争端的可能性为75%。因为结果分支必须合计为100%，所以该案件达到判决的概率将会为25%。

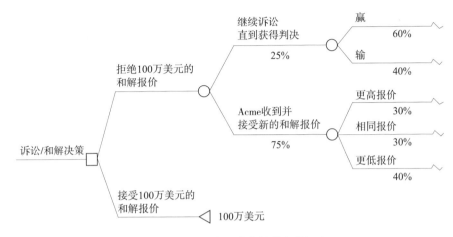

图4.5　确定每个不确定性节点的概率

不论是"获得判决"选项还是"接受新的和解报价"选项都没有终结各自分支的不确定性。因此，必须在这两个分支上各添加一个进一步的不确定性节点。也就是说，我们需要通过重复步骤1～3来继续每个分支。对于"获得判决"分支，Acme不是赢得就是输掉诉讼。让我们假定，Acme具有60%的机会赢得该诉讼。这样Acme输掉该诉讼的可能性就为40%。对于"接受新的和解报价"选择性方案，有三种可能结果：Acme收到与100万美元相比更低的报价、更高的报价或相同的报价。让我们假定，这三种选择性事件的概率分别为40%、30%、30%。

步骤4：预测每个选择性决策和结果路径的价值

这一步是预测我们所确定的每个路径的结果值。对于"获得判决"选项，让我们假定，可能的损害赔偿金为500万美元。除了损害赔偿金以外，Acme预测，对簿公堂直到获得判决，不论赢得还是输掉该诉讼，公司都将花费25万美元。对于"接受新的和解报价"选项，让我们假定，一个可能的更低报价为50万美元，一个可能的更高报价为200万美元。除了和解报价之外，Acme预测在达成该随后和解之前公司还将花费10万美元的法律费用。将所有这些结果添加到我们的例子中，我们得到图4.6中的决策树。

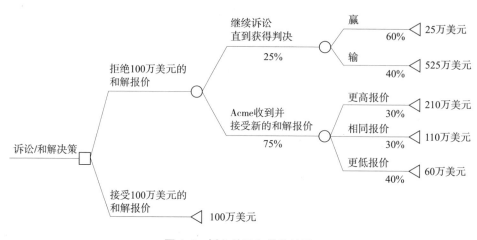

图 4.6　插入结果和最终结果

步骤 5：完成必要的"回滚"计算以将各组成要素重新组合成为价值结果

最后一步是进行必要的计算以做出所述的最初决策。支付 100 万美元以避免诉讼对于 Acme 公司是否值得？按照决策树的术语，该过程被称为"回滚"树。所发生的是，决策树程序（或使用笔和纸的个人，如果没有计算机辅助的话）从最终的预测结果开始往回运算至最初的询问（通常从右到左），沿途评价每个决策和不确定因素节点。对于不确定性节点，所用的数学方法是采用分支上的概率估计值，并将其乘以与该分支相关的结果。[1]将每个不确定性分支的值加起来（因为所有概率之和应当为 100%），就生成了该不确定性节点的值。该值也成为任何涉及该特定节点的随后计算的输入值。

对于嵌入式决策节点（预测在未来时间发生的决策），该过程是根据预定的选择标准来评价每个决策分支：要么选择具有最大值的决策，要么选择具有最小值的决策，这取决于决策人的偏好。计算和评价过程继续直到不确定性和决策节点都缩减成为具有为每个决策路径显示的价值的初始决策为止。

对于我们的 Acme 例子，我们可以用所预测的可能结果和概率形成完整的决策树❶（见图 4.7）并生成拒绝 100 万美元和解报价的成本的加权平均计算结果（或期望值）（见文本框 4.1）。拒绝和解报价的成本预计几乎为 150 万美元，这意味着 Acme 或许应当接受 100 万美元的和解报价。拒绝该报价将使 Acme 多花费约 50 万美元。

---

❶　原书为"a complete decision"，疑应为"a complete decision tree"，故译者译为"完整的决策树"。——译者注

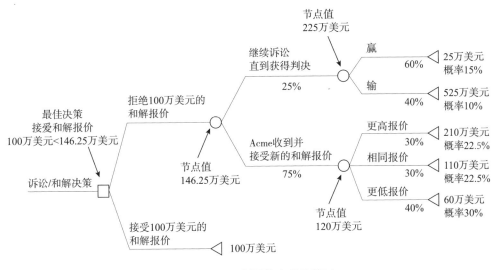

图 4.7　Acme 例子的完整决策树

文本框 4.1　拒绝 100 万美元和解报价的成本：加权平均计算结果（期望值）

结　果	第一节点概率（获得判决或随后和解）	第二节点概率：（1）赢、输；或（2）和解结果	组合概率	预测的结果	结果的期望值
判为赢	25%	60%	15%	*25 万美元	=3.75 万美元
判为输	25%	40%	10%	*525 万美元	=52.5 万美元
以更高数额和解	75%	30%	22.5%	*210 万美元	=47.25 万美元
以相同数额和解	75%	30%	22.5%	*110 万美元	=24.75 万美元
以更低价格和解	75%	40%	30%	*60 万美元	=18 万美元
加权平均计算结果（期望值）					=146.25 万美元

　　使用在本部分描述的基本构造块，可以构建非常复杂的决策树。该分析的优点是，无论问题看上去如何难以置信的复杂，通过仔细考虑各个子要素，都可以得到用其他方式得不到或不显现的洞见。决策树要求估值师：（1）将问题分解成为其组成部分；（2）对组成部分进行分析；（3）将这些组成部分再组配成为问题的整体处理。这种有条不紊的解决问题的方法可以显著地改善估值分析。另外，决策树提供了一种处理不确定性的非常有用的工具，或者一种

至少明确地将不确定性包括到估值（或决策）活动之中的非常有用的工具。不确定性常常是估值（或决策）活动的最具挑战性的部分，因此决策树的该功能是极其重要的。

有时决策人抗拒使用决策树分析，声称他们不能够足够详细地描绘问题，或者声称他们不能为不确定性节点指定所需要的有关概率估计的输入或不能为结果节点指定所需的有关预测结果的输入。正如比较简单的 Acme 例子所示的那样，即使决策问题的基本分解，加上有关不确定性和结果的非常粗略估计，也比依赖于无法言传的预感要好，因为该操作要求使用决策人具有的最好的（即使不完美）信息。如果决策树中的估计只不过是胡乱的猜想，那么它至少将作为当前的最佳估计被纳入；随后的敏感性分析（见第 6 章）会关注该猜测，以帮助确定该估计必须如何准确才能改变基于该猜测的决策。

4.2 利用分解来形成更高质量的数据

大多数估值方法中所涉及的计算一般并不具有挑战性。具有挑战性的是形成计算所需的数据。因此估值师需要用于收集并理解进行估值分析所必需的数据的可用机制。分解就为该项工作提供了特别有用的机制。

4.2.1 常见的信息问题

在理想世界中，估值师会容易地获得有关被估值项目的完美信息。然而，这样的理想情况从来就不存在，这就要求估值师来处理大量的常见的信息问题。常见的四种信息问题如下：

（1）缺失信息。

（2）无组织的信息（信息的淹没性使其难于处理、鉴别）。

（3）噪声（不相关或不准确的信息，其增加而不是降低信息问题）。

（4）聚集失真（聚集信息掩盖了包含在组件数据部分中的其他信息或洞见）。

由于专利的独特性和复杂性，当试图进行专利估值时，这些信息问题中的每一个可能都是特别严重的（见文本框 4.2）。

文本框 4.2　专利估值情境中的信息问题

（1）缺失信息

■ 预测来自专利的净经济效益

■ 合适的折现率

■ 来自可比较的专利交易的定价

■ 侵权诉讼的风险

■ 专利（或其某些权利要求）将被无效的风险

（2）无组织的信息

■ 形成合理的净经济效益预测，这需要理解巨量的商业、技术以及法律因素

■ 评估法律风险，这需要理解案件的强度、他方的趋向、法庭的倾向以及补救程序的可能结果

（3）噪声

■ 头条交易价格公告（Headline deal value announcements）（见第 8 章）

（4）聚集失真

■ 产业专利费率（不能获得单个交易信息）（见第 8 章、第 10 章）

■ 基于专利组合的总价值制定专利管理决策（未合理地理解组成专利组合的各个专利的价值）

■ 未理解特定的专利货币化途径优于另一途径

4.2.2 分解可有助于减少信息问题

分解可有助于处理上述四种基本信息问题中的每一种问题。一个关于分解的能力最受欢迎的例子不是专利例子，而是出自 20 世纪最伟大科学家之一恩利克·费米（Enrico Fermi）。Fermi 是原子能研究的奠基人之一，于 1938 年获得诺贝尔物理奖。他使用分解的能力对看起来不可能回答的问题进行了合理精细的估计。最著名的 Fermi 问题是一个他喜欢问他的科学与工程学生有关钢琴调音师的问题。Fermi 要求他的学生估计在芝加哥的钢琴调音师的数目，而不允许他的学生使用任何的外部信息源。当然，可以雇佣一大群信息调查员来找出每位钢琴调音师的地点并计数，但是这样会使费用极高。实际上，这样做的费用几乎可以肯定会高于被寻找的信息的价值。Fermi 阐释了简单的分解过程是如何使得学生们几乎不花分文就可以得出足够合理的估计。询问以确定答案的组成部分开始。决定特定城市中钢琴调音师的数目的基本因素是什么？最重要的可能是下列因素：

■ 在芝加哥的户数

■ 有可能拥有钢琴的户数

■ 钢琴调音的频率

■ 一名钢琴调音师在一年当中能调钢琴的数目

Fermi 指导学生们解决更易处理的经过分解的问题，而不是试图解决芝加哥有多少调音师的整体问题。

■ 芝加哥有多少户家庭？我们通过芝加哥的现有人口（大概为 300 万，包括近郊）可以解决该问题。我们将芝加哥的现有人口除以每户家庭中生活的平均人数（每户大约 4 人）得到 750 000。于是我们就可以估计出，在芝加哥有 600 000 ~ 900 000 户家庭。

■ 多少户家庭有可能拥有钢琴？学生们可以通过快速投票进行调查，看看在他们的家庭中有多少拥有钢琴。比方说，每 2 户中有 1 台钢琴。这些大学生可能来自比一般人口更富裕的家庭，因此我们可以将 2 户中有 1 台（1/2）的估计值缩小到 1/4 或 1/5。现在我们得到了芝加哥有 120 000 ~ 225 000 台钢琴的估计。

■ 间隔多久调一次钢琴？一位学生解释说，标准的建议是每 6 个月给钢琴调音一次。大多数钢琴拥有者会那么勤吗？这值得怀疑，因此让我们估计，钢琴平均每年调音一次。

■ 一年当中一位钢琴调音师能给多少台钢琴调音？给一台钢琴调音大概需要 2 小时，这意味着一位钢琴师在一天内可以给 3 ~ 4 台钢琴调音。假定钢琴调音师每周工作 5 天，每年 49 周（减去 2 周休假和 1 周法定节假日），这样每年还剩下 245 个工作日，我们可以估计出，一位钢琴调音师每年可以给 735 ~ 980 台钢琴调音。为了使数字更易于处理，我们可以将该估计值取整，即为每年 750 ~ 1 000 台钢琴。

用这些分解的信息，我们可以估算出，芝加哥钢琴调音师的数目应该在 120（120 000 台钢琴 ÷ 1 000 台钢琴/年/调音师） ~ 300 人（225 000 台钢琴 ÷ 750 台钢琴/年/调音师）。这个 120 ~ 300 人的估计值并不是完美的答案，但是考虑一下我们的进步程度。在提出钢琴调音师人数的问题时，大多数人的直接回应是，"我无法回答该问题"。然而，该分解操作证明，该问题并非是不可知的。相反，仅仅通过分解该问题，就可以以极低的成本、几乎不费力地估计出具有合理精确度的信息。

4.2.3 利用分解来生成预测并估计折现率

分解的最强用途之一是帮助生成来自一系列专利权的现金流预测或利润预

测。第6章将介绍如何使用分解来改善预测功能。分解对于估计折现率也非常有用；在第6章我们将涉及这方面的内容。

4.2.4 用于形成似乎无法估计的数据的样本分解操作

我们想给出一个样本分析，以提供一个分解可用于生成数据的具体例子。对于这个例子，我们将使用分解来生成乍看起来无法估计的数据。

4.2.4.1 假想例子的背景信息

一所大学的研究人员（大学）开发了一种新技术（让我们称之为"设备"）。大学的技术转移部门需要决定是否就该设备申请专利。关于该设备的科学与商业前景，技术转移办公室具有下列信息：

（1）该设备的科学境况

▪ 当前存在该设备的技术替代方案。有一种优势性替代方案（"优势技术"），其已经被专利，是一种较好的技术，并且已经得到广泛应用。相对于该优势性技术，有数种低价的替代方案，而该设备可作为其另一种低价替代方案。

▪ 该设备不需要很多的进一步开发就可以成为有生命力的商品。

（2）该设备的商业境况

▪ 该优势技术的专利权由一家公司（优势技术公司）拥有。

▪ 许多公司正努力与优势技术公司竞争。这些公司都是低成本技术生产商，不能够在更高端水平上竞争。单独地看，这些公司中没有一个特别强大，但是聚合起来它们是有分量的经济参与者。

▪ 这些低成本技术公司中没有一个公司曾经从大学许可过技术，现在也没有一个公司看起来准备这样做。

根据这些背景信息，该大学应当为该设备申请专利吗？

4.2.4.2 分解分析

为了回答该问题，我们建议大学的技术转移部门先绘制一张是否专利的决策图（见图4.8）。该决策图应将决策分解成各个组成部分。

如果大学只关注直接经济效益（关于直接经济效益和间接经济效益的定义，见第1章），该分析就相当简单了。该分析可简化为：如果来自该设备的专利权的未来净现金流的净现值大于获得和维持该专利权的净现值，则进行专利是经济上合理的决策。然而，正如我们可从该决策图看到的，还存在大学应当考虑的间接经济效益。不进行专利可以更好地利用那些间接经济效益。我们

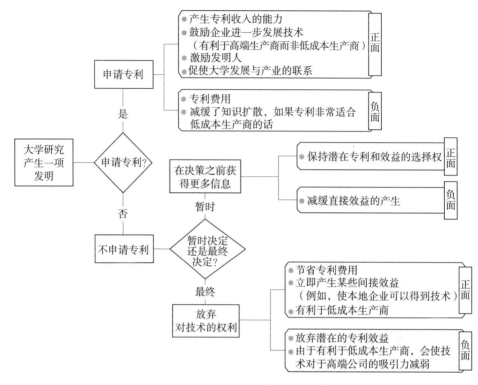

图4.8 是否专利的决策图

如何考量直接效益和间接效益间的差额？让我们尝试一下简单的分解操作。

第一：确定那些可能来自获得专利的直接效益

对效益进行评估的第一步是确定效益。估值师应先确定那些可能来自获得专利的效益。权利持有人倾向于喜欢接受直接现金流，因此最好从直接效益开始。在大学的情况下，决策图仅确定了一种直接效益，即从许可该专利可以得到的专利使用费。

第二：确定那些可能来自获得专利的间接效益

然后估值师应确定进行专利的间接效益。决策图上所显示的间接效益的列表比直接效益的列表长得多。为了理解间接经济效益，了解大学的功能和动机是有益的。不同于许多研究机构，大学并不趋于是单纯的利润最大化者。相反，大多数大学的核心使命是通过创造和传播知识来奉献社会。尽管大多数大学希望创造更多的收入，但是它们也会经常拒绝创收的机会，如果这样的机会过分地干扰它们创造、传播改善社会的知识的能力的话。对于公立大学，担当当地经济发展的催化剂也是它们的核心使命。

就大学来说，该决策图确定了以下间接效益：

■ 专利帮助当地商业更有竞争力的能力。

■ 专利激励大学的研究人员进行未来研究的能力。

■ 专利将未来的研究人员吸引到大学的能力。

■ 专利改善大学与产业关系的能力。

第三：确定可能来自获得专利的直接和间接效益的量

按照我们的经验，大多数的大学技术转移部门都缺乏进行精细量化操作的专业技能或资源，但是他们具有熟悉行业的专业人员。此外，如果技术转移部门试图确定是否将一发明专利化，该发明可能并不十分有把握盈利，而很可能只有普通的潜力。所有这些都告诉我们，这种情形完全适合使用满意化战略（见第3章）来做出决策。可以用来获取信息以改善决策的资源是有限的，而又没有必要做出完美无瑕的决策。获得"足够充分"的信息就会大大地改善决策。

一种廉价的量化工具是组建一个对该设备技术和当地经济都熟悉的行家团队，以对直接和间接效益做出相对评估。具体地说，会要求团队中的每位成员做下列工作：

■ 对于每种直接效益：确定其占整个直接效益的百分比，并在1～5的范围内（5为最佳）确定每种直接效益将会多大。

■ 对于每种间接效益：确定其占整个间接效益的百分比，并在1～5的范围内（5为最佳）确定每种间接效益将会多大。

让我们假设该设备产生表4.1中的结果。图4.9示出这些相同的结果。

表4.1 大学获得该设备专利的直接效益和间接效益

直接效益				间接效益			
直接效益（%）	权重	总结果		间接效益（%）	权重	总结果	
			专利将帮助当地商业	50%	1	0.5	
			专利将激励大学的发明人	25%	2	0.5	
专利使用费 100%	1	1	专利将吸引大学的未来研究人员	10%	1	0.1	
			专利将改善大学与产业的关系	15%	2	0.3	
合计		1	合计			1.4	

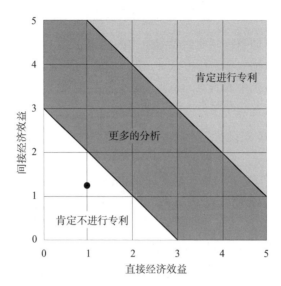

图 4.9 大学获得该设备专利的直接效益和间接效益的图示

总分数为 10，将该设备进行专利的效益分仅为 2.4。将该设备进行专利产生如此小的效益，以至于不将该技术进行专利看起来是更好的策略。这种类型的分析可有助于确定不需要进一步分析的容易决策以及可能需要进一步分析的比较难的决策。例如，该大学可以就是否追逐专利制定下列指南：

■ 如果发明得到的效益分小于 3，则肯定不进行专利。
■ 如果发明得到的效益分大于 6，则肯定进行专利。
■ 如果发明得到的效益分在 3 与 6 之间，则需要进一步的分析。

尽管按照上述标准，该设备必然不应进行专利（因为从获取专利仅得到 2.4 的效益分），但是表 4.2 还是提供了当该技术不进行专利时该设备的效益分。表 4.2 有助于确认，不进行专利的决策是正确决策，因为当不进行专利时，该设备产生 3.6 的效益分。

表 4.2 当不获得该设备的专利时该大学的直接和间接效益

直接效益			间接效益			
直接效益（%）	权重	总结果		间接效益（%）	权重	总结果
专利使用费 0%	N/A	0	释放的技术将帮助当地的商业	80%	4	3.2
			释放的技术将激励大学的发明人	10%	1	0.1

直接效益			间接效益			
直接效益 （%）	权重	总结果		间接效益 （%）	权重	总结果
			释放的技术将吸引大学未来的研究人员	0%	N/A	N/A
			释放的技术将改善大学与产业的关系	10%	3	0.3
合计		**0**	合计			**3.6**

注：N/A = 不适用。

4.3　利用分解来更好地理解数据

除了生成高质量的数据以外，分解还可以帮助估值师改善他们对于已经在处理的数据的理解。估值分析非常依赖于输入数据的质量，因此对于输入数据的深度理解对于理解估值结果是至关重要的。通过对可以得到的数据的分解和仔细分析，估值师可以更好地理解数据的局限和暗示，更好地领悟估值结果的实际含义。

分解用于解读数据的典型例子与解读财务预测有关，特别是与尚未建立业绩记录的销售预测有关。在许多专利估值情境中，预测都发挥主要作用：

▪ 当专利持有人进行 DFEB 分析时，作为 DFEB 基础的预测现金流或利润是估值分析的最重要变量。

▪ 当专利持有人与潜在的被许可人进行专利费率谈判时，专利相关物品的销售预测对于许可人最大化财务回报将是至关重要的。

▪ 当风险投资人试图对基于专利的初创公司进行估值时，估值的基础将是该初创公司的利润预测。

在第 6 章中，我们将详细解释如何做出这些类型的预测，但是现在我们想谈谈如何处理别人已经做出的预测。让我们假定，专利持有人正在考虑通过排他许可（即独家许可）来进行专利许可并且具有两个潜在被许可人。每个被许可人所提供的专利费率都是专利产品净销售额的 5%，因此专利持有人的决定因素应是哪一个被许可人有可能产生最大的销售额。[2]在开始做出决定之前，专利持有人应要求每一个潜在的被许可人提供一套涵盖潜在许可时期的财务预测。潜在被许可人具有夸大净销售额预测的动机，因此专利持有人应对他们的预测持保留态度并进行分析。影响未来销售的因素众多，因此将预测分解成其组成部分能够更好地理解与总体净销售额预测相关的不确定性程度。取决于专利产品的特定境况，各种各样的商业因素、技术因素和法律因素都可能影响潜在被许可人在未来销售专利产品的能力。文本框4.3列出了一些比较常见的商业因素、技术因素和法律因素；它们可以帮助许可人更好地预测潜在被许可人的未来销售业绩。

文本框4.3　可影响被许可人的销售业绩的精选因素

商业问题

- 被许可人进行了市场研究来指导其预测了吗？
- 从商业的角度看，被许可人的商业模式有多么稳健？
- 被许可人的销售和市场营销能力有多强？
- 被许可人的分销渠道有多么稳固？
- 被许可人的生产能力有多强？
- 被许可人以其生产模式具有成本优势吗？
- 被许可人的其他产品是什么？许可的技术如何融入被许可人现有的产品系列？

技术问题

- 被许可人的研发能力怎样？
- 被许可人能够进行开发或后续研究工作以确保许可的技术相对于竞争技术继续成功吗？
- 被许可人具有将许可的技术整合到其销售的其他产品中的技术实力吗？

法律问题

- 许可的技术是侵权诉讼的可能目标吗？如果答案是肯定的，被许可人适合处理这样的诉讼吗（例如，被许可人具有允许其参与交叉许可协议的强大的专利组合吗）？
- 被许可人能够管理任何可预知的监管障碍吗？
- 在适合时被许可人具有构造有效的法律关系以高效地分销许可的技术的法律能力吗？

分析这些各种各样的因素需要众多学科的专业知识，而找到一位具有全部必要专业知识的个人来实施估值是非常困难的。除了对总体的估值问题进行分解以外，我们也建议对任务进行分解并将分解之后的任务分配给各方面的专家来分析。具体来说，我们经常建议进行重大估值分析的各方建立一个估值团队来解决这一问题。估值团队应当由具有令人钦佩的用于分析估值问题的专业知识的人士组成。估值团队的常见专家组合包括在财务方面富有经验的商业专家、在相关技术产业化方面富有经验的商业专家、熟悉相关技术的技术专家以及知识产权/商业律师。

如果使用估值团队，以下是用于分解被许可人提供的销售预测的简单的五步法。

（1）确定有可能影响被许可人满足其销售预测的能力的各个因素。

（2）将每个因素分配给具有相关专门知识的估值团队成员。

（3）分别地分析各个因素。

（4）一旦分析完各个因素，就再召集估值团队来共同地分析各个因素。

（5）基于估值团队的评估，调整预测的净销售额。

参考文献

[1] Damodaran, Aswath. 1994. *Damodaran on Valuation：Security Analysis for Investment and Corporate Finance.* New York：John Wiley & Sons.

[2] Gompers, Paul, and Josh Lerner. 2001. *The Money of Invention—How Venture Capital Creates New Wealth.* Boston：Harvard Business School Press.

[3] Hubbard, Douglas. 2010. *How to Measure Anything：Finding the Value of "Intangibles" in Business.* 2nd ed. Hoboken, NJ：John Wiley & Sons.

[4] Munari, Federico, and Raffaele Oriani, eds. 2011. *The Economic Valuation of Patents：Methods and Applications.* Cheltenham, UK：Edward Elgar.

[5] Murphy, William J. 2007. "Dealing with Risk and Uncertainty in Intellectual Property Valuation and Exploitation." In *Intellectual Property：Valuation, Exploitation, and Infringement Damages, Cumulative Supplement*, edited by Gordon V. Smith and Russell L. Parr, 40 – 66. Hoboken, NJ：John Wiley & Sons.

[6] Neil, D. J. 1988. "The Valuation of Intellectual Property." 3 International Journal of Technology Management 31.

[7] Obituary. Nov. 29, 1954. "Enrico Fermi Dead at 53；Architect of Atomic Bomb." New York Times. Pratt, Shannon, Robert Reilly, and Robert Schweihs. 2000. *Valuing a Business：The Analysis and Appraisal of Closely Held Companies.* 4th ed. New York：McGraw-Hill.

[8] Raiffa, Howard. 1968. *Decision Analysis：Introductory Lectures on Choices under Uncertainty.*

Reading, MA：Addison-Wesley Publishing.

［9］Skinner, David. 1999. *Introduction to Decision Analysis：A Practitioner's Guide to Improving Decision Quality.* 2nd ed. Gainesville, FL：Probabilistic Publishing.

［10］Smith, Gordon V., and Russell L. Parr. 2005. *Intellectual Property：Valuation, Exploitation, and Infringement Damages.* Hoboken, NJ：John Wiley & Sons.

注　释

1. 在这个例子中，结果是用美元来表示的，但可以使用可表示成数值的任何物。

2. 这句话有点儿过于宽泛。由于货币的时间价值以及在之后的年份中与销售额相关的风险更大，专利持有人应当既看净销售额总量，也看何时将会形成这些净销售额。较早形成的净销售额会比较晚形成的净销售额更有价值。有关折现率的讨论，见第 6 章。

第二部分

专利估值技术

第 **5** 章
估值准备

在开始详细的估值操作之前，估值师应做大量的准备工作。这项工作涉及对组成正在被估值的专利的法定权利进行分析。正如我们在第 2 章中所解释的，专利是多方面的财产权益，涉及复杂的法定权利束。理解哪些权利与特定专利相关以及这些权利将被如何运用对于理解从该专利可以产生什么样的价值是至关重要的。立即开始进行某种形式的收益、市场或成本法估值分析而不首先考虑以下基本问题，几乎可以肯定会导致估值不准确或分析不完整：

（1）确切地说，正在被估值的是什么：发明的应用，专利权，还是二者皆有？

（2）正在被评估的专利权的具体法律特征是什么？

（3）将如何运用专利权？

我们在第 1 章中已经阐述了第一个问题（估值涵盖发明的运用、专利权或二者皆有吗？）。本章涵盖其余的两个问题。在本章中，我们将：

▇ 解释伴随专利发生的权利束是如何影响专利的价值的。

▇ 探索可做的多种专利运用，因为不同的用法可生成非常不同的专利价值。

5.1 了解法定权利束

对专利进行估值所需要的工作与任何其他类型的财产估值应进行的工作具有许多相似之处。以传统的房地产评估为例，大多数房地产评估的审核清单都会提示估值师确定以下问题：

▇ 正在被估值的所有者权益是什么？

■ 对正在被估值的财产的描述是什么？

■ 财产权上有负担吗？

■ 围绕该财产的邻域的特征是什么？

对于专利，需要做类似的操作。尽管提出的问题与房地产的稍有不同，询问的焦点主要是对法定权利的复杂关系网的理解，但操作的实质是相同的。文本框5.1提供了标准房地产评估的预备性工作问题与相应的专利估值所要求的分析之间的比较。本章探讨这些专利估值预备性问题中的每个问题，并解释如何将这些信息纳入专利权估值分析之中。

文本框5.1 房地产评估所要求的预备性工作与专利估值所要求的预备性工作之间的相似之处

房地产评估	专利估值
财产的所有者权益	
(1)"所有者"拥有该财产的有效产权吗？ √可以建立产权链吗？	(1)"所有者"拥有该专利的有效权益吗？ √该专利仍然有效吗？ √有潜在的无效挑战吗？例如，显而易见性、缺乏新颖性、最佳方式可实施性缺陷或申请错误。 √该专利的剩余寿命是什么？ √可以建立产权链吗？
(2)当事人具有什么类型的财产所有权？ √该权益是无条件所有权吗（土地的绝对产权并拥有土地）？ √该权益是出租人权益吗（第三方是否具有该房地产的出租权）？ √该权益是租赁不动产吗（是承租人在被评估财产中的权益）？	(2)当事人具有何种类型的专利所有权？ √当事人拥有该专利吗？如果是的话，该专利受制于任何现有的许可协议吗？ √当事人是被许可人吗？如果是，该许可是排他许可还是非排他许可？
(3)该不动产有共同所有者吗？	(3)有共同所有人吗？ √必要的转让恰当地完成了吗？
财产的描述	
(1)对该不动产的描述是什么？ √该不动产的界限是什么（例如该不动产的界石和界线是什么）？ √该不动产在其界限内包括什么？	(1)对专利权的描述是什么？ √该专利的"权利要求"是什么？

续表

房地产评估	专利估值
财产权上的负担	
（1）有任何该不动产的留置权吗？	（1）有任何该专利的留置权吗？
（2）对业主的排他权利有任何限制吗？	（2）对专利所有人的排他权利有任何限制吗？
√有地役权吗？	√政府为该发明的研究提供了资金吗？
	√有"雇主权利"吗？
	√有任何强制许可要求吗？
了解邻域	
（1）邻近的不动产如何影响该不动产的价值？	（1）邻近的专利权如何影响该专利的价值？
	√有封锁专利吗？
	√有协同专利吗？

5.2　专利的所有者权益

如同房地产估值，关于专利的所有者权益也涉及三个问题。有必要确定所有人是否拥有有效的专利权益、所有权的类型以及是否有共同所有人。

5.2.1　"所有人"拥有该专利的有效权益吗？

除非可以确立有效的专利所有者权益，否则对专利进行估值毫无意义。该专利仍然有效吗？对该专利有潜在的无效挑战？该专利的剩余有效期是什么？能够建立所有权链以表明该专利权的当前持有人具有这些权利的适当所有权吗？

5.2.1.1　该专利仍然有效吗？

估值师应进行的首要查询之一是确定相关专利是否仍然有效。仅仅因为被授予专利，并不意味着该专利仍然有效。专利失效的最简单方式是未能支付必需的维持费（也称为续展费或专利年金）。支付维持费的经济前提是阻止对休眠和低价值专利的维持。维持费一般不是很高，如果专利不值得支付维持费，专利持有人就会放弃专利，让专利涵盖的知识进入公共领域。大多数发达国家具有某种类型的维持费制度。

在美国，实用专利需要维持费，而设计和植物专利则不需要维持费（不同类型的美国专利的讨论，见第 2 章）。必须在从专利授权日算起的3½、7½、

11½年内将维持费支付给美国专利商标局（USPTO）[1]（见表5.1）。对于维持费的支付，美国专利法允许6个月的宽限期，尽管逾期付款附加费随后被增加到维持费中。[2]如果宽限期届满还未支付维持费和附加费（如果适用的话），专利将在宽限期结束时失效。[3]如果专利由于未支付维持费而失效，确实存在恢复专利的有限选项。[4]对于正在被估值的专利权所覆盖的每个国家或管辖区都要做维持费分析。

表5.1 美国实用专利的专利维持费

到期日（从授权日起算）	维持费（美元）		宽限期	宽限期附加费（美元）		失效日（从授权日起算）
	标准	小微实体		标准	小微实体	
3½年	1 130	565	6个月	150	75	4年
7½年	2 850	1 420	6个月	150	75	8年
11½年	4 730	2 365	6个月	150	75	12年

资料来源：美国专利商标局。

5.2.1.2 潜在无效

全世界每年有大量的专利被审查员错误地授权。这些专利本应该被拒绝授权，例如因为发明是显而易见的或缺少新颖性，或因为发明人未满足可实施性或最佳方式要求，或因为在一年宽限期内未提交专利申请（关于有效专利的要求的讨论，见第2章）。尽管授权的专利被假定有效[5]，但是错误授权的专利具有来自第三方的无效挑战风险；第三方可能决定：

■ 要求复审该专利，这或许导致该专利被限制或被宣布无效。

■ 侵犯该专利技术，并且如果遭到挑战，则在审判时设法限制或无效该专利。

当对一项专利权进行估值时，估值师应了解该专利的复审和诉讼历史。如果该专利权的推测价值非常高的话，进行现有技术检索是值得的；通过现有技术检索可以估计随后侵权诉讼将被提起的概率以及胜诉的概率。

5.2.1.3 专利的剩余有效期

如果专利仍然有效的话，估值师应确定其剩余有效期。在大部分历史中，美国都从授权日起计算其专利期限。然后，在1995年情况发生了变化。对于1995年6月8日之后提交申请的专利，专利的潜在期限是从专利申请日起20年。对于在1995年6月8日生效的专利，或者就1995年6月8日之前提交的申请而授权的专利，专利的潜在期限是从申请日起算的20年或者从专利授权日起算的 17 年，哪个较长采用哪个。对于涉及外国专利保护的专利权，应对专利权所涵盖的每个国家或辖区的相关期限法律进行检查。

专利的剩余有效期相当于对可能来自于专利排他权的溢价（premium pricing）设置了一个准限。然而，替代技术常常会在专利失效很早以前就消除溢价。

5.2.1.4　建立产权链

像其他形式的财产，证明专利权的所有权也要求建立产权链。在美国，最初的专利所有权（产权）是由联邦政府在颁发专利时授予的。该所有者权益可以转让（见第 2 章）给后继的各方，这样后者就变成了该专利的所有人。为了确立所有权，当前的专利所有人必须能够用文件证明从原始的专利到当前的所有权的每一次转让（见图 5.1）。

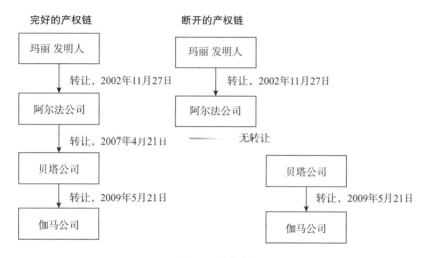

图 5.1　产权链

理论上，用文件证明产权链应该比较容易。最初的专利所有权是容易证明的；每次转让都应在专利局有记载，因此也容易证明。然而在美国，这样的记载是任选而非强制性的。此外，USPTO 并不证实转让的准确性，因此有可能记载了不准确的转让。然而，受让人的确具有相当大的、正确地记载转让的动机，因为美国专利法规定：

> 对于任何随后的购买人或质权人，转让、赠予或让与应当无效，不能作为有值对价，对此不作另行通知，除非在这样的购买或质押之日之前或之后 3 个月内在专利商标局进行了记载。[6]

5.2.2 持有人具有什么类型的专利所有权？

一旦确定了专利权仍然有效并且能够确立产权链，下一步就是确定正在被估值的专利的所有者权益类型。相关专利权是拥有的还是被许可的？如果是被许可的，那是什么类型的许可？权利持有人可以做什么主要是由专利的所有者权益类型决定的。暂时先忽略一下共同所有者权利（下面即将讨论之），持有人可以具有的专利所有者权益有三大类：（1）拥有人；（2）排他被许可人；（3）非排他被许可人。

5.2.2.1 拥有的专利

所有权的最简单形式是拥有专利。对于估值，拥有的专利可以分成两类：（1）不受制于任何现有许可协议的专利（不受限制的专利）；（2）受制于现有许可协议的专利（有负担的专利）。对于不受限制的专利，估值师可以聚焦于专利的完全潜力而不考虑先前许可协议可能对该专利的限制。在确定专利的最有价值的运用时，可以考虑任何的合法应用。对于有负担的专利，估值师必须考虑与该专利相关的合同中规定的各种义务。对于估值，这些现有许可协议并不天生地好或坏（见文本框5.2），而必须基于个案进行仔细分析。

文本框5.2　现有许可协议的典型的正方面和负方面

典型的正方面

■ 可以提供来自该专利的可预测的现金流，这有助于减小关于该专利价值的不确定性。

典型的负方面

■ 可能使该专利使用费率低于市价，这将降低来自该专利的未来现金流。

■ 可能对该专利的未来运用施加不利限制，这将妨碍现在或未来的持有人对该专利的最高价值运用的利用。

5.2.2.2 许可的专利

如我们在第2章中所解释，有两种类型的专利许可：

（1）排他许可：专利所有者承诺将一项或多项专利权提供给一方并且别无他方。排他许可可以覆盖整个专利，或者限于覆盖特定的地理区域、应用领域或二者皆有。

（2）非排他许可：专利所有者承诺将一项或多项专利权提供给多个当事

方并且不承诺对他方的任何排他性。

专利许可，无论是排他许可还是非排他许可，可以涵盖整个专利，也可以用各种方式进行限制。典型的限制包括应用方式限制、地理限制、应用领域限制和转移限制。这些限制允许专利持有人调整与专利相关的权利束以适应各个被许可人的特定需要。例如，如果一个被许可人并不看重在特定应用领域中使用专利的权利，这些权利就可以被从该许可中排除，而且将它们许可给看重它们并愿意为它们付费的另一个被许可人。这样，专利持有人可以开发出可生成最大价值的理想的组合许可。有时，这将意味着就完整的一束专利权提供一个许可，而其他时候，意味着将专利权分割成多个专利许可（见图5.2）。

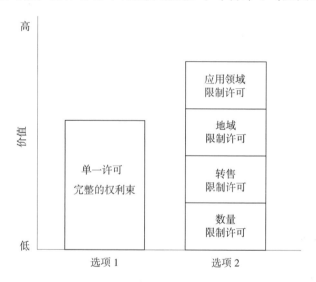

图5.2　通过分割增加专利价值

5.2.3　共同所有人

除了明显的专利所有人外，还可能存在专利的共同所有人，这可能大幅改变专利的价值。美国专利法要求，发明人或经发明人授权的当事人提出专利申请。如果某个不是发明人的人被命名为发明人或者漏掉了发明人并且所述错误未得到改正，则所产生的任何专利都可能被无效掉。确定应将谁列为发明人可能是具有挑战性的，尤其是对于产生于大型研究团队或合作研究项目的发明。当公司的多个雇员一起工作而开发出发明时，谁是发明人？为了解决这一问题，以研发（R&D）为中心的实业公司的雇主通常要求雇员们签订发明转让协议，将他们的专利权预转让给未来的与工作相关的发明。未获得这样的发明转让协议会极大地影响雇主公司的专利价值。根据美国专利法，雇员发明人是所形成专利的共同所有人，就这一点而论，他们有权"在美国制造、使用、许诺销售或销售所专利的发明，或者将所专利的发明进口到美国，而无须得到其他所有人的同意、无须向其他所有人做出说明。"[7]简而言之，共同所有人具有利用专利的权利，包括将专利许可给第三方，而不需支付给缺席协议的其他共同所有人一分钱。

5.3 专利权的描述

对于房地产，其产权的界限是由契约的财产描述（例如，财产的界石和界线）来阐明的。同样的原理也适用于专利。专利的权利要求部分（见第2章）提供了对由专利所表达的发明财产权的描述。权利要求的范围将会限定排他性权利的范围。当对一项专利进行估值时，应特别关注权利要求（见图5.3）。如果权利要求撰写得狭窄，它们的经济效益潜力将会更为受限。同时，专利的无效风险将会比较低，因为权利要求过于宽泛而超出允许的可能性较小。如果权利要求撰写得宽广，经济潜力将会较大，但是无效风险也会较高。

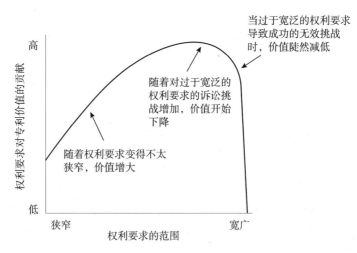

图5.3 范围窄的权利要求与范围宽的权利要求对比

5.4 专利权上的负担

负担是他人而非财产所有人对财产权的一种要求。专利权的负担包括留置权以及对排他权的限制。

5.4.1 留置权

对于房地产，负担很多时候是因担保贷款而产生的，并且由银行（或其随后的承让人）持有。同样，专利也可能具有负担的权利，这些负担的权利是在专利持有人与债权人签订合同将专利作为债务担保品时产生的。为了保护其在担保品中的权益，债权人需要建立优先于其他潜在要求者的对担保品有法律效力的要求。为此，资产负担系统需要公告制度；这样，债权人就可以确定财产是否有在先的担保或留置权；在违约发生时，这些在先的担保或留置权会妨碍债权人对担保品的控制。同样，取得资产担保权益的债权人必须公告：该资产现在负担有担保权益或留置权，从而确保该权益对于后来的第三方债权人的优先权。

在美国，动产（作为一般类别，包括知识产权）的担保权益是受基于统一商法典（UCC）第 9 条的各个州法支配的[8]，除非联邦法占先。不幸的是，关于在哪里备案、如何备案、担保权益的公告组成是什么、谁具有优先权以及担保权益覆盖哪些财产，还有一些不确定性。第 9 条规定了用于管理动产和固定附属物的担保权益的综合方案。根据第 9 条的法律框架，担保权益是一种负担，是与基础的财产权相分离的。情况有些复杂，因为第 9 条未充分解决关于涉及 UUC"退步"条款（step-back provisions）的一般无形资产的担保权益的问题。当当事人的实体性权利是由联邦法令支配时，或当联邦法令规定了国家注册系统或者指定了不同于 UCC 的备案地点时，该"退步"条款适用。[9]当一个债权人在 USPTO 备案了一项有条件转让，试图使用特定专利资产作为担保品，而另一个债权人试图根据 UCC 在一个州创建担保权益时，该问题可能显露出来。对于专利资产，当出现这样的矛盾时，按照有利于州 UCC 备案来决定优先权。[10]关于涉及专利的担保权益的更广泛讨论，见第 12 章。

5.4.2 对排他权的限制

有几个基本法律教义可以限制专利持有人的排他权，从而降低专利权的价值。三个比较常见的这样的教义如下：

（1）政府资助的研究：在全世界范围内，政府资助占研发（R&D）支出的比例很大。例如在美国，政府资助占每年 R&D 支出的 20% 以上。[11]作为发明的投资人，政府可以具有发明的一定权利，例如非排他性的、免专利使用费的许可，以实施通过资助研究所产生的发明。

（2）雇主权利：当雇员在工作时间利用其雇主的资源构思并开发出了而后获得了专利的发明时，雇主具有实施该发明的非排他权利。[12]这些所谓的雇主权利不可转移给无关方，除非雇主的企业作为一个整体出售。[13]尽管存在雇主权利，但是雇员许可或转让专利的权利不受限制。[14]

（3）强制许可：许多国家的专利法（通常为发展中国家）主张对影响公共健康和安全的一些发明实行强制性的、固定价格的专利许可。当实施时，强制许可倾向于涉及药物专利。

5.5 了解专利权的邻域

每个人都听说过这样的格言：关于房地产的三件最重要的事是"位置、位置、位置"。这并不奇怪，房地产估值受邻近街区的质量的影响巨大。良好的邻域可以提高一件财产的价值，反之，不良的邻域会降低其价值。同样的概念也适用于专利估值。围绕专利的财产权可以大大地影响一组专利权的价值。在本书中，我们对专利估值的讨论，通常聚焦于对与单个专利相关的权利进行估值，而不是对与有关专利的组合相关的权利进行估值。我们这样做是为了保持估值概念尽可能简单。然而，商业上有价值的产品往往涉及各个专利权的复杂关系网而不是孤立运营的单个专利。可能存在可以大大地减低专利权价值的封锁专利。也可能存在可以大大地增高专利权价值的协同专利。理解这种专利权网对于理解网中的每项专利权的价值是至关重要的。

5.5.1 封锁专利

封锁专利是在没有其许可的情况下，可以封锁另一不同专利的权利持有人开发利用该不同专利发明的专利。为了理解封锁专利的概念，需要理解，专利并不提供制造、使用或销售专利发明的肯定性权利（专利并不规定实施专利发明的权利）。相反，专利规定了排除他人制造、使用或销售发明的负权利。[15]关于专利的排他权利的描述，见第2章。因此，具有专利并不自然而然地为权利持有人提供具体利用专利的自由。既有的专利，利用其自身的排他权利，可以封锁期望的应用。当有许多被分别拥有的覆盖特定产品的封锁专利时，就存在所谓的专利丛林。

应当进行专利检索以帮助确定是否存在封锁专利。准确地确定封锁专利可以使估值师做出两个关键的确定。首先，估值师可以确定对于被封锁的专利是否有替代的经济途径。权利持有人或许能够绕过潜在的封锁专利。其次，估值师可以确定获得封锁专利的许可的可行性。在这两种情况下，处理封锁专利都会涉及费用；这些费用可以从所预测的被封锁专利的未来经济效益流中减掉。

5.5.2　协同专利

封锁专利的镜像是协同的专利权组合。当被包含在一个专利组合（或被控制在一个专利池）中时，一组相关专利权的价值总和会高于被不同所有人分别拥有时的价值总和。通过将一专利（相关专利）与协同专利的组合相组合，不论对于相关专利还是对于组合中的其他专利，都可以解决封锁专利的问题，从而可以提升每个专利的价值。作为协同组合的一部分而被拥有的专利权的价值与它单独被拥有时的价值可能会非常不同。在许多情况下，除了评估单个专利以外，还有必要评估专利族的价值。

有时，竞争者可能寻求将他们的专利集中到一个专利池中。一个比较有名的专利池是"制造商飞机联盟"（Manufacturers Aircraft Association，MAA）。在1917 年初，美国政府担心飞机工业中的专利丛林正在阻碍美国公司对飞机的开发速度。随着美国准备加入第一次世界大战，开始担心这种飞机开发的缺乏会阻碍美国战机与其欧洲对手的竞争。为了改善这一状况，美国国会创立了MAA 并鼓励长期争斗的生产商加入。MAA 成员将他们的主要飞机专利贡献给一个由 MAA 控制的专利池中并与其他成员以固定的费率缔结交叉许可。MAA制止了美国飞机制造业中超过十年的严重的专利诉讼并使美国飞机开发得以恢复。更近的例子包括有助于确保设备的互操作性的用于 MPEG - 2 技术的专利池以及用于 MP3 和 DVD 播放器的专利池。专利池如果结构不当，可能违反反托拉斯法；联邦贸易委员会已迫使一些专利池解体。

5.6　运用专利权

估值师在试图进行专利估值之前应处理的最后一个初步问题是权利持有人打算如何运用这些权利。当对资产进行估值时，有必要了解针对该资产所计划的用途。价值是一个相对概念。完全相同的资产将会产生非常不同的未来经济效益——不同的价值——这取决于谁拥有它和如何运用它。同样的原理也适用丁专利。因此，了解谁是权利持有人和权利持有人打算如何运用专利是非常重要的。专利权将如何帮助专利权持有人产生正经济效益？专利权实质上是一种商业资产。专利权可能是一种特别有价值的商业资产，但是它们不过是商业资产。这意味着它们的价值从根本上说是来自它们形成正经济效益的能力；经济效益可以是直接的或间接的。

1）直接经济效益：专利权可以为权利持有人创造没有这些权利不可能获得的直接现金流。例如，持有专利权可以使权利持有人产生来自排除竞争对手的额外利益。

2）间接经济效益：专利权也可以为权利持有人产生间接经济收益。即，专利权可以：（1）通过减少或消除某些负面成本来为权利持有人节约资金；（2）间接帮助权利持有人产生现金流（例如，专利可以显示研发实力，这有助于专利持有人筹集投资资本和建立其他业务）。

本节中，我们提供了关于专利权人为什么获取专利的概述，也包括了该一般动机将如何影响相关专利权的估值分析。

5.6.1 直接经济效益

专利权通过市场支配力、诉讼收益、许可收益和转让收益为专利权人产生直接现金流。这些途径中的每一条都提供直接经济效益。

5.6.1.1 激励理论：行使市场支配力

关于专利权人为什么追逐专利权的经典解释通常被称作激励理论。来自专利的排他权利的潜在额外利益为创造、制造和传播发明提供了所需的激励。为了经济行为人持续不断地投资于发明过程——无论它涉及创造新的事物还是改进已经存在的事物——他们必须相信他们将能够从那些努力中获得回报。然而，不同于传统的经济活动，发明过程的产品并不是容易保护的货物或服务，而是知识。知识具有经济学家所称的"搭便车"的问题。阻止他人抄袭知识天生就是困难的，这使得发明人获取他们的发明工作的全部价值具有挑战性。竞争对手可以抄袭发明并破坏供求平衡。此外，通过避免开发成本，"搭便车者"在出售发明时可以享受到比发明人有利的巨大的成本优势，因此可以以低于发明人可以匹配的价格来销售发明并且获得利润。实际上，发明人因从事发明过程而受到了惩罚。

各个社会长期以来一直试图为发明人解决"搭便车"的问题，并建立使发明的创造、制造和在公众中的传播最大化的激励机制。例如，在大革命前的法国，法国科学院用公共基金奖赏发明人；得到法国科学院鉴定的发明，发明人可以获得奖金。在这种制度下，一组专家（或鉴定人）试图奖赏他们认为将会非常成功的发明。在过去的数百年间，这样的专家驱动模式已经败给了一种非常不同的发明奖赏制度（见文本框5.3）。现在世界上大多数国家都试图通过为发明人提供获得专利的机会以更间接且基于市场的方式来鼓励发明。

> **文本框 5.3　英国垄断法**
>
> 　　美国专利法体系可以追本溯源至 1624 年以及英国垄断法。垄断法有助于限制国王特权，将经济垄断授予有益的发明和创新。有意思的是，垄断法也被看作竞争（反托拉斯）法的基础之一，优先由市场来控制商业而不是由国家（或国王）来控制商业。

　　专利具有社会决定奖赏给发明的一套经济权利。更具体地说，专利为其持有人提供了在限定的时间内排除他人制造、使用或销售新的、非显而易见的发明的权利。并不试图预示给定发明的最终成功，专利为发明人提供在一段时间内基于专利赋予的暂时排他权利通过其发明的实际商业成功来赚取货币奖赏的机会。开始时，专家不挑选哪个发明将是赢家，或者更确切地说，专家不去想哪个发明将是赢家，而是让发明的实际消费者来选择赢家，即消费者基于他们是否购买专利发明的决定来选择赢家。

　　根据激励理论，专利权的经济价值（与发明应用的价值相对）来源于通过排除他人应用该发明可以形成的额外利润。在正常的竞争市场，给定产品或服务的价格会大约等于用于生产该产品或服务的边际成本。来自提供该产品或服务的其他生产商的竞争将挤出任何的超额收益，最终驱使价格到达生产的边际成本（或平衡价格）（见图 5.4）。如果公司将产品的价格定得比平衡价格高，消费者就会购买较低定价的竞争对手的产品；提高其价格的公司就会失去消费者。

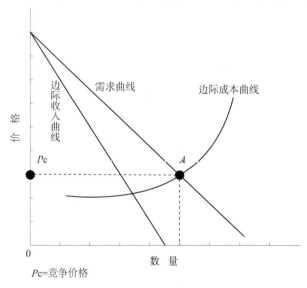

图 5.4　正常竞争市场中的产品

如果没有专利权，发明将经受与其他产品或服务相同的竞争压力。竞争将迫使发明的售价降到生产的边际成本。然而，专利权通过降低竞争水平改变了正常的竞争情况，从而允许专利权人将发明的价格定得比正常的平衡价格高。专利权为专利权人提供了经济学家所说的市场支配力。当一个公司能够提高其产品或服务的价格且不将其客户丢失给竞争对手时，该公司就具有市场支配力。市场支配力允许专利权人为发明索要一个高于生产成本的价格，从而赚取额外利润（见图5.5）。因为专利权允许专利权人排除他人制造或销售相同的发明，所以可以减弱驱使价格到达生产的边际成本的竞争。

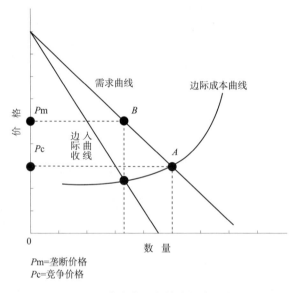

Pm=垄断价格
Pc=竞争价格

图5.5　来自专利权的市场支配力

当根据经典激励理论对发明的专利权进行估值时，估值师试图计算源于排除竞争对手的额外利润的值。当专利赋予其所有人某种程度的垄断权力时，这种市场支配力就产生了。专利通常被描述成为给专利权人提供垄断，这一点也不意外。然而，财产的所有人所获得的被更准确地称为"财产垄断"，以区别于"经济垄断"。具有财产垄断的人具有控制接近该财产的排他权利（例如，你具有排除他人进入你的汽车的财产权），但是这种控制接近的排他权利可能不赋予任何经济支配力。

当财产垄断产生竞争优势时，经济垄断就产生了。例如，你恰巧拥有城镇中唯一的一辆汽车，因此在搭载邻居兜风时可以索要更高的酬金。回到专利的情况，专利所有人具有排他地实施专利的权利（财产垄断），但是不一定从该排他性获得经济支配力。当一个公司具有经济垄断时，该公司几乎没有什么竞争，因此可以作为特定产品或服务的唯一的有效来源。因为没有竞争对手抢夺其顾客，具有经济垄断权的一方可以将其产品或服务的价格定得很高。

专利极少为专利权人提供完全的对市场的经济垄断权。在多数情况下，专利权人会具有实施发明的财产垄断，但是发明的技术和经济替代将会存在并且作为专利权人的竞争对手，从而限制经济垄断的范围。专利仅阻止竞争对手使用发明；它并不阻止竞争对手使用替代产品或服务来赢得客户，如果专利权人的定价变得过高的话。Lauren Stiroh 和 Richard Rapp 对该现象的描述如下：

> 一家制药公司可以获得一种与其他分子明显不同的新的化学物质的专利。如果……该产品治疗一种有许多其他合适疗法的疾病，该专利很可能就拥有不了什么市场支配力，如果有的话也是很小很小。另一方面，如果该药物治疗一种在此以前无法治疗的疾病，该专利就很可能拥有重大的市场支配力。[16]

5.6.1.2 非实施实体战略

许多专利权人并不实施他们的专利发明。这些非实施实体（NPE）并不通过生产或销售他们的专利所涵盖的发明来产生利润。作为替代，他们通过将专利权许可给其他方以实施发明或者通过提起控告侵犯他们的专利权的诉讼来产生消极收入。尽管有点过于简单，但是我们觉得基于 NPE 如何使用它们的专利权将 NPE 分成两大类是有益的。

1）诉讼收入模式：专利钓鱼

最为糟糕的是，NPE 可充当一类专利流氓，他们利用其专利——包括一些从一开始就可能不应该被授权的过于宽泛的专利——以及抵御专利侵权诉讼的高昂费用，胁迫相关公司支付专利使用费。在这样的情况下，NPE 获得专利并非为了创造价值，而是希望利用专利权向正在试图运用这一技术使社会受益的那些人收取费用。大部分媒体以及一些学术机构已经将"专利钓鱼"这个不光彩的标签给予这些胁迫性的 NPE。在本部分中，我们将使用比较文雅的术语来称呼这些存心要发起诉讼的 NPE，并将它们称为专利许可与诉讼公司（PLLC）。

就 PLLC 而言，专利权的价值并不来自市场支配力。对于 PLLC，专利权常常会基于抵御专利侵权诉讼的费用来产生价值。在通常的情况下，PLLC 会获得专利，通常是从影响较小的发明人那里获得，从而发展成为专利组合（"组合"）。PLLC 然后会与相关公司联系以告知它们正在侵犯"组合"中的一项或多项专利，并向潜在侵权人提供许可相关专利的机会。许可的价格可以定在一个比抵御侵权诉讼的费用少的数额上，或者定在一个包括预期费用和潜在的风险损害赔偿在内的更具侵略性的数额上。在前一种情形中，PLLC 试图至少获得基于侵权诉讼的阻扰价值的许可费。侵权诉讼的阻扰价值等于：

$$CL_\Delta - DR$$

式中

CL_Δ = 被告的诉讼费用

DR = PLLC 必须向被告提供的 CL_Δ 折扣价格，以使被告具有与 PLLC 达成许可协议而不打侵权官司的动机

当阻扰价值高于 PLLC 的诉讼费用时，PLLC 提起侵权诉讼在经济上是合理的。PLLC 的专利权的价值主要来源于产生于实行这种战略的许可收益。许可收益等于许可收入减去 PLLC 获得这些收入的费用（例如，律师费）和维持专利权的费用。这一价值原理有助于解释典型 PLLC 的行为模式。PLLC 会同时对大量的被告实施其战略。当 PLLC 的侵权诉讼案的优势不明显以及 PLLC 具有的用于该案的资源较少时，会给予同意早期和解的被告提供更大的折扣。实际上，早期的和解既有助于检验 PLLC 的诉讼案的抗力（PLLC 可以尝试不同的理论和策略），也有助于为更有力地角逐正在发生的诉讼案提供资金。

以上分析聚焦于已经被确定为用于侵权诉讼的专利权的价值。当试图确定 PLLC 应当为其想要添加到其组合中的专利支付的购买价格时，估值操作需要做出调整，以包括 PLLC 将面临的各种不确定性。

2）许可或转让收入模式

对于 NPE 的批评相当普遍，但是它们趋向于过于概括 NPE 的作用。实际上，NPE 涵盖了很大范围的专利权人，除了 PLLC 以外，它还包括大学、非常具有创新性的高技术初创公司以及具有巨大的专利组合的公司，这些公司的专利组合如此巨大，以致这些公司简直不能实施其组合中的所有的发明。对于 NPE 获得专利但决定不实施专利，存在许多对社会有益的原因。专业化及其所产生的效率提供了最强有力的理由之一。Adam Smith 在其经典著作《国富论》中首次正式确认了来源于专业化的效率收益。利用现在著名的大头针制造的例子，Smith 解释了可以来自分工的惊人效益：

> 因此，以非常微小的制造业作为例子；大头针制造业中的分工常常引起人们的注意……一个人抽出铁丝，另一个人将其拉直，第三个人将其切断，第四个人将其弄尖，第五个人磨其顶端以便装上大头针的顶头……以这种方式，制造大头针的重要任务被分成大约 18 种不同的操作；在一些工厂，这 18 种操作全部是由不同的员工完成的，而在其他工厂，同一个人有时候要完成其中的两种或三种操作。我见过这种小工厂，只雇佣十个人，因此他们中有几个人完成两三种不同的操作……那十个人一天可以制

造超过 4.8 万个大头针。因此，每人制造 4.8 万个大头针的十分之一，可以认为一天可制造 4 800 个大头针。但是如果他们都各自独立地工作，没有任何人受训于这种特殊任务，他们肯定不能每人一天制造 20 个大头针，或许一天一个都不能制造出来；这肯定不到他们现在由于不同操作的分工合作而能够完成的数量的 1/240，或许不到 1/ 4 800。[17]

在上一段中，Smith 描述了专业化可以如何帮助改善商品的物理生产，但是他的专业化见解的适用范围远远超越物理生产领域，而同样适用于发明过程。正如大头针的制造可以被分成许多不同的操作，发明的创造和商业化也可以这样。在最广的水平上，发明过程可以被分成三个不同的操作（见图 5.6）：

（1）研究，其导致发明的创造。

（2）开发工作，其将基本发明转化成商业上可行的产品或服务。

（3）产品或服务的商业销售。

图 5.6　发明过程包括三个不同的操作

单个实体——即使该实体是由多个个人组成的公司——可能不具有高效地（乃至胜任地）完成所有这三种基本的发明操作的能力，但是它可能非常擅长其中的一种操作。例如，大学和高科技初创公司往往非常擅长发明创造操作，但是未必擅长商业开发或销售操作。在这样的情况下，发明实体可以合理地评估其竞争优势和弱点，可以选择只聚焦于发明创造操作。机械地说，发明实体将会专利其发明，然后将技术和相关技术诀窍许可——或在一些情况下转让——给具有商业开发或商业化能力的其他实体，这些能力是发明实体缺乏的。

即使倾向于实施其专利的公司也会发现在有些情况下许可专利可以提供更好的经济结果。当专利涵盖的应用范围很宽广时，常会出现这种结局的例子，在这种情况下专利权人不可能在每个应用领域都具有制造、销售专利产品的专长。例如，一家医疗设备公司发明了一种专利设备，该设备允许对图像像素进行处理，使乳房 X 射线影像更加易读。这家医疗设备公司也许要在乳房 X 射线摄像领域实施该发明。然而，该发明在卫星图像、天气图像和许多其他与图像有关的应用领域也可能具有价值。对于这家医疗设备公司来说，开发追逐这些额外市场所需的制造和销售能力在成本上可能过于昂贵以致不能实现。将技术许可给这些额外市场中现存的公司可能是有价值的战略。

对于追求基于真实许可的（与基于诉讼的完全不同）收入模式的 NPE，估值方法应与根据激励理论所采用的方法相类似。如果估值师正在试图对将要被许可的专利权进行估值，则估值操作的焦点应逼近与这些专利权相关联的市场支配力。更具体的是，估值师应确定潜在被许可人的范围，并确定将会被转移给可能的被许可人的市场支配力的价值。

5.6.2　间接经济效益

专利权也可以以许多间接方式为专利权人产生正经济效益。不是直接从专利权产生正现金流，专利权可以允许专利权人降低其商业经营成本，或者可以以其他方式顺带地提高专利权人的经济利益。这一部分聚焦于来自专利权的四种比较常见的间接经济效益：交叉许可、先占专利、显示公司实力、增强技术信息的变现能力❶。

5.6.2.1　交叉许可

公司用于产生间接经济效益的流行战略是发展一个可以在防御上使用的大的专利组合。专利权人在交叉许可交易和专利侵权诉讼中都可使用其专利组合来提高其议价影响力。基本战略足够简单。当公司 A 需要获得公司 B 的许可时（包括当公司 A 面临来自公司 B 的侵权诉讼时），如果公司 A 拥有一项或多项公司 B 需要的专利，公司 A 就可以与公司 B 商议一个比较好的价格。Carl Shapiro 对交叉许可的一般描述如下：

> 交叉许可是大公司借以清除其间的封锁专利位置的优选手段。部分基于我为英特尔所做的工作，我可以告诉大家，广泛的交叉许可是微处理器的设计与制造市场中的惯例。例如，英特尔已经与其他主要的行业参与者例如 IBM 缔结了许多广泛交叉许可，据此，每个公司的巨大专利组合中的大多数专利都许可给了其他公司。此外，各公司还大体上同意，在该交叉许可协议的有效期内，对于未来几年将被授权的专利也给予相互许可。通常，这些交叉许可不涉及基于产销量计算的专利费，尽管它们在开始时可能会涉及平衡付款，以反映两家公司的专利组合的实力差异。这些实力差异反映于专利选择和/或对对方提起的侵权诉讼的脆弱度。[18]

过去几十年，发展交叉许可"武器库"的欲望似乎是微软的专利获取战略的主要激励因素。如 Anthony Miele 所述：

---

❶ 原书在下文中未对"增强技术信息的变现能力"进行单独描述。——译者注

在 1993 年，微软仅拥有 24 件专利，并就软件许可问题与 IBM 争斗不休。当这两家公司不能达成协议时，IBM 使用超过 1 000 件专利的组合作为强硬策略迫使微软与之谈判。据分析家称，微软最终不得不预付 2 000 万 ~ 3 000 万美元的专利许可费。之后，比尔·盖茨告诉财务分析师：我们的目标是拥有足够的专利以能够用来与其他公司交换知识产权。截至 2000 年 10 月，微软拥有 1 391 件专利。[19]

2008 年，微软的专利组合已经增加到大约 8 500 件专利。[20]

谷歌于 2011 年收购摩托罗拉的杰作是交叉许可战略已经达到何等程度的一个例子。2011 年 8 月，谷歌宣布将以 125 亿美元收购摩托罗拉以"增强安卓生态系统"。[21]产业评论员认为，该交易的最大激励因素之一是谷歌希望获得摩托罗拉的专利组合，其组合包括大约 1.25 万件授权专利（一些信息源显示，授权专利的数量可能多达 1.7 万件）和 7 500 件未决专利。尤其是微软、苹果和甲骨文，它们已经针对谷歌就其安卓操作系统以及各个安卓原始设备制造商提起了很多专利侵权诉讼。谷歌可以运用摩托罗拉的巨大专利组合更好地抗击这些诉讼并提高其在谈判和解中的影响力。

有别于前面讨论的直接现金流战略，交叉许可战略并不为专利权人提供新的现金流，而是一种节省成本战略；它可以降低公司的专利许可花费，为公司提供降低成本的能力。简而言之，当下式成立时，潜在的专利被许可人应寻求获得用于交叉许可目的的专利：

$$CP < R \times P$$

式中

CP = 研发/获得专利并将其添加到专利组合中的成本

R = 由于被许可人拥有的、可用于抵御许可人的专利，专利许可人将会为被许可人提供的许可费减少

P = 获得许可费减少的概率

这种估值分析可以在单个专利水平上来做，也可以更宽泛地跨一组专利来做。关于交叉许可还有最后一点：它会引起许多反垄断问题。美国联邦贸易委员会和司法部的反垄断局已经针对交叉许可人提起了许多诉讼。[22]反垄断诉讼的风险应作为因素被纳入任何交叉许可估值分析中。

5.6.2.2　先占专利

专利允许排除他人实施发明，因此，专利权具有反竞争的潜力。专利的功能是阻止他人实施特定发明。在多数情况下，发明人获得这些反竞争性权利的

动机是保留发明人实施发明的权利，或者是为其被许可人或受让人保留实施发明的权利。然而，在一些情况下，发明人获得专利是为了防止任何人实施发明。预防性地获得专利是为了防止竞争对手获得相似的专利，为了提高竞争对手进入给定市场的成本。

对于一家已设立的公司，具有其优选产品或方法的专利仅提供有限的市场支配力。竞争对手会设法开发发明的替代技术，并利用这些替代技术与该公司竞争。为了防止这种竞争，该公司可以设法在其竞争对手之前获得替代发明的先占（或防御）专利，以避免不得不与这些替代发明进行竞争。在一些情况下，该正规公司甚至不必获得先占专利。仅仅向市场发出其打算获得先占专利的信号，或许就足以劝阻竞争对手寻求替代发明。

当对先占专利进行估值时，来自专利的经济效益将是其增强另一产品或服务的市场支配力的能力。当下式成立时，获得先占专利应是具有吸引力的：

$$CP < IMP$$

式中

CP = 研发或获得专利并将其添加到专利组合中的成本

IMP = 由于排除与替代发明的竞争而预期增加的市场支配力

如交叉许可的情况相同，这种先占专利估值分析可以在单个专利水平上来做，也可以更宽泛地跨一组专利来做。

5.6.2.3 显示公司实力

为了发展壮大，公司必须在各种不同的竞争情境中都成功。公司为了获得其产品或服务的客户，必须竞争；为了获得管理人员和雇员来经营企业，必须竞争；为了获得创建、扩大公司所需的财务资源，必须竞争。公司为了发展战略伙伴关系、获得各种第三方的协助（例如，获得有才能的法律顾问），也可能需要竞争。关于公司质量的问题处于各种竞争情境的中心位置。

■ 竞争客户：该公司的产品或服务有多么好？

■ 竞争管理人员和雇员：该公司提供的职业机会有多么好？

■ 竞争财务资源：该公司将会多么有利可图？

■ 竞争战略伙伴和第三方协助：该公司值得与其共事吗？

对于高质量的公司，解决了该信息缺口可以使其更容易在上述各种情境中进行竞争。如果公司能够令人信服地将其质量信息传达给顾客、管理人员与雇员、财务资源（例如，投资家）以及战略伙伴和第三方，公司就更能够获得这些资源。对于其产品或服务和业绩记录都未得到证实的成立不久的高科技公司，这种信息缺口可能是特别具有挑战性的。因此，许多初创公司寻求将会有力地塑造外界对公司品质的印象的机制。例如，使得高素质的风险投资公司投资了初创公司，可以作为向外界传递的关于该初创公司品质的强有力信号。

获得了专利可以帮助技术公司尤其是初创公司向外界显示公司的品质。David Hsu 和 Rosemarie Ziedonis 研究了专利正面地影响投资人对初创公司的认知的能力。[23]他们研究了 370 家半导体设备初创公司的专利信号值，这些公司是成立于 1975 年至 1999 年并且在 2005 年 9 月之前至少获得了一轮风险融资。[24]他们研究发现，专利能够以多种方式正面地影响投资人对初创公司的认知。特别是，他们发现：专利申请量可提高投资人对初创公司的估值；在早期的融资轮次中以及当投资方是杰出的风险投资基金时，这种信号标示效应最大。他们的发现也表明："具有较大的专利申请量可增大从杰出的 VC 那里获得创办资本的可能性，也可增大通过首次公募获得变现能力的可能性。"[25]

为了估值的目的，估值师应设法确定一件专利或一组专利是否为专利权人提供了这些无形收益。

5.6.3　共同主题将各种基本理论联系在一起

在本节中讨论的各种专利战略有助于专利权人产生正经济效益，提升专利权人的整体盈利能力。正经济效益是以不同方式产生的，取决于专利的预期用法，因此，估值师需要事先准备好，以调整评估专利权价值的方式。如果专利权人打算根据激励理论运用专利，估值师就会评估源自专利权的市场支配力——额外利润。如果专利权人打算将专利权用于交叉许可目的，该专利仍然有助于专利权人的获利能力。专利只不过是以不同的方式提供帮助。就交叉许可理论来说，专利有助于通过降低专利权人的许可成本来提高获利能力。因此，为了对专利权进行估值，估值师需要评估什么将会取决于专利权人持有专利权的战略。表 5.2 提供了持有专利的原因的分类以及估值师应如何处理每一种战略。

表 5.2　专利权人的专利战略对估值分析的影响

专利战略	估值师应评估什么
直接经济效益战略	
实施实体激励理论	市场支配力的价值
诉讼收入模式	专利侵权诉讼的阻扰价值
许可或转让收入模式	被许可人掌握的市场支配力的价值
间接经济效益战略	
交叉许可	减少许可成本的能力的价值
先占专利	增加公司的其他产品或服务的市场支配力的价值
显示公司实力	源自向外界显示技术实力的无形效益的价值

最后，对于单件专利，专利权人可以追逐多重专利战略。例如，专利权人常常：（1）对于某些市场，设法实施该发明；（2）对于其他市场，许可该专利；（3）使用该专利作为其防御性专利组合的一部分；（4）使用该专利向潜在客户、投资者或战略伙伴显示研发实力。在这种情况下，估值师需要准备好为该专利的各种应用中的每一种应用都进行估值，并将它们合起来形成该专利权的总价值。

参考文献

[1] Association of University Managers (AUTM). *U. S. Licensing Activity Surveys—FY 2005 – 2009.*

[2] Bakos, Tom. July/Aug. 2005. "Valuing Innovation, Invention, and Patents." *Contingencies* 27.

[3] Bessen, James, and Michael Meurer. Winter 2008 – 2009. "Of Patents and Property." *Regulation* 18.

[4] Cromley, J. Timothy. Nov. 2004. "20 Steps for Pricing a Patent: To Value an Invention You Have to Understand It." *Journal of Accountancy* 31.

[5] "End Patent Wars of Aircraft Makers; New Organization Is Formed, Under War Pressure, to Interchange Patents. BIG ROYALTIES TO BE PAID Wright and Curtiss Interests Each to Receive Ultimately $2,000,000—Increased Production Predicted. Payment of Royalties. Increased Production Predicted." Aug. 7, 1917. *New York Times.*

[6] Gilbert, Richard. 2004. "Antitrust for Patent Pools: A Century of Policy Evolution." 2004 *Stanford Technology Law Review* 3.

[7] Gilbert, Richard, and David Newbery. 1982. "Preemptive Patenting and the Persistence of Monopoly." 72 *American Economic Review* 514.

[8] Google, Inc. Aug. 15, 2011. *Current Report on Form 8 – K.*

[9] Graham, Stuart, and Ted Sichelman. 2008. "Why Do Start-Ups Patent?" 23 *Berkeley Technology Law Journal* 1063.

[10] Guellec, Dominique, Catalina Martinez, and Pluvia Zuniga. 2009. "Pre-Emptive Patenting: Securing Market Exclusion and Freedom of Operation." *OECD STI Working Paper 2009/8.*

[11] Heller, Michael. 2008. *The Gridlock Economy: How Too Much Ownership Wrecks Markets, Stops Innovation, and Costs Lives.* New York: Basic Books.

[12] Hsu, David, and Rosemarie Ziedonis. 2007. "Patents as Quality Signals for Entrepreneurial Ventures." Paper presented at DRUID Summer Conference 2007.

[13] Kramer, Michael. 2007. "Valuation and Assessment of Patents and Patent Portfolios through Analytical Techniques." 6 *John Marshall Review of Intellectual Property Law* 463.

[14] Miele, Anthony. 2001. *Patent Strategy: The Managers Guide to Profiting from Patent Portfolios.*

New York：John Wiley & Sons.

[15] Munari, Federico, and Raffaele Oriani, eds. 2011. *The Economic Valuation of Patents：Methods and Applications*. Cheltenham, UK：Edward Elgar. Murphy, William. 2002. "Proposal for a Centralized and Integrated Registry for Security Interests in Intellectual Property." 41 *IDEA* 197.

[16] Organisation for Economic Co-operation and Development. Vol. 2008/2. *Main Science and Technology Indicators*.

[17] Orcutt, John, and Hong Shen. 2010. *Shaping China's Innovation Future：University Technology Transfer in Transition*. Cheltenham, UK：Edward Elgar.

[18] Patel, Nilay. Aug. 15, 2011. "What Is Google's Patent Strategy?" *Washington Post*.

[19] Pitkethy, Robert. 1997. "The Valuation of Patents：A Review of Patent Valuation Methods with Consideration of Option Based Methods and the Potential for Further Research." *Judge Institute Working Paper* 21/97.

[20] Pretnar, Bojan. 2003. "The Economic Impacts of Patents in a Knowledge-Based Market Economy." 34 *International Review of Intellectual Property and Competition Law* 887.

[21] Schecter, Roger E., and John R. Thomas. 2004. *Principles of Patent Law*, *Concise Hornbook Series*. St. Paul, MN：West.

[22] Shapiro, Carl. 2001. "Navigating the Patent Thicket：Cross Licenses, Patent Pools, and Standard Setting." *In Innovation Policy and the Economy*, Vol. 1. edited by Adam Jaffe, Josh Lerner, and Scott Stern, 119 – 150. Cambridge, MA：M. I. T. Press.

[23] Smith, Adam. 1776. *An Inquiry into the Nature and Causes of the Wealth of Nations*. Chicago：University of Chicago Press (reprinted in 1976).

[24] Stiroh, Lauren, and Richard Rapp. 1998. "Modern Methods for the Valuation of Intellectual Property." 532 *Practicing Law Institute/Patent* 817.

[25] Sudarshan, Ranganath. 2008 – 2009. "Nuisance-Value Patent Suits：An Economic Model and Proposal." 25 *Santa Clara Computer and High Technology Law Journal* 159.

注　释

1. 37 C. F. R. sec. 1. 362 (d).

2. 37 C. F. R. sec. 1. 362 (e).

3. 37 C. F. R. sec. 1. 362 (g).

4. 37 C. F. R. sec. 1. 378.

5. 35 U. S. C. sec. 282.

6. 35 U. S. C. sec. 261.

7. 35 U. S. C. sec. 262.

8. 第一版的统一商法典（Uniform Commercial Code）颁布于 1951 年，于 1953 年首先在宾夕法尼亚通过。该版法典抛弃了在先有条件销售与动产担保法之下的产权概念（title

concept)。UCC sec. 9 – 202（1951 年正式版）。相比之下，根据专利法案第 261 节规定的处理专利转让的联邦登记系统从 1870 年以来基本保持不变。参见 1870 年的专利法案，ch 230，16 Stat. 198 – 217（1870）。

9. 根据修订的第 9 条（Revised Article Nine）的文字，提交延迟的资格要求，取代联邦法令有"相对于留置权债权人的权利，担保权益具有优先获得权的要求"。[U. C. C. [Revised]§9 – 311（a）（1）]。该文字比更老的第 9 条中的"部分的退步"精细 [U. C. C. § 9 – 302（3）（a）（1995）]。到 2006 年 1 月 1 日为止，每个州都正式通过了修订的第 9 条。

10. 关于专利法案的第 261 节与第 9 条之间关系的典型案例是 *In re Cybernetic Services, Inc.*，252 F. 3d 1039，59 U. S. P. Q. 2d（BNA）1097，44 U. C. C. Rep. Serv. 2d 639（9th Cir. 2001），cert. denied，534 U. S. 1130，122 S. Ct. 1069，151 L. Ed. 2d 972（2002）。在 *Cybernetic Services* 案中，对于债务人的破产受托人根据破产法典的第 544 节（a）（1）提起的对债务人的专利数据记录器的担保权益的挑战，第九巡回法院维持了原判，支持第 9 条的"完美性"。

11. OECD（Vol. 2008/2），*Main Science and Technology Indicators.*

12. *United States v. Dubilier Condenser Corp.*，289 U. S. 178（1933）.

13. *Lane & Bodley Co. v. Locke*，150 U. S. 193（1893）.

14. *United States v. Dubilier Condenser Corp.*，289 U. S. 178（1933）.

15. 35 U. S. C. sec. 271（a）.

16. Lauren Stiroh and Richard Rapp，"Modern Methods for the Valuation of Intellectual Property," PLI/Pat 817 532（1998）：820.

17. Adam Smith，*An Inquiry into the Nature and Causes of the Wealth of Nations*（1776），5（Dent，London，1910）.

18. Carl Shapiro，"Navigating the Patent Thicket：Cross Licenses，Patent Pools，and Standard Setting" in Adam Jaffe，Josh Lerner，and Scott Stern，（eds.），*Innovation Policy and the Economy*，vol. 1（2001），129 – 130.

19. Anthony Miele，*Patent Strategy：The Managers Guide to Profiting from Patent Portfolios*（2000），40.

20. Stuart Graham and Ted Sichelman，"Why Do Start-Ups Patent?" *Berkeley Tech. L. J.* 23（2008）：1063，1077.

21. Google，Inc. *Current Report on Form 8 – K*（August 15，2011）.

22. 参见 Richard Gilbert，"Antitrust for Patent Pools：A Century of Policy Evolution," *Stanford Technology Law Review*（2004），3.

23. David Hsu and Rosemarie Ziedonis，"Patents as Quality Signals for Entrepreneurial Ventures," paper presented at DRUID Summer Conference 2007.

24. 同上书，15.

25. 同上书，1.

第**6**章
收益法：未来经济效益折现分析

公司为什么购买、出售专利权或者做出与专利权有关的决策？尽管有许多具体的原因，但是做出每个专利决策的最基本原因是公司希望产生经济效益。从本质上讲，大多数公司是利润驱动的实体。无论法律批准与否（例如，就公司[1]来说），大多数商业公司的基本宗旨是产生利润。因此，公司积累、应用、转移、实施或维护专利权的决策是由该决策产生净经济效益的能力驱动的；净经济效益是超过相关成本的经济效益，它可以增强公司的经济地位。因此，专利估值分析就是试图估计源自公司的与专利相关的决策的净经济效益。

基于收益法的估值被认为是理论上最成熟的、可用于包括专利在内的商业资产的估值方法，因为收益法试图估计驱动公司的资产决策的净经济效益。例如，如果公司正考虑购买一项将产生现值为 1 000 美元的净经济效益的资产，那么该公司对该资产的估值应当为 1 000 美元，并且为了获得该资产愿意最多支付 1 000 美元。如果公司已经拥有了一项资产并且正在考虑该资产的新的应用，该资产的新的应用将会产生现值为 500 美元的净经济效益，那么该公司对这种新应用的估值应当为 500 美元，并且愿意最多投资 500 美元来从事这一项目。

收益法试图估计来自被估值资产的净经济效益。最常见的收益法涉及预测资产的未来净经济效益——通常会被称为自由现金流或净利润——然后将各种效益加起来。这些效益将来是随着时间的过去而获得的，因此，需要使用折现以考虑资金的时间价值和最终获得的效益比预期的少的风险等。我们可以将这一概念概括为如下简明的估值语句：

> 评估商业资产的价值涉及逼近公司将从该资产获得的未来净经济效益的现值。

说得更直白一些，就是：

> 公司现在愿意为其在未来可能收到的净经济效益支付多少钱？

尽管专利往往比通常的商业资产更加复杂，但是专利遵循与其他商业资产相同的基本估值原理。即，专利可以为其持有人产生未来的净经济效益流；获得、开发或出售专利的决策都是由这些效益驱动的。因此，收益法也提供了理论上最为成熟的专利估值方法。最常见的一种收益法被称为现金流折现（DCF）分析；之所以使用该术语是因为该分析聚焦于所预测的被估资产的未来自由现金流。然而，在本书中我们不使用 DCF 这一术语，而是将该标准折现法称为折现的未来经济效益（DFEB）分析。我们相信，DFEB 分析可更好地描述估值师应采用的整体估值方法，因为自由现金流并不是未来经济效益的唯一相关量度（见文本框 6.1）。没有一种量度在所有情况下都是理想的；估值师应使用与权利持有人的特定需要最相关的净经济效益量度。无论使用术语 DFEB 还是 DCF，这种收益法都是试图确定公司为其在将来可能收到的净经济效益现在应当支付多少。

文本框 6.1　自由现金流与其他净经济效益

　　自由现金流（或股票净现金流）是用于 DFEB 计算的传统量度。自由现金流计算的是在全部费用（营运费等）都被支付了之后且在留出了返回本公司的再投资基金之后可用于支付公司的股票股东的现金量。计算自由现金流的常见方式是：

　　FCF = 净收益（税后）＋非现金费用（例如摊销和折旧）－净资本支出－营运资本的变化＋长期负债的变化

　　除了自由现金流以外，估值师还可以将许多收益量度用于 DFEB 分析。三种比较常见的量度如下：

■ 净收益（税后）：扣除了营运费用、冲销、利息支出和折旧费之后的公司收益

■ 税前收益：扣除了营运费用、冲销、利息支出和折旧费之后，但在扣税之前的公司收益

■ 营业利润：扣除了营运费用之后的公司收益

　　当选择用于 DFEB 分析的特定收益量度时，估值师需要小心地应用一个适用于该特定收益量度的折现率。

在本章中，我们将：

■ 提供用于 DFEB 分析的基本算法；

■ 提供用于形成作为 DFEB 分析基础的未来经济效益的合理预测的框架；

■ 说明折现率的作用以及如何在 DFEB 分析中有效地使用折现率；

■ 考察 DFEB 分析的弱点并说明如何管理这些弱点；

■ 阐明如何实际应用这种天生就不精确的估值工具。

6.1 未来经济效益折现分析的基本算法

即使对于数学最不好的人士，用于 DFEB 分析的算法也是比较简单的。乍一看，用于 DFEB 分析的算法或许有一点点复杂，但是我们保证，除了使用指数（同一个数重复地乘以它本身）外它不涉及任何的数学技巧。让我们从用于 DFEB 分析的基本公式❶入手：

$$PV = EB_0 + \frac{EB_1}{1 + r_1} + \frac{EB_2}{(1 + r_2)^2} + \frac{EB_3}{(1 + r_3)^3} + \cdots + \frac{EB_n}{(1 + r_n)^n}$$

EB = 经济效益

$EB_{1,2,3,\text{etc.}}$ = 第 1、2、3（等等）段效益流中的经济效益

EB_n = 最后一段效益流中的经济效益

$r_{1,2,3,\text{etc.}}$ = 第 1、2、3（等等）段中的折现率

注：以上公式适用于年末折现惯例，不适用年中折现惯例。这两种惯例之间的差异将在后面进行讨论。

DFEB 计算是一个容易理解的估值工具。只是将专利的未来净经济效益的现值加起来（见文本框 6.2）。

文本框 6.2 将未来净经济效益的现值加起来

假定

■ 用于本例子的专利权将会产生净经济效益五年。

■ 本例子按一年一次的间隔来估计净经济效益，但是也可以进行更频繁（或较不频繁）的估计。

	未来年					
	1	2	3	4	5	合计
预测的源自专利权的净经济效益（美元）	100 万	150 万	200 万	150 万	100 万	
折现率	12%	15%	18%	20%	20%	
现值（美元）	90 万	110 万	120 万	70 万	40 万	430 万

支持该计算的公式是：

第 1 年	第 2 年	第 3 年	第 4 年	第 5 年	PV
$\dfrac{100\,万美元}{1.12}$	$+\dfrac{150\,万美元}{1.15^2}$	$+\dfrac{200\,万美元}{1.18^3}$	$+\dfrac{150\,万美元}{1.2^4}$	$+\dfrac{100\,万美元}{1.2^5}$	$=430\,万美元$

---

❶ 公式中 r_n 在原书中为 r，疑错，译者已改。——译者注

> 专利持有人预测，在未来五年，将会获得700万美元的净经济效益，但是该净经济效益流的现值仅仅大约是该数量的60%。

6.1.1 焦点是净经济效益

尽管估值师在决定使用何种净经济效益来进行 DFEB 分析方面具有一定的灵活性（见文本框6.2），但是 DFEB 分析应聚焦于某种形式的净经济效益（在减去形成这些效益的成本之后所剩余的经济效益）。DFEB 分析的最终目的是确定积累、开发或出售专利权所需的投资的合理性是否将会得到来自该活动（或这些活动）的回报的证明。如果使用总经济效益（例如营业额或毛利润）进行 DFEB 分析，则获得该效益所需的投资额与该分析就不相干了。总量度的 DFEB 分析可以提供关于可形成的总效益额的信息，但不能告诉估值师获得这些效益所需的投资额及该投资的合理性是否会得到该投资的预期收益的证明。

6.1.2 终 值

DFEB 意在估计预期来自特定项目的所有未来净经济效益。在一些情境中，项目具有固定的持续时间，估值师可以很有把握地预测项目持续期内的净经济效益。例如，潜在的被许可人试图获得发明专利权的三年许可，之后，被许可人打算彻底放弃该项目。在该情境中，估值师应能够预测该项目所有这三年的净经济效益。

然而，在许多情境中，估值师不能有把握地预测项目整个生命期的未来净经济效益。乍看该结论是违反直觉的，因为专利权具有固定的期限。为什么估值师不能有把握地预测专利权剩余有效期的经济效益？该项工作对于估值师具有挑战性的主要原因有如下两个，因此，需要调整 DFEB 计算（见图6.1）。

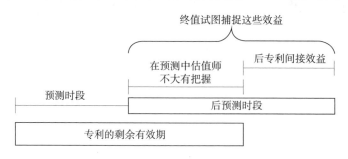

图6.1 专利终值的作用

（1）专利权的剩余有效期长。对未来数年以上做出合理、有根据的预测是困难的。如果专利权的剩余有效期限延伸至未来太远，这些权利可能会进一步延伸而超过估值师有把握地预测净经济效益的能力。例如，专利的新的应用和市场可能会在估值操作之后的数年形成。前瞻得太过遥远，对于估值师预测诸如可减少专利价值的竞争性技术这样的事情也会变得更加困难。

（2）某些间接效益延伸到专利的有效期之外。源自专利权的大部分经济效益将会在专利的有效期内获得。然而有些效益会延伸到专利的有效期之外，并且超出估值师做出有把握的预测的能力。例如，专利所规定的排他性会使得权利持有人在技术方面获得市场优势地位，这将会在专利有效期之外提供净经济效益（例如，商誉或由于规模经济导致的成本节约）。杜比（Dolby）提供了该概念的一个很好的例证；它能够将消费者对专利产品的优势的认知转移到商标（Dolby®）之中，该商标在原专利的有效期之外具有"长寿"的潜力。

在以上的每种情境中，估值师都需要一种机制来结束预测，同时还能够捕获在预测时段之外可能发生的未来经济效益。这种结束程序被称为估计项目的终值。估值师将预测（并折现）那些他/她觉得有把握预测的未来时段的净经济效益。然后，估值师将以终值来结束 DFEB 计算，该终值逼近专利权从预测时段结束至专利权不再产生任何净经济效益时的价值。带有终值的 DFEB 分析公式❶是：

$$PV = EB_0 + \frac{EB_1}{1 + r_1} + \frac{EB_2}{(1 + r_2)^2} + \frac{EB_3}{(1 + r_3)^3} + \cdots + \frac{EB_n}{(1 + r_n)^n} + \frac{终值_n}{(1 + r_n)^n}$$

形成终值本身也是一种估值分析，尽管由于输入的高度不确定性，它还是一种比较初级的分析。形成终值是满意化估值方法的一个例子（见第 3 章）。随着预测延伸至更远的未来以及形成这些预测所需的输入的不确定性增加，能够合理预期的或许只有"足够好的"估值方法了（见图 6.2）。

6.1.2.1 传统的终值计算对于专利估值并不理想

在对公司进行估值（与对专利权进行估值不同）的情境中，有数种传统的计算终值的方法。可惜这些传统方法并不能很好地转到专利估值。两种最常见的方法是稳定增长率法和末期倍数法。

（1）**稳定增长率法**：有时被称为"戈登增长法"，该方法假定公司将会达到一个稳定的增长率并以该增长率永久增长。"戈登增长法"的公式是：

---

❶ 公式中 r_n 在原书中为 r，疑错，译者已改。——译者注

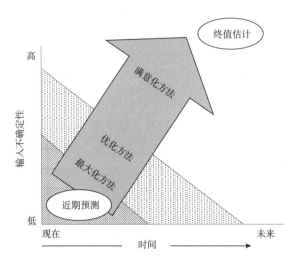

图6.2　形成终值是一种满意化方法

$$终值 = \frac{最后预测时段的净经济效益 \times （1 + 稳定的长期增长率）}{折现率 - 长期增长率}$$

这种永远恒定的增长率并不适合对专利权进行估值，因为专利权不会永久存在。通过永远地延伸净经济效益，"戈登增长法"大幅地高估了专利权的终值。

（2）末期倍数法：这种方法采用一个来自公司的最后预测时段的财务量度，并将它应用于可接受的估值倍数。例如，估值师可以采用公司最后预测阶段的每股收益并将其乘以类似公司的价格与收益的比率，来确定该公司在未来时段的市场价值。在理论上，末期倍数法可以用于计算专利权的终值。例如，估值师可以设法确定类似专利的基于市场的倍数。或许类似的专利正在以15倍本年度税前利润的价格出售。估值师可以采用在估专利在最后一年的预估税前利润，并乘以15来获得终值。然而，在实际中末期倍数法几乎不可能用于专利。首先，缺少容易得到的、公开的专利权市场交易信息（见第8章）。不得到这样的市场交易信息，就不能确定可比倍数。即使可以得到专利权的市场交易信息，确定充分类似的专利（技术类似、权利要求的范围类似、专利剩余年限类似）也会非常具有挑战性，并且为了允许"苹果与苹果"的同类比较，有可能需要做出如此巨大的调整，使得该操作可能会毫无意义。

6.1.2.2　绩效可能性法：针对专利的、计算终值的方法

由于用于计算终值的传统方法不能很好地适合于专利权，我们建议采取下列我们称之为绩效可能性法的方法。绩效可能性法认为，未来离得越远，预测净经济效益的困难越大且以指数方式增大。我们偏爱使用可视化的操作来帮助

估值师解决终值问题，而不是设法想出复杂的方程式，因为输入的不精确性将会使得复杂的方程式毫无意义。图6.3提供了五种曲线，它们代表专利的后预测时段的大概的绩效可能性：

（1）净经济效益上升到达稳定阶段。

（2）净经济效益增长，然后下降。

（3）净经济效益保持相对恒定。

（4）净经济效益以递增的比率持续上升。

（5）净经济效益稳定地下降。

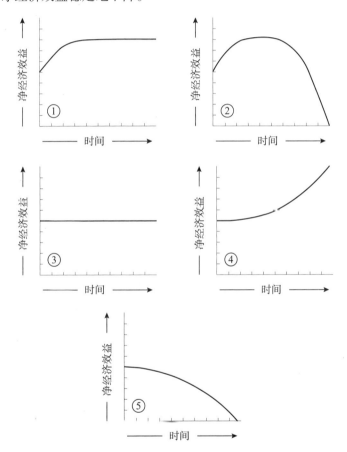

图6.3 后预测时段专利绩效可能性

我们建议，估值师使用图6.3来预测这五种结果中的哪一种最有可能是特定在估专利权的结果。估值师可以运用对该曲线图的深刻理解来继续预测专利在剩余有效期的净经济效益，并确定间接效益是否会延伸到专利有效期之外。例如，如果估值师认为可能性3是最可能的结果，他/她可以将最后预测时段的净经济效益延伸到专利有效期余下的年月里。如果估值师认为可能性 5 是最可能的结果，他/她可以将净经济效益的稳定减少量应用到最后的预测时段中。

由于终值所涉及年月的不确定性会远远高于 DFEB 分析的早期预测年月的不确定性，估值师应考虑加大这些更远年月的折现率。估值师也应当考虑使用一些在本章随后讨论的方法以及在第 7 章讨论的方法，例如决策树分析，以帮助提高预测的质量。

6.2 输入决定输出（垃圾进、垃圾出）：挑战在于输入而不在于数学

对专利权进行 DFEB 分析需要估值师形成两种输入：

（1）对期望来自专利权的净经济效益的预测（按时段）。

（2）每笔预测的净经济效益进款的折现率。

DFEB 估值的算法不太具有挑战性。具有挑战性的是形成使 DFEB 计算具有意义的足够精确的输入。尽管 DFEB 分析的清晰数学计算可以表达精确的气氛，但是分析的质量完全取决于用于计算的输入的质量。[2] 如果输入本质上是错误的，那么来自 DFEB 分析的结果将会在本质上是错误的（见图 6.4）。

图 6.4 "垃圾进、垃圾出"原理适用于 DFEB 分析

预测的净经济效益的质量是特别重要的，因为这些预测与折现率相比对 DFEB 计算结果具有更大的数学影响（见文本框 6.3）。与折现率是否应高几个或低几个百分点相比，围绕未来经济效益的量和时机的不确定性是要解决的更为关键的问题。[3] 如果经济效益预测基本上是错误的，DFEB 分析就不会提供关于专利权价值的很有用的见解。

文本框 6.3 DFEB 分析对不精确的效益预测比对不精确的折现率更敏感

DFEB 分析对于不精确的效益预测具有更高的敏感性，这非常容易论证。以下是一个简单的对五年现金流的 DFEB 分析。

	未来年					
	1	2	3	4	5	合计
预测的自由现金流（美元）	2 000 万	3 000 万	4 000 万	3 000 万	2 000 万	
折现率	20%	20%	20%	20%	20%	
现值（美元）	1670 万	2 080 万	2 310 万	1 450 万	800 万	8 320 万❶

如果自由现金流预测是错误的，会发生什么情况？让我们假设，折现率是正确的而自由现金流预测高估了未来的结果。

  ▨ 如果实际现金流每年降低 10%，现金流的现值就会降低 10%，降至 7 480 万美元。

  ▨ 如果实际现金流每年降低 20%，现金流的现值就会降低 20%，降至 6 650 万美元。

  ▨ 如果实际现金流每年降低 30%，现金流的现值就会降低 30%，降至 5 820 万美元。

如果折现率是错误的，会发生什么情况？现在让我们假设，自由现金流预测是正确的而折现率太低。

  ▨ 如果折现率本应该是 22%（增加 10%），现金流的现值将会被减少 4.4%，降至 7 950 万美元。

  ▨ 如果折现率本应该是 24%（增加 20%），现金流的现值将会被减少 8.5%，降至 7 610 万美元。

  ▨ 如果折现率本应该是 26%（增加 30%），现金流的现值将会被减少 12.3%，降至 7 300 万美元。

遗憾的是，预测未来天生就是困难的操作，它总会牵涉大量的错误。逼近未来净经济效益流的现值可以提供理论上最完善的估值方法，但是与形成输入相关联的天生不精确性意味着 DFEB 分析很可能具有大的错误率。这种大的错误率并不意味着 DFEB 分析没有什么价值，而是意味着 DFEB 的用户需要理解这种分析的局限性。DFEB 分析可以提供有价值的信息，但是不能依赖它提供百分之百精确的答案。

---

❶ 合计应为 8 310 万，原书或有误差。——译者注

6.3 预测未来净经济效益

考虑到 DFEB 法的天生不精确性，DFEB 分析的大部分价值在于其要求估值师形成输入尤其是经济效益预测的周全的纪律。正如我们贯穿本书始终说明的，更好地进行专利估值的关键之一是认识到分解的力量。将问题分解成其组成部分并且在每个部分上都运用专注、准确的逻辑与分析，可以显著提高对预测的理解和评估。一旦完成了对各个单独组件的评估，需要将它们重新组合成一个可以在总体水平上进行评估的连贯方案。

6.3.1 确定经济效益的来源

DFEB 分析的起点是确定权利持有人预期（或应当预期）从专利权得到的各种类型的未来经济效益。权利持有人可以采取许多不同的战略来产生这些效益。考虑一下下列战略和经济效益（其中许多在第 5 章中详细地讨论过）：

1）从专利权产生直接现金流的常见战略

■ 实施专利发明并基于专利的排他性获取额外利润（行使市场支配力）。

■ 许可专利，收取专利使用费。

■ 转让专利，获取转让收益。

■ 声称他人侵犯专利权，当成功时，收取专利使用费或和解费。

■ 将专利证券化，获取来自证券化的收益。

2）可以从专利权产生的不太直接的经济效益

■ 集聚专利组合以提高权利持有人在交叉许可谈判中的影响力（杠杆），从而降低许可成本。

■ 通过获取先占专利，保护公司的技术优势。

■ 通过向潜在投资者、雇员、顾客和战略伙伴显示技术实力，增强权利持有人的商誉。

■ 增强权利持有人的技术信息的流动性。

■ 通过：（1）提高生产水平或（2）改进技术，降低边际成本。

■ 在专利有效期过后取得市场优势地位。

从专利权生成经济效益的方式有许多种。这些项目仅仅代表其中的一部分。

6.3.1.1 询问的范围

估值师的首要任务之一是了解打算进行的估值操作的目的。不同的目的会要求估值师范围或宽或窄地确定专利权可以产生经济效益的方式。例如，如果估值目的是确定追逐特定机会是否明智——例如，是否提起专利诉讼，或权利持有人是否应支付专利的维持费——估值师可能就没有必要对持有人可以从专利权获取利润的所有可能方式都进行广泛的调查。在这样的情境中，最好的方法可能是估值师完全聚焦于正在考虑的特定机会。

然而，如果估值目的是大体上确定专利权的价值——例如，当决定是否购买或转让权利时——估值师的确需要对可能来自专利权的潜在效益源进行广泛的调查。除了确认专利持有人现在打算生成经济效益的方式外，估值师还应当探寻持有人可以从其专利权产生经济效益的其他似乎可能的方式。对潜在效益源进行的更广泛的探寻也可以作为一种有价值的工具，它可以在专利管理战略方面给予公司帮助。该操作可使公司战略性地考虑公司的专利，并且在很多情况下将会有助于持有人认识到，其当前对一组专利权的运用或许不是价值最高的战略。

6.3.1.2 分离市场支配力

用于预测目的的大多数经济效益来源是比较容易分离的。一旦确定了来源，确定有多少效益应归因于专利就不太困难了。以许可专利权的收益为例，净效益将是专利使用费的现金流入量减去相关现金流出量。

然而，用于进行 DFEB 分析的一些经济效益来源，估值师是难以分离的。相对于发明的应用，比较难以分离的效益之一是可归因于专利权的市场支配力的程度（见第 1 章）。一种分离市场支配力的方法是将市场支配力定义成现在（或预测）的净利润率与类似的非专利技术的正常净利润率之差。[4] 以公式表示为：

市场支配力 = 现在（或预测）的净利润 – 类似的非专利技术的正常净利润率

应当指出，来自专利保护的溢价优势并不趋向于恒定不变。随着竞争性技术进入市场，对权利持有人的专利技术形成挑战，定价优势很可能随着时间的推移而减小。未包括这种定价优势侵蚀的市场支配力预测应被特别仔细地审查。

6.3.1.3 不要忘记间接效益

一般来说，确定可来自专利的直接现金流来源（不论是现存的还是潜在的）并不非常复杂。可能需要指出一种对于专利持有人而言并不是显而易见的选项——"您想过将您的专利许可给一个具有中国战略的第三方吗？"——但是，一旦一方开始寻找新的现金流直接来源，这些来源就趋向于容易被确定。

我们发现更大的挑战是确定间接效益，更难以发现它们的原因有几个。首先，它们趋向于更不明显，因此需要更仔细地查询才能确定之。其次，间接效益比直接效益流更加难以定量，这一原因或许与第一条原因一样重要。有些估值师或许会避开确定间接效益（或者忽略那些已经被确认的间接效益），因为他们不知道如何定量这些间接效益。忽略间接效益会导致不良的专利决策，是不明智的做法。第4章提供了一个如何将间接经济效益并入专利估值分析的例子。该例子也提供了定量间接效益的有用技术。

6.3.2 预测未来经济效益

一旦确定了各种效益的来源，就需要预测来自每个来源的效益量和时间。我们既处理确定的效益，也处理不确定的效益。

6.3.2.1 先处理确定的效益

并非所有的经济效益都是非常确定的。实际上，常见的是有一些与专利权相关的未来收益和费用是非常确定的，并且可以很有把握地将它们计算出来。可以以非常高水平的确定性来预测由合同已经锁定的收入和成本（例如，现有许可协议规定的许可费）或由法律已经规定的费用（例如，专利维持费）或由惯例已经确定的费用（例如，折旧）。

6.3.2.2 处理不确定的效益

然而，许多（如果不是大多数的话）未来经济效益不会像确定的效益那样容易预测。正是这些缺少确定性的未来经济效益需要我们做出真正的预测。

1）以收入为中心的模型

建立净经济效益预测的方式有很多种。常见的方法是预测相关时段的收入并从该收入数据往下建立各种预测。一旦确定了预测的收入，估值师就建立获得该水平收入的相关成本，这样来得到最终的净经济效益。在很多情况下，只是按预测收入的百分比来计算成本（见文本框6.4），这就让收入预测来驱动整个预测操作的数学计算。

文本框6.4　以收入为中心的系列预测的例子

当开始进行预测操作时，可能会感到，要形成所有的预测是一项巨大的挑战。然而，这个五年系列的预测说明，只要有几项输入就可以驱动预测模型。在这个例子中，销售件数和每件的价格提供了总收入，然后，由总收入来驱动剩余部分的预测模型。

	第1年	第2年	第3年	第4年	第5年
收入					
销售件数	0	1 000	5 000	10 000	50 000
每件价格（美元）	0	300	240	180	150
总收入（美元）	0	300 000	1 200 000	1 800 000	7 500 000
制造成本					
占销售额的百分比	0	90%	75%	65%	55%
估计的成本（美元）	0	270 000	900 000	1 170 000	7 500 000❶
毛利润（美元）	0	30 000	300 000	630 000	3 375 000
标准间接费用					
一般费用和管理费费用（美元）：总收入的10%	0	30 000	120 000	180 000	750 000
销售费用（美元）：总收入的12%	0	36 000	144 000	216 000	900 000
营销费用（美元）：总收入的3%	0	9 000	36 000	54 000	225 000
总的标准间接费用（美元）	0	75 000	300 000	450 000	1 875 000
初始间接费用					
研发费用（美元）	100 000	100 000	0	0	0
制造工程费用（美元）	50 000	50 000	0	0	0
监管成本（美元）	50 000	0	0	0	0
初始推广（美元）	25 000	0	0	0	0
销售人员培训（美元）	10 000	0	0	0	0
总的初始间接费用（美元）	235 000	150 000	0	0	0
税前利润（美元）	(235 000)	(195 000)	0	180 000	1 500 000

2）以成本为中心的模型

尽管以收入为中心的预测比较常见，但是人们也利用聚焦于成本降低的预测。净经济效益可以来源于超过相应成本的收入增长，也可以来源于成本的降低。评论员 Gordon Smith 和 Russell Parr 指出：成本节约可以像销售收入增长一样有利可图；许多技术创新都产生这样的经济效益。[5] Smith 和 Parr 引用下列例子来说明知识产权（包括专利权）是如何可以降低成本的：

- ▨ 降低原材料的用量。
- ▨ 使用成本较低的材料替代物，且不牺牲产品质量或性能。
- ▨ 增加每单位劳动投入的产出量。

---

❶ 原书或有误，似应为 4 125 000。——译者注

▥ 提高产品质量，从而减少产品召回。

▥ 提高生产质量，从而减少浪费或最终废品。

▥ 减少电力和其他公用工程的使用。

▥ 采用可控制机械损耗量的生产方法，从而减少维修成本和因修理而停工的时间。

▥ 消除原来工艺中所用的制造步骤和机械投资。

▥ 减少或消除废水等所需的环境处理。[6]

成本节约法可以是一种纯粹的成本节约法（预测专利权只减少成本，对收入没有影响），或者是一种收入增长和成本节约的组合法（预测专利权既影响收入也降低成本）。对于纯粹的成本节约法，估值师将会采用现有的收入预测并运用对专利权的洞察来调整预测阶段的成本节约。对于组合法，估值师将需要基于专利权的特性对收入预测和成本预测都做出调整。

6.3.2.3 形成收入或成本预测以驱动预测模型

因此，建立预测模型的关键是提出收入预测（就以收入为中心的模型来说，见图6.5）或成本预测（就以成本为中心的模型来说）。已经开发了很多种预测收入或成本输入的方法。可以很容易地将这些各种方法归为两大类：

（1）从历史趋势来推测未来结果。

（2）基于解析分析来形成预测。

图6.5 将收入预测转化成净经济效益

6.3.2.4 从历史模式来推测未来绩效：以过去作为序曲

预测收入或成本的最常使用的技术之一是从历史模式推测未来绩效。实际上，向后看是为了看清未来（凡是过去，皆为序曲）。证券分析师就像是一些最惹人注目的"预言者"，他们提供了历史法的经典例证。证券分析师一般使用历史绩效来形成对他们所跟踪的上市公司的预测。三种最常见的历史推测法是：（1）模拟在先时段；（2）回归分析；（3）模拟成长模式。

1）模拟在先时段

模拟在先时段法就像听上去那样简单。估值师采用一个代表正常（而不是非凡）结果的在先经营时段。然后估值师预测，该正常的在先时段以合理的增长率向前发展。让我们假设，专利产品去年的销售额为500 000美元，前年的销售额为 400 000 美元。其实，去年的销售额被一份一次性 90 000 美元的合同给夸大了。要是没有这份合同，去年的销售额应该是 410 000 美元，这和在先销售时段一致。于是估值师可以采用 410 000 美元作为起点。在这个具体案例中，估值师认为该专利产品的市场是相当成熟的。因此，估值师预测未来三年的增长率为每年 3%，结果是将未来三年的收入预测为 422 300 美元、434 969 美元、448 018 美元。

2）回归分析

回归分析仅比模拟在先时段法稍微复杂一点点。用典型的线性回归分析，可以分析历史结果以确定企业的历史增长模式。更具体地说，通过历史数据点绘出最优拟合线。然后将最优拟合线的斜率用于向前延伸增长模式。现今，进行线性回归分析是一项比较简单的工作。很多软件程序（包括 Microsoft Excel 在内）都允许估值师进行这样的分析。图 6.6 提供了一个线性回归分析的例子。

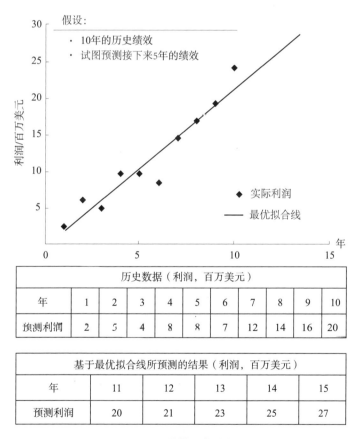

历史数据（利润，百万美元）									
年	1	2	3	4	5	6	7	8	9	10
预测利润	2	5	4	8	8	7	12	14	16	20

基于最优拟合线所预测的结果（利润，百万美元）				
年	11	12	13	14	15
预测利润	20	21	23	25	27

图 6.6 线性回归分析

3）模拟成长模式

对于尚处于初期的技术，有意义的历史结果很少，也就不可能从其推测出未来的结果。在这样的情况下，替代数据，例如类似技术的成长模式，可以用于形成未来业绩增长模式。模拟成长模式是产品生命周期理论的自然发展结果。产品生命周期理论流行于 20 世纪 50 年代和 60 年代，它基于以下前提：新产品趋向于遵循相似的四阶段模式。

（1）引入：产品的销售额低，增长慢，一直到客户了解该产品为止。

（2）成长：如果客户欣然接受该产品，就会经历快速增长，因为该产品将会去满足未被现有产品满足的需求。

（3）成熟：该产品的市场最终将会饱和，销售曲线到达稳定状态。

（4）衰退：销售曲线最后将会下降，因为更胜一筹的替代品将会被开发出来以替代原有产品。

未来预测不是基于产品的特定历史业绩形成的，而是基于可比产品的历史业绩形成的。图 6.7 给出了经典的 S 形产品生命周期曲线。

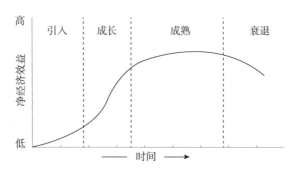

图 6.7　经典的 S 形产品生命周期曲线

分析家已经开发出了经典 S 形曲线的许多变化形态。这样的变化形态包括 Gompertz 模型、Fisher – Pry 模型、Pearl – Reed 模型以及 Bass 模型。这些变化形态试图更精确地模拟在不同情况下的产品销售模式。[7]

6.3.2.5　基于历史的预测方法的问题

对于专利权利来说，从历史趋势推测未来绩效可以证明是非常具有挑战性的。我们特别要集中谈一谈以下两个问题：

（1）缺乏历史数据。

（2）过去的绩效并不能保证未来的结果。

第一个问题是非常显而易见的。如果估值师在专利权已经建立有意义的历史数据之前进行其估值，将不会有什么对于推断未来绩效有用的信息。这种情况是成问题的，因为恰恰在这些早期阶段，有意义的估值常常是最为关键的。可能需要估值来获得至关重要的早期资金、吸引有才能的雇员或为潜在客户和战略伙伴提供鼓舞。

第二个问题是不太明显的，但可能更为有害。无论多么重复地说——过去的绩效并不能保证未来的结果——对于大多数人来说这仍然是一个难以真正理解、接受的概念。当有多年的历史数据可以使用时，不过分相信简单的外推是特别困难的。未来趋势线会显得如此清晰，以致难以意识到该趋势可能实际上是多么不可靠。考虑一下表 6.1，它提供了自 1951 年以来每年的标准普尔 500 业绩。使用前 10 年或 20 年的数据作为依据，人们会认为接下来 1、2、5 或 10 年的业绩会与在先时段的有些类似。所有的这些在先数据不能为未来提供明确的指导吗？结果证明，答案是否定的，且相当明确。在每种情况下，接下来 1、2、5 或 10 年的业绩与在先 10 年或 20 年的经历完全不同。

表 6.1 历史上的标准普尔 500 收益预测未来收益的能力

时间段（年）	复合年增长率	下一年的收益	复合年增长率		
			接下来 2 年	接下来 5 年	接下来 10 年
1951～1960	16.05%	28.51%	8.02%	13.48%	8.24%
1951～1970	12.08%	14.54%	16.82%	3.24%	8.46%
1961～1970	8.24%				
1961～1980	8.35%	−5.33%	7.13%	14.64%	13.99%
1971～1980	8.46%				
1971～1990	11.19%	30.95%	18.70%	16.74%	17.59%
1981～1990	13.99%				
1981～2000	15.78%	−11.98%	−17.28%	0.45%	9.14%
1991～2000	17.59%				
1991～2010	9.14%	2.05%	N/A	N/A	N/A
2001～2010	1.31%				

注：N/A = 未得到。

资料来源：Moneychimp.

尽管如此，从历史趋势来推测未来绩效在投资圈内仍然活跃。如我们在前面所说明的，证券分析师趋向于基于对历史趋势的推测来形成他们的财务预测。最重要的财务预测之一是预测他们所关注公司的本年度收益。然而，学术研究表明，证券分析师不是一类公司收益的准确预报者。[8]特别是，这些研究表明，证券分析师趋向于在年初时大大地高估本年度收益，然后在整个年度中往下调整使其接近实际收益。分析师在预测收益增长率时也倾向于过分乐观。

该讨论并不意味着说这些历史趋势对于形成有意义的预测是没有价值的。然而，我们确实要提醒，盲目依赖于历史数据不可能形成可靠的预测。

6.4 从解析分析来形成预测

在预测过程中作为辅助的计算机和专业软件，加上对统计学与概率论理解的提高，已经使许多非常复杂的分析变成了有用、可用的预测方法。我们发现的可最有效地形成预测的一种解析方法是使用决策树。在本节中，我们解释决策树如何可以用于形成合理的预测。我们就如何进行这样的分析也提供了一个详细例子。

6.4.1 决策树分析

如我们在第 4 章所解释的，决策树使用分解的能力来考虑复杂问题所关联的不确定性，并且并入了随后决策的信息。在预测的情境中，决策树要求估值师：①将预测分解成其组成部分；②对组成部分进行分析；③将这些组成部分重新组配成整体、可用的预测。构建用于形成预测的决策树的步骤有五步：

（1）确定决策或预测操作的组成部分；

（2）确定来源于初始决策或预测起始点的随后决策和不确定性；

（3）确定每种未来不确定性的概率；

（4）预测每种可选决策和结果路径的值；

（5）进行必要的回滚计算（roll-back calculations），以将组成要素重新组配成可用的预测。

为了说明决策树是如何用于形成预测的，让我们做一假设。我们假设，专利持有人（"技术公司"）想要预测可以从专利产生的直接净经济效益。"技术公司"开发了一种新技术（"设备"）并获得了该发明的专利。

6.4.1.1 步骤 1：确定决策或预测操作的组成部分

构建决策树的第一步是确定决策或预测操作的组成部分。为了保持该例子简单，让我们假设"技术公司"具有四种可行但相互抵触的选项：①排他地许可该专利权；②不许可该专利权，而是通过实施该发明来产生收益；③非排他地将该专利权许可给被许可人，而且也通过实施该发明来产生收益；④非排他地将该专利权许可给被许可人，而且其本身不实施该发明。这些决策的图示如图 6.8 所示。

图 6.8 "技术公司"的初始选择的图示

这四种可选方案是相互排斥的，因此估值师应对每一种可选方案都进行独立的 DFEB 计算，以相互比较并将它们排序。据推测，"技术公司"将会采用最赚钱的战略。对于本例，我们将仅仅聚焦于"实施发明且不许可"选项。我们首先要准确地确定我们要预测的是什么。让我们假定，"技术公司"将进行以收入为中心的一系列预测，因此两个最重要的预测变量是"设备"的销售件数和单价。再次为了保持可处理性，我们将本例限制于：基于期望的单价来预测"设备"的销售件数。但是，单价可以设计成另外的不确定事件。

6.4.1.2 步骤2：确定来源于初始决策或预测起始点的随后决策和不确定性

关于"设备"的未来销售件数，具有相当大的不确定性，潜在结果的范围很大。使潜在结果的范围容易处理的常见方法是为所预测的事件建立最佳、最差和最可能情况。在"技术公司"例子中，这意味着估值师需要确定第一年的"设备"最佳、最差和最可能销售件数（见图6.9）。

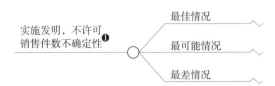

图 6.9 插入初始结果：最佳、最差和最可能情况

6.4.1.3 步骤3：确定每种未来不确定性的概率

一旦确定了结果的范围，就需要为每种潜在结果分配概率（见图6.10）。想出这些概率对于估值师来说常常是比较挣扎犹豫的。概率为估值师感觉非常不确定的事件规定了一个精确的数字。克服这种犹豫的一种技术是让估值师简单地描述一下其不确定的感觉。估值师不从定量的概率（例如，最佳情况将会以20%的可能性出现）开始，而是希望从对不同选项进行定性评估开始。让我们假设，估值师做出了以下定性评估：

---

❶ 原书为"Exclusive license approach, unit sales uncertainty"，疑有误，译者已译为如此。——译者注

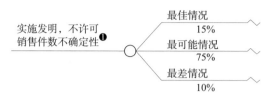

图 6.10 确定不同情况的概率

	第一年
最佳情况	有可能
最可能情况	非常可能
最差情况	与最佳情况相比，较小可能发生

一旦做出定性评估，就比较容易将它们转化为定量概率。让我们假设，估值师将定性评估转化成以下定量概率：

	第一年*
最佳情况	15%
最可能情况	75%
最差情况	10%

注：*表示概率之和为100%，这表示考虑了该年度的所有结果。

6.4.1.4 步骤4：预测每种可选决策和结果路径的值

下一步是预测第一年的销售件数。让我们假设，估值师提出以下范围预测：

第一年的销售件数预测❷	
最佳情况	1 200
最可能情况	600
最差情况	50

图 6.11 包括了第一年的销售件数预测。值得注意，步骤 3 和步骤 4 的执行顺序可以相反，这取决于估值师的偏好。一些估值师偏爱从预测值开始，这有助于他/她们更有把握地预测概率。其他估值师偏爱从概率开始。

---

❶ 同第 117 页脚注。——译者注
❷ 原书为"Net Royalties from Exclusive License"，疑有误，译者已译为如此。——译者注

图6.11 插入结果、预测销售件数的范围

6.4.1.5 步骤5：进行必要的回滚计算，以将组成要素重新组配成可用的预测

最后一步是进行必要的计算。用决策树的话来说，该计算过程被称为将回滚树。即决策树程序（或使用笔和纸的个人，如果没有技术辅助的话）从最后的预测结果开始，向前计算至最初的询问（通常从右往左），沿途评估每个决策和不确定性节点。该数学方法是用极右侧的不确定性节点分支上的数值乘以来自该不确定性节点的概率和来自较早不确定性节点分支上的概率。[9]对于我们"技术公司"的例子，我们可以采用估值师预测的可能结果和概率，生成第一年销售件数的加权平均计算结果（或期望值）（见图6.12和文本框6.5）。

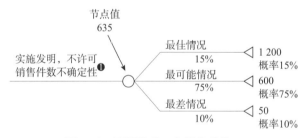

图6.12 预测的第一年销售件数

文本框6.5 预测的第一年的销售件数：加权平均计算结果	
最佳情况	$1\,200 \times 15\% = 180$
最可能情况	$600 \times 75\% = 450$
最差情况	$50 \times 10\% = 5$
加权平均计算结果（期望值）	$= 635$

6.4.1.6 对每个相继年份重复做步骤2~5

对于我们的例子，估值师确定第一年的销量可能影响第二年的销量。然后估

---

❶❷ 同第117页脚注。——译者注

值师应当继续其工作，形成第二年的潜在结果以及概率的表格（见文本框 6.6）。

文本框 6.6　预测的第二年的销售件数：潜在结果和概率

第一年结果	第二年结果	预测的销售件数	概率 *
最佳情况	最佳情况	3 000	20%
最佳情况	最可能情况	1 800	60%
最佳情况	最差情况	1 320	20%
			100%
最可能情况	最佳情况	1 500	30%
最可能情况	最可能情况	900	50%
最可能情况	最差情况	700	20%
			100%
最差情况	最佳情况	125	10%
最差情况	最可能情况	75	60%
最差情况	最差情况	40	30%
			100%

注：* 每年的概率之和等于100%，这表示考虑了该年份的所有结果。

文本框 6.7　预测的第二年的销售件数：加权平均计算结果

第一年概率	第二年概率	综合概率（第二年 × 第一年）		第二年预测销售件数		
15%	20%	3%	×	3 000	=	90
15%	60%	9%	×	1 800	=	162
15%	20%	3%	×	1 320	=	40
75%	30%	22.5%	×	1 500	=	337.5
75%	50%	37.5%	×	900	=	337.5
75%	20%	15%	×	700	=	105
10%	10%	1%	×	125	=	1
10%	60%	6%	×	75	=	5
10%	30%	3%	×	40	=	1
		加权平均计算结果（期望值）				1 079

用文本框 6.7 中的信息，我们可以将第二年添加到决策树（见图 6.13），并形成加权平均计算结果（或期望值）。

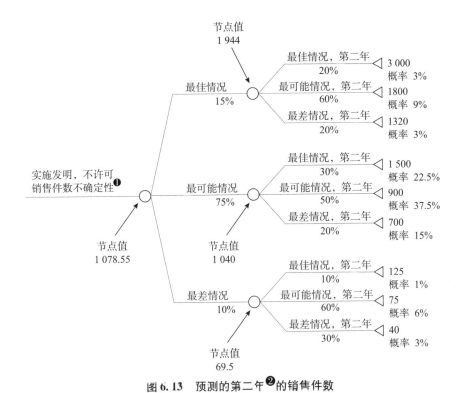

图 6.13　预测的第二年 ❷ 的销售件数

对于 DFEB 模型中的每一年，估值师都需要继续进行该操作。我们两年的预测已经包括了九条分支。完整地分析在专利剩余有效期内的预测销售件数需要太多的分支，没有计算机的辅助是不容易处理的。尽管乍一看令人望而生畏，但是有许多决策树软件程序可以很容易地支持这样的完整分析。一旦完成了销售件数预测，估值师就应做类似的分析，以预测单价以及与产生"设备"收入相关的每年的成本。

6.4.2　处理信息丢失：对决策树分析进行敏感性分析

使用数字来代表未来可能结果的可能性是任何估值操作的最重要的部分之一，但也是最不精确的部分之一。在每种情境中，都将使专利产生经济效益的复杂现实被提炼成数值表示，该数值表示通常可以用于估值分析，而后用于估计精确度。将未来结果的复杂性转化成数字是一种简化过程。专利的潜在未来

---

❶　同第 117 页脚注。——译者注
❷　原书为"Years 1 and 2"。——译者注

经济结果被简化成更为方便的分析形式。任何简化过程都会丢失一些信息。使用简化方法的目的是保留尽可能多的关键信息，使其不受多余或令人分心的信息的烦扰。当仅有的简化方法涉及重大信息丢失时，估值师需要在解读估值结果时予以重视。

决策树分析的好处之一是迫使估值师认识到，预测影响专利权产生的未来经济效益的全部潜在未来事件实际上是不可能的。当使用决策树分析来预测未来经济效益时，目标应是合理地说明尽可能多的未来不确定性。该技术的一个好处是鼓励估值师并为其提供一种方便机制，以收集更多信息并进行特别详细的审查，这有助于将含混不清的不确定性转化成可量化的风险。[10]

处理信息丢失问题的一种方法是进行敏感性分析。敏感性分析可检验数学模型的输出对于输入的变化有多么敏感。通过将整个决策分解成其各个组成部分，决策树过程通过允许估值师检验改变各种输入的结果使得进行敏感性分析相对比较容易。在我们先前的"技术公司"例子中，估值师或许对于第一年的 15%/75%/10% 概率估计并非完全无忧。估值师可以通过插入一系列不同的概率估计来看看不同的概率是否大大地改变了结果，从而检验一下预测对于这些概率估计是多么敏感。[11]例如，如果一组 5%/70%/25% 或 10%/70%/20% 的概率估计未对结果造成大的改变，估值师就可以比较自信并继续下一步工作。如果输入变化了之后大大地改变了结果，估值师就需要做详细检查，看看是否可以提出更有把握的概率。

6.5 估计折现率

一旦预测出了净经济效益，就需要将它们折算成现值。标准的方法是使用以下众所周知的公式，将折现率应用于未来现金流以得到它们的现值：

$$PV = \frac{FV}{(1 + r)^t}$$

式中

PV = 现值

FV = 未来值

r = 折现率

t = 未来的一个时段

折现率意在逼近投资方为投资特定项目所要求的收益率。

6.5.1　折现率的五个组成部分

用来确定折现率的方法有许多。有些方法计算不严谨、不正式，有些方法比较仔细、复杂。当试图为特定的 DFEB 计算确定合适的折现率时，就需要从将折现率分解成其组成部分开始。折现率具有五个组分，每个组分代表一个需要加以考虑的不同要素（见图 6.14）：（1）享用延迟；（2）机会成本；（3）在未来时段的通胀率；（4）不确定性（或风险）；（5）非流动性调整。用于确定适当折现率的优选方法是分别评估这五个组分中的每一个组分，然后将这五个评估重组起来得到折现率。

图 6.14　折现率的五个组分

6.5.1.1　享用延迟

让我们从"享用延迟"组分开始。顾名思义，该组分试图捕捉人类在其他条件都相同的情况下认为现在的价值大于未来的价值的自然倾向。"手中的一只鸟值丛林里的两只鸟"，通过这一陈述，可以在我们一般的文化中捕捉到这种或许显而易见的情感。为了帮助说明这一点，考虑一下下面的选择。你可以今天拥有 10 000 美元，或者从现在算起一年后拥有 10 000 美元。假设没有特殊情况，合理的选择是今天拥有 10 000 美元；即使我们假设，从现在算起一年之后 10 000 美元支付绝对有保障，没有通货膨胀也没有流动性的问题。为什么会这样呢？

如果存在无风险、无通胀、完全流动的两种选择，即今天的 10 000 美元或者从今天起一年后的 10 000 美元，合理的选择是今天就拿 10 000 美元，做出这样选择的原因有两个。享用延迟是第一个原因。延迟享用对于被要求做出延迟的一方产生成本。即使你把 10 000 美元埋在你的后院，虽然它不赚钱，利息也不被投入任何生产性用途，但是始终存在必要时将它掘出来的潜力。如果你延迟获得这 10 000 美元，这种潜力就不存在了。这种潜力或选项是具有价值的。

6.5.1.2　机会成本

第二个组分是丢掉机会的成本。如果你选择一年后的 10 000 美元，有些机会就会丧失。由于延迟获取 10 000 美元，就牺牲了在一年期间通过以某种生产方式使用 10 000 美元所产生的任何效益。例如，会牺牲从 10 000 美元赚取利息。另一个机会是投资，该投资会被失去或需要借款。当公司有放弃的潜在收益或利益时，使用公司的加权平均资金成本可能是该组分的合理折现率。

6.5.1.3　在未来时段的通胀率

第三个组分表示通胀的换算。再次考虑一下今天 10 000 美元与从今天起算一年后的 10 000 美元之间的选择。假设通胀率为 4%，一年后 10 000 美元仅值 9 600 美元。如果通胀率保持恒定，五年后 10 000 美元仅仅值 8 154 美元。当有通胀时，为了考虑期间的通胀，必须进行换算以调整未来的美元量。有时，该调整可能是很小的，但是有的经济阶段的通胀是相当大的，需要相应地做出大的调整。

6.5.1.4　不确定性（或风险）

第四个组分涉及与投资的未来绩效相关的不确定性（或风险）。净经济效益的预测仅仅是预测而已。最终获得的效益将会比预测的少吗？不确定性组分总的来说是最主观的，尤其是对于早期技术而言（参见下面的内容）。因为 DFEB 计算通常被限于小量的预测收益流，该组分只是粗略地用来表示与未来风险和不确定性相关的任何变化性。对于确定性较小的收益流，将较高的百分比用于该组分。对于确定性较大的收益流——例如，已知和相对确定的专利使用费流——会使用较低的百分比。

当使用决策树型的估值方法来确定未来收益流时，该分析本身或许已经考虑了一些（或大多数）的不确定性。在这样的情况下，不确定性应当占较低比例的总折现率，以避免在 DFEB 计算中重复计量不确定性。

6.5.1.5　非流动性调整

折现率的第五个组分，也是最后一个组分，试图考虑未来收益可能是非流动的或具有弱化的变现性的风险。资产的流动性是指资产所有人将资产转换为现金的容易性。流动性非常高的资产是具有现成交易市场并且定期地进行大量交易，使得希望将资产转换成现金的资产所有人可以快速且以低的交易成本进行交易的资产。非流动性资产正好相反。非流动性给资产所有人强加了成本，而这一最后的组分试图量化该成本。

一般源于专利权的净经济效益通常包括流动资产和非流动资产的混合体。专利使用费和其他现金流趋向于是流动性高的资产，不需要任何的非流动性调整。然而，其他效益有可能是高度非流动的，需要进行非流动性折现调整，例如专利的转售价值、侵权诉讼的价值、通过显示技术优势而使得声誉得到提高的价值。

6.5.1.6　将上述五个组分重新组合起来

一旦确定了上述五个组分，就应将它们重新组合起来以确定合适的折现率。例如，假设估值师做了以下决定：享用延迟＝1%；机会成本＝2%；未来时段中的通胀率＝4%；不确定性（或风险）＝18%；对于缺乏流动性的调整＝2%。如果是这样的话，折现率将会是27%。

6.5.2　早期技术的折现率

对于早期技术，折现率的不确定性（风险）组分可以较大，使其变成决定折现率的支配性要素。对于早期技术，几乎所有的影响专利权产生效益流能力的重要方面都有不确定性。考虑一下早期技术趋向涉及的几个典型问题：

　　■ 新技术会有成效吗？

　　■ 顾客想用该技术吗？

　　■ 尽管该新技术已经在实验室中被完全证实，将其商业化容易（且成本合算）吗？

　　■ 公司将能够开发且实施利用该技术的商业计划吗？

　　■ 公司具有充足的资金来实施该技术的商业计划吗？

　　■ 公司的专利权有多么强大？

　　■ 竞争公司对该项新技术的反应如何？

早期技术的主要筹资来源之一是风险投资公司。现代风险投资行业于20世纪40年代起源于美国，至今已经发展成为高度专业化的行业，在全球范围内每年投资数百亿美元，其投资尤其集中于高技术初创公司。正如我们在第1章中所解释的，当风险投资家评估初创公司的投资潜力时，他们趋向于不将个别专利权的价值从整个公司的价值中分离开来。对于具有一个、两个或三个专利产品的公司，将会整体地估计其产生未来经济效益的能力。在进行估值时，风险投资家需要考虑投资于较早期技术的高风险。他们趋向于通过将初创公司分成不同的发展阶段并且给予每个阶段收益率（或折现率）来处理高风险。[12]

表6.2 提供了一个描绘初创公司的基本发展阶段的常见方式的例子；表6.3 提供了风险投资公司在各个发展阶段会索要的收益率的样本范围。

表6.2　初创公司的发展阶段

发展阶段	描　　述	风险投资希望持有投资多长时间
种子期	初创公司刚刚起步，正在确定商业投资是否值得追逐。技术处于初生状态，经过验证的样机或许还没有开发出来	7～10 年
早期	在实验室条件下该技术已经显示出效果（很可能已经构建了样机），但是将该技术商业化的能力尚未得到证明。该初创公司或许还处在售前阶段	5～7 年
中期	该技术正在被出售，并且显示出一些商业化的能力。但是，作为初创公司特征的快速销售扩展还未发生	3～5 年
后期（或扩张期）	该初创公司是比较成熟的，已经在扩大其业务方面显示出成就	1～3 年

表6.3　风险投资公司可能要求的收益率（ROR）样本

开发阶段	年收益率范围
种子期	60%～100＋%
早期	40%～70%
中期	30%～50%
后期（扩张期）	20%～35%

资料来源：基于以下文献中的表格：Gordon V. Smith and Russell L. Parr, *Intellectual Property*: *Valuation*, *Exploitation*, *and Infringement Damages* (2005), 292.

风险投资的 ROR 范围可以用作较早期技术的合适折现率的引导。如果利用风险投资的 ROR 范围，或许就没有必要将因享用延迟、机会成本、通胀率或非流动性的各个不同折现率归为总折现率的因子。这意味着所有这些组分都被风险投资的 ROR 范围捕获了。实际上，不确定性组分是如此之大，使得其压倒了其他组分的数学意义，所以其他组分只是被"叠合、笼罩"在总风险可变因素之下。

6.5.3　几个细节上的考虑

我们想通过处理以下三个问题来结束关于折现率的讨论，这三个问题是在进行 DFEB 分析时常常出现的问题：

（1）应当使用恒定的折现率来进行 DFEB 计算吗？还是估值师应按时段使用不同的折现率？

（2）应当将折现率应用于每年的年末还是应当更频繁？

（3）不同的收益量度（例如自由现金流与净收益与税前利润）如何影响折现率分析？

6.5.3.1 恒定折现率与可变折现率

恒定折现率 vs 可变折现率的问题常常被问到，但对于这一问题没有最终的答案。一种针对公司估值的争论的解释如下：

> 改变（折现率）的论点是，在预测时段的较后阶段的投资风险比在预测时段的初始阶段的投资风险可能更大或更小。这是一件非常依赖于判断（且通常是相当主观）的事。最常见的是，分析师在整个预测时段中使用恒定的折现率，以反映投资风险的平均大小。[13]

我们相信，这一总结像适用于公司估值那样同样适用于专利估值。

6.5.3.2 年末折现法对比年中折现惯例

估值师应当每年还是应当更频繁地对收益流进行折现？真正精确的回答或许是，公司每次收到未来净经济效益时都应当应用折现率。试图预测每个月或每周公司获得的净经济效益会是难以操作的，也是过度的。因此，形成了两种办法——年末和年中折现法——使得折现过程更容易操作。

1）年末折现法

年末折现法假设公司每年一次在预测时段中的每年的年末获得其净经济效益。因此将折现率应用于预测时段中的每年的年末。到目前为止在本章中我们所使用的 DFEB 公式❶都是遵循年末折现法：

$$PV = EB_0 + \frac{EB_1}{1 + r_1} + \frac{EB_2}{(1 + r_2)^2} + \frac{EB_3}{(1 + r_3)^3} + \cdots + \frac{EB_n}{(1 + r_n)^n}$$

2）年中折现法

年中折现法假设公司每年一次在预测时段中的每年的年中获得其净经济效益。该年中假设试图逼近整个年度都均匀地收到净经济效益。年中折现法顺理成章地要求估值师对标准 DFEB 公式❷做出如下调整：

---

❶❷ 公式中 r_n 在原书中为 r，疑错，译者已改。——译者注

$$PV = EB_0 + \frac{EB_1}{(1+r_1)^{0.5}} + \frac{EB_2}{(1+r_2)^{1.5}} + \frac{EB_3}{(1+r_3)^{2.5}} + \cdots + \frac{EB_n}{(1+r_n)^{n-0.5}}$$

3）在两种折现法之间做出选择

对于在什么情况下使用何种折现法，没有最终的规则。估值师所选择的折现法，应当更好地逼近正在被分析的特定风投项目将会在何时收到净经济效益。然而，应当注意，使用年中折现法将会增大现值的计算结果（见文本框6.8），因为该折现法假设公司较早地收到了那些净经济效益。

文本框6.8　年中折现惯例导致现值的计算结果较高

假设

■ 用于本例子的专利权将产生净经济效益5年。

■ 未来时段的净经济效益是2 000万美元（第一年）、3 000万美元（第二年）、4 000万美元（第三年）、3 000万美元（第四年）、2 000万美元（第五年）。

■ 折现率为20%，恒定不变。

使用年末折现法的现值

	未来年					
	1	2	3	4	5	合计
预测的现金流（美元）	2 000万	3 000万	4 000万	3 000万	2 000万	
使用年末折现法的折现率	20%	20%	20%	20%	20%	
现值（美元）	1 670万	2 080万	2 310万	1 450万	800万	8 320万❶

使用年中折现法的现值

	未来年					
	1	2	3	4	5	合计
预测的现金流（美元）	2 000万	3 000万	4 000万	3 000万	2 000万	
使用年中折现法的折现率	20%	20%	20%	20%	20%	
现值（美元）	1 830万	2 280万	2 540万	1 580万	880万	9 110万

---

❶ 合计应为8 310万，原书或有误差。——译者注

6.5.3.3 使折现率与特定收益量度匹配

与折现法相关的议题是设法使折现率与 DFEB 计算中所有的特定收益量度相匹配的问题。大多数关于如何生成折现率的分析都聚焦于如何生成自由现金流的折现率，因为自由现金流完全适合于折现分析。折现率的用途是计算公司收到的未来经济效益的现值。在通常用于 DFEB 分析的收益量度（见文本框 6.1）当中，自由现金流是仅有的一个实际上度量收到的效益的量度。现金流量度的核心是追踪公司实际的现金流入和流出。其他的收益量度——例如，净收益（税后）、税前收益和营业利润——不追踪实际收到的效益。它们追踪已赢得的效益，而未必是收到的效益。因此，对于折现率中的每个组分，这些其他收益量度需要更高的比率，以考虑任何赢得的但尚未收到的收益。

参考文献

[1] Baker, Samuel. Aug. 2007. "Economics Interactive Tutorial." University of South Carolina, Arnold School of Public Health, Dept. of Health Services Policy and Management. http://hadm.sph.sc.edu/Courses/Econ/tutorials.html.

[2] Clarkson, Gavin. 2001. "Avoiding Suboptimal Behavior in Intellectual Asset Transactions: Economic and Organizational Perspectives on the Sale of Knowledge." *Harvard Journal of Law and Technology* 14: 711.

[3] Denton, F. Russell, and Paul Heald. 2003. "Random Walks, Non-Cooperative Games, and the Complex Mathematics of Patent Pricing." *Rutgers Law Review* 55: 1175. Gray, William. 1993. "Inflation and Future Return Expectations." *Financial Analysts Journal* 49: 35.

[4] Layne-Farrar, Anne, and Josh Lerner. Mar. 2006. "Valuing Patents for Licensing: A Practical Survey of the Literature." http://ssrn.com/abstract=1440292.

[5] Matcher, David, David Simel, John Geweke, and John Feussner. 1990. "A Bayesian Method for Evaluating Medical Test Operating Characteristics When Some Patients' Conditions Fail to Be Diagnosed by the Reference Standard." *Medical Decision Making* 10: 102.

[6] Metropolis, Nicolas. 1987. "The Beginning of the Monte Carlo Method." *Los Alamos Science* (Special Issue): 125.

[7] Munari, Federico, and Raffaele Oriani, eds. 2011. *The Economic Valuation of Patents: Methods and Applications*. Cheltenham, UK: Edward Elgar.

[8] Murphy, William J. 2007. "Dealing with Risk and Uncertainty in Intellectual Property Valuation and Exploitation." In *Intellectual Property: Valuation, Exploitation, and Infringement Damages, Cumulative Supplement*, edited by Gordon V. Smith and Russell L. Parr, 40 – 66. Hoboken, NJ: John Wiley & Sons.

[9] Neil, D. J. 1988. "The Valuation of Intellectual Property." *International Journal of Technol-*

ogy Management 3：31.

［10］Pitkethly，Robert. 1997. "The Valuation of Patents：A Review of Patent Valuation Methods with Consideration of Option Based Methods and the Potential for Further Research." Judge Institute，Working Paper WP 21/97.

［11］Poltrorak，Alexander，and Paul Lerner. 2002. *Essentials of Intellectual Property*. New York：John Wiley & Sons.

［12］Pratt，Shannon，Robert Reilly，and Robert Schweihs. 2000. *Valuing a Business：The Analysis and Appraisal of Closely Held Companies*，4th ed. New York：McGraw-Hill.

［13］Raiffa，Howard. 1968. *Decision Analysis：Introductory Lectures on Choices under Uncertainty*. Reading，MA：Addison-Wesley Publishing.

［14］Schecter，Roger E.，and John R. Thomas. 2004. *Principles of Patent Law*，Concise Hornbook Series. St. Paul，MN：West.

［15］Skinner，David. 1999. *Introduction to Decision Analysis：A Practitioner's Guide to Improving Decision Quality*. 2nd ed. Gainesville，FL：Probabilistic Publishing.

［16］Smith，Gordon V.，and Russell L. Parr. 2005. *Intellectual Property：Valuation，Exploitation，and Infringement Damages*. Hoboken，NJ：John Wiley & Sons.

［17］Stiroh，Lauren，and Richard Rapp. 1998. "Modern Methods for the Valuation of Intellectual Property." *Practicing Law Institute/Patent* 817：532.

［18］Yoo，Christopher. 2010. "Product Life Cycle Theory and the Maturation of the Internet." *Northwestern University Law Review* 104：641.

［19］Zhang，Shidi，Qiuju Huo，Dan Sun，Dongxu Wei，and Sihui Xu. June 25，2011. "Profit Milestones and Changing Risks and Expected Returns of Venture Capital Projects：An Empirical Exploration Using Comparable Companies." http：//ssrn. com/abstract = 1814167.

注　释

1. 参见，例如，*Dodge v. Ford Motor Co.*，170 N. W. 668（Mich. 1919）.

2. Shannon Pratt，Robert Reilly，and Robert Schweihs，*Valuing a Business：The Analysis and Appraisal of Closely Held Companies*，4th ed.（2000），154.

3. D. J. Neil，"The Valuation of Intellectual Property," *Int. J. Technology Management* 3（1988）：31, 35.

4. 该公式改写自下列文献中的"royalty rate"公式：Gordon V. Smith. and Russell L. Parr，*Intellectual Property：Valuation，Exploitation，and Infringement Damages*（2005），201－203.

5. Smith and Parr，*Intellectual Property*，187.

6. 同上书，187－188.

7. 同上书，227－234 详细地讨论了这些变化形态和使用这样的曲线的数学。

8. 参见 Vijay Chopra，"Why So Much Error in Analysts' Earnings Forecasts?" *Financial Analysts Journal*（November/December 1998）：35；也参见 David Dreman and Michael Berry，"An-

alyst Forecasting Errors and Their Implications for Security Analysis," *Financial Analysts Journal* (May/June 1995)：30；David Dreman, *Contrarian Investment Strategies：The Next Generation* (1998)，91（updating and reporting Dreman and Berry 1995）.

9. 在我们的例子中，结果是以件数表示的，但是可表示成数值的任何东西都可以使用。

10. 第 7 章讨论如何使随后获得的信息，包括通过贝叶斯分析来提高预测精确度。

11. 当敏感性对于分析确实是非常关键时，可以使用数学工具来帮助估值师确定敏感性。这样的数学工具的一个例子，参见 William J. Murphy, "Dealing with Risk and Uncertainty in Intellectual Property Valuation and Exploitation," in *Intellectual Property：Valuation, Exploitation, and Infringement Damages, Cumulative Supplement*, edited by Gordon V. Smith & Russell L. Parr（2007），48 - 50.

12. 参见，例如，Smith and Parr, *Intellectual Property*，292.

13. Pratt，Reilly，and Schweihs, *Valuing a Business*，159.

第 7 章
高级收益法：并入未来决策机会的价值

采用折现的未来经济效益（DFEB）法（参见第 6 章）计算净现值（NPV）的线性方法的一个局限性是不能捕获未来的灵活性和选择机会。为了更好地理解不能捕获未来灵活性和选择机会的估值后果，让我们来考虑下面的例子。一家公司正在进行一个有前景的项目，由此可能会为一个新兴的商业市场带来一项可获得专利的技术。有许多不确定性会摆在决策者面前，但是它们可以被分为两个主要类别：

（1）关于技术可行性的不确定性。

（2）关于新兴商业市场的不确定性。

这两类不确定性都会显著地影响开发中的相关技术的潜在专利估值。在使用传统的 DFEB 法的情况下，评估师往往会用一种有些生硬的手段将这种不确定性纳入估值分析。处理这种不确定性的典型手段就是对预期的现金流确定并应用一个适当大的折现率。然而这种分析所缺失的是一系列延伸到未来的灵活决策机会。这些决策机会将取决于当下尚未可知，但在每个决策需要做出时将会是已知的事实。例如，一年后对技术开发持续投资的决策取决于商业市场变得如何有吸引力；市场会变成什么样，当下并不为人所知，但在未来决策时将会较为确定。如果市场火热，就会做出在将来增加投资的决策。如果未形成市场，在接下来的日子里就会做出缩减规模或放弃该技术的决策，由此大量的费用将会节省下来。

在未来有做出明智选择的期权是非常有价值的。使用标准、线性 NPV 方法将这种期权价值纳入估值评估是有困难的（见图 7.1）。

已有一些将未来灵活性的价值纳入专利估值分析的尝试。最受关注的方法是用实物期权法评估专利。[1] 这种方法试图将权利持有人关于专利继续、放弃或改变决策的期权相关价值纳入专利估值分析。实物期权法源于金融期权市场的

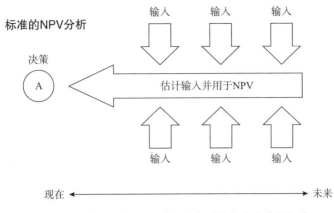

图 7.1　标准的线性 NPV 分析法尝试纳入未来选择机会

成功以及由 Fischer Black、Myron Scholes 和 Robert Merton 在 20 世纪 70 年代早期进行的金融期权估值方面的开创性工作。由此产生的 Black-Scholes 期权定价模型被投资者广泛应用于给金融期权定价。

　　一般而言，期权是一种做出某项商业决策的合约权利（没有义务）。在金融期权领域，这通常意味着购买或出售金融票据或合约的权利（没有义务）。有权利但没有义务在可获得更多有用信息的将来做出决策，这就具有独立于基础资产的价值；期权法试图计算出该期权的价值。专利和期权在很多方面都很像，这是将 Black-Scholes 期权定价模型应用于专利（见图 7.2）的基本前提。我们将贯穿这一章来讨论，把 Black-Scholes 期权定价模型移植到专利估值所存在的主要障碍。结果是，实物期权理论仍是理论性的，而不是实际估值工具。

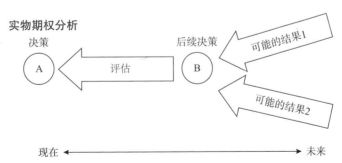

图 7.2　实物期权分析尝试纳入未来决策的期权价值

　　虽然实物期权理论可能具有有限的实际应用，但是有其他方法将未来决策机会的价值纳入专利估值分析。一个最容易、最有效的方法就是通过使用决策树分析来实现。决策树用作估值工具时，不只是要纳入当前做出的决策（例如公司应当采用什么战略来利用其专利）。决策树也包括所预期的、对当下决策的价值有影响的未来决策或选择。关于各种可能的未来路径和概率的估计可以被捕捉在决策树分析之中并且被估值。决策树法比较有吸引力的一个特点是它适用于很广泛的决策者和决策。该方法可以以非常复杂和精确的方式进行，也可以在信息有限条件下以简单和粗略的方式进行。即使是简单和粗略的决策树估值也能提供关于未来决策机会的有益见解，并且随着时间的推移而得到新的信息，决策树也很容易改变和扩展。

在本章中，我们将：

- 介绍期权如何运作和它们如何产生价值。
- 解释实物期权的概念和为什么专利是实物期权的一种形式。
- 探讨实物期权法对专利的理论和实践适用性。
- 检验决策树如何可以帮助捕捉隐含于专利中的期权价值。
- 考虑其他高级的分析技术，例如，蒙特卡洛分析和贝叶斯定理，并解释它们如何用以帮助评估灵活性和不确定性。

7.1 期权合约及其价值

从期权的一般解释以较基础的水平开始可能更有益。接下来，我们将进行实物期权和实物期权理论的讨论。

7.1.1 什么是期权合约？

当评估师提到期权时，他们通常讨论的是期权合约。期权合约是做某事——往往是出售或购买资产——的一种不可撤销的要约；如果期权持有人行使期权并接受要约，该要约就变成具有合同约束力。

期权合约最常见的形式是所谓的看涨期权和看跌期权。看涨期权是由发行人在规定时间内，以特定价格向期权持有人出售标的物的不可撤销要约。看涨期权可以适用于金融工具、房地产、个人财产、服务或任何其他可以作为销售合同的标的。期权持有人决定行使看涨期权之前，他没有合约义务购买看涨期权的标的物。其结果是，让期权持有人有一个可自由决定的时期，来决定是否进行购买。在自由决定期间，如果期权持有人决定购买，期权发行人应该按合同规定出售一个或多个项目。看跌期权和看涨期权是相反的。对于看跌期权，期权发行人要做出一个不可撤销的要约，在规定的时间内，以一定的价格，从期权持有人那里购买标的物。

人们早就了解了期权的作用。最早记录期权合约用途的一个例子是来自公元前332年的亚里士多德。亚里士多德讲述了一个较早期哲学家的故事，Miletus 的 Thales，他预测到橄榄会有一个好的收成。Thales 因为资金短缺，他签订了租用 Miletus 和 Chios 所有橄榄榨油机[2]的权利（但没有义务）合约，他确定如果预测的丰收成为现实，人们对橄榄榨油机将会有很高的需求。他的预测是正确的，而相对于他用于购买橄榄榨油机期权的较小金额，这笔投资产生了可观的利润，这让 Thales 变得很富有。

7.1.2 从期权合约产生价值

如果基础资产的价值充分增加，看涨期权就为期权持有者产生价值（见图7.3）。让我们考虑一个简单的例子。发行人出售1 000份看涨期权，以每份1美元出售给期权持有人。1 000份看涨期权的条款是：

标的物　　　　　　　　　＝每份期权赋予持有人购买一股 Acme 的普通股
行权价格（或执行价格）＝每股15美元
行权期　　　　　　　　　＝即日起五年内
Acme 普通股目前的股价　＝8美元

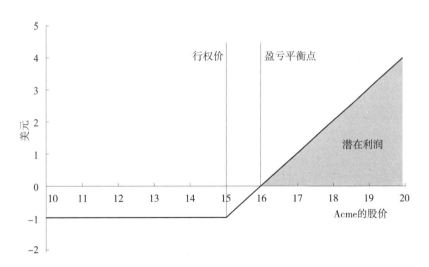

图7.3　购买看涨期权的收益

如果 Acme 的股票价格涨到每股16美元以上，该收购就会为持有人产生利润。例如，如果 Acme 的股票价格涨到每股20美元，持有人可以执行期权，并产生每股4美元的利润：

20美元/股（现行股票价格）－1美元/股（期权购买价格）－15美元/股

（行权价格）= 4 美元/股（每股利润）

如果基础资产的价值降到足够低，看跌期权就会为期权持有人产生价值。

有权利但没有义务在未来有更多信息时做出决策，这具有独立于基础决策的价值。在我们 Acme 的例子中，如果某些有利的事件发生，期权持有人可以投资相对较小的金额得到获取利润的合约权利。在这个案例中，有利的事件就是 Acme 的股票价格增长了。如果股票价格增长超过行权价，期权持有人会做出明智决策来执行期权。如果股票价格增长不能超过行权价格，期权持有人会做出明智决策而不执行期权。这种期权价值正是高级收益法试图所要纳入专利价值分析的。

7.1.3　Black-Scholes 期权定价模型

多年来，投资者在金融市场购买和出售期权合约，但并没有一项特别准确或有用的估值技术。有人声称在这个探索过程中取得了成功，例如，一位名叫 Charles Castelli 的伦敦经纪人。1877 年，Castelli 出版了一本名为 *The Theory of Options in Stocks and Shares* 的书，该书 "主要关注的是可由买方创造的利润，并顺带讨论了期权如何定价，指出在我们如今称为高波动性的时期，价格是趋于上涨的"[3]。在接下来的 96 年里，来自许多方面的人——从寻找市场优势的学者到冒险家——凭各种各样的兴趣，竭力寻找一个可靠的方法来给期权定价。随着 Black-Scholes 期权定价模型的发展，在 1973 年，一切都发生了变化。[4]

Black-Scholes 期权定价模型的基础工作在大概 70 年前的 *The Theory of Options in Stocks* 文献中完成，那是法国数学家 Louis Bachelier 在 1900 年撰写的博士论文，他的导师是 Henri Poincaré（他最著名的可能是他对后来被称为 "混沌理论" 的贡献；见文本框 7.1）。几十年后，Bachelier 的工作引起了麻省理工学院一位年轻的教授 Paul Samuelson 的注意，后者在 1955 年写了一篇题为 *Brownian Motion in the Stock Market* 的文章。一年后，A. James Boness 在芝加哥大学求学期间题为 *A Theory and Measurement of Stock Option Value* 的博士论文中，提出了一个模型，其中提出的一些概念早于后来 Black 和 Scholes 的工作。

文本框 7.1　Poincaré，混沌理论以及专利估值

鉴于 Poincaré 对于混沌理论发展的重要性和他对后来发展为实物期权理论的贡献，记住混沌理论关于关联性增长、足够复杂且自适应系统的教

导是很有益的。任何研究复杂且自适应系统的预测模型，最终都会受到初始条件的敏感性的影响（通常被称为蝴蝶效应）。越来越复杂的专利估值模型会和我们努力模拟天气或经济而用到的包含越来越多的关联输入的越来越复杂的模型遭遇到同样命运吗？在巨大的波动性和不确定性的时候（特别是最需要模型的时候），我们会遭遇到混沌理论的局限吗？也许这样的一个阶段最终将伴随实物期权理论在专利估值的应用，该阶段中需要接受混沌理论的见解并将其纳入专利估值模型。

　　如何正确评估这些金融期权合约困扰着分析师，直到 1973 年 Fischer Black 和 Myron Scholes 发表了一篇论文；文中所描述的方法就是现在人们广泛所熟知的 Black-Scholes 期权定价模型。影响购买股票的金融期权合同价值的主要输入有五个：

（1）S = 标的股票的当前价格。

（2）K = 期权的行权价（通常被称为执行价格）。

（3）T = 期权有效期。

（4）r = 现在和不久的将来的无风险利率的估算。

（5）v = 标的股票价格波动性的估算。

继而，以 Black-Scholes 公式计算股票看涨期权合约的价格如下：

$$C = SN(d_1) - Ke^{(-rT)}N(d_2)$$

式中

C = 看涨期权的价格

N = 累积标准正态分布

e = 指数函数 ❶

$$d_1 = \frac{\ln(S/K) + (r + v^2/2)T}{v\sqrt{T}}$$

$$d_2 - d_1 - v\sqrt{T}$$

类似的方程可以用于计算股票看跌期权合约的价格。

Black-Scholes 期权定价模型的一个关键见解是，基础资产价值波动性的增加，提高了期权的价值。在事后看来，这一认识可能会很明显，但其对专利的意义是深远的。如果专利能被理解为拥有一种参与未来机会的期权，那么专利

---

❶ 原书如此。译者认为 e 似应为正体，指自然常数。——译者注

内含的期权价值会随着潜在机会波动性增加而增加。

Black-Scholes 期权定价模型最大的贡献是能通过使用动态对冲消除估值计算中难以衡量的风险因素。[5]通过消除计算中的风险，而该模型的前四个要素是显而易见的，也就能估算出第五个要素（未来波动性）。因为未来波动性从定义上来说是未知的，历史波动性经常被用来作为估算或替代量度（参见第8章利用替代量度的讨论）。

Black 和 Scholes 描述的初始期权定价模型，随后由 Robert Merton 和 Jonathan Ingerson 进行改进，消除了原始模型中无股息、无税或交易成本和固定利率的假设。最终的成果是一个非常强大的估值工具，当用长期的历史数据进行比较时，结果是非常准确的。Scholes 和 Merton 在 1997 年因为提出确定金融衍生品价值的新方法而获得了诺贝尔经济学奖。于此两年前，Black 去世了，因此没有资格获得该奖项。

7.2 实物期权

实物期权是一个投资机会，其中做出未来决策（如购买或出售一项资产）的期权（但不是义务）是隐含在机会中，而不是包含在独立的金融合同中。当投资机会未来不明朗时，就会设立一项实物期权，然而这也为决策者提供了灵活性，可以将这个机会的决策推迟到以后能得到更多有用信息的时候。实物期权的一个现实例子是包裹递送企业购买一支使用汽油或85%乙醇汽油混合燃料（E85）的两用燃料汽车车队。[6]车队将为企业提供一个实物期权，未来根据实际的燃料价格购买普通汽油或汽油混合燃料（见图7.4）。此外，就像一项金融期权，车队购买燃料的实物期权将随着车辆到期而到期。

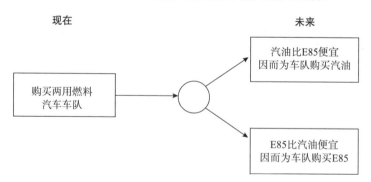

图7.4 购买燃料的实物期权实例

7.2.1　看涨期权和看跌期权

实物期权与金融期权合约类似，包括实物看涨期权和实物看跌期权。对于实物看涨期权，投资机会的所有者有在此机会中进一步投资的期权。对于实物看跌期权，投资机会的所有者有出售该机会的期权。

7.2.2　以金融期权合约法对实物期权进行估值

有权利而没有义务在未来得到更多信息时做出关于投资机会的决策，具有独立于基础机会的价值。因此，为了确定包括了实物期权的机会的准确价值，需要考虑到期权价值。Lenos Trigeorgis 和 Scott Mason 将这种更准确的价值叫作"扩展 NPV（净现值）"，并定义为：[7]

扩展 NPV = 机会的基础 NPV + 隐含于机会中的实物期权的期权价值

为确定扩展 NPV，评估师对机会可以先进行传统的 DFEB 分析，然后再将隐含于机会的实物期权的期权价值包括进来。为了确定这些期权的价值，评估师需要识别每一个实物期权，然后，在理想情况下，运行某类合适的期权定价方法来评估期权。当一个实物期权可以类比为金融期权合同时，就存在金融期权合约的估值方法可以适用于这种实物期权的可能性。类比分析的一个出发点是将评估看涨期权的 Black-Scholes 输入和具体的实物期权做比较。文本框 7.2 提供了基本的五项 Black-Scholes 输入信息与实物期权的比较。

文本框 7.2　比较股票的看涨期权与实物期权

运行 Black-Scholes 模型计算所需要的看涨期权的信息	实　物　期　权
（1）标的股票的现行价格	将由未来决策产生的现金流的 NPV
（2）期权的行权价格	贯彻未来决策所需的资本投资
（3）期权有效期	未来决策将过期的时间（未来决策可以推迟的时间长度）
（4）现在和不久的将来的无风险利率的估算	相同
（5）标的股票价格波动性的估算	产生于未来决策的现金流波动性的估算

此文本框依据并大量借鉴由 Raffaele Orinani 和 Luigi Sereno 制作的表格，"Advanced Valuation Methods：The Real Options Approach" in *The Economic Valuation of Patents：Methods and Applications*, ed. Federico Munari and Raffaele Oriani（2011），143.

如文本框 7.2 所示，Black-Scholes 输入信息可以与相应的实物期权信息匹配。然而，难点是要对那些实物期权的输入信息有足够准确的估算，才能进行有意义的计算。金融期权合约的 Black-Scholes 法的优势之一就是相对容易能收集到必要的输入信息以及信息的可靠性（见文本框 7.3）。当涉及实物期权时，这种方便和可靠的必要信息输入来源可能就不存在了。

文本框 7.3　Black-Scholes 输入信息的信息来源

Black-Scholes 输入	信 息 来 源
（1）标的股票的现行价格	公开披露股票市场价格，这得益于市场的智慧
（2）期权的行权价格	列入金融合约的执行价格
（3）期权有效期	列入金融合约的到期日
（4）现在和不久的将来的无风险利率的估算	经常用到国债利率
（5）标的股票价格波动性的估算	估算波动性的技术有很多种，但它们都依赖于特定股票、相似的股票和一般股票市场的历史和最近的交易

7.3　以使用期权定价的见解对专利进行估值

专利中隐含实物期权。研究人员已经模拟了在专利中存在的一些不同的实物期权。[8]这些实物期权每一个的本质都是等到有更多信息再做决策的期权。对于估值来说，这种等待期权的两个最相关的子类是等着使用专利的期权（使用期权）和等着加强专利权的排他性权利的期权（排除期权）。

7.3.1　专利与实物期权

如果我们分解实物期权的核心特性，共有三个：

（1）源自机会的净经济收益是不确定的，并且部分依赖于期权持有人的未来决策。

（2）围绕那些未来决策的当前不确定性，随着时间的推移，得到更多的信息而减少。

（3）机会为决策者提供了灵活性，将决策推迟到以后。

这三个相同的特性隐含于任一给定的专利中：

（1）源自专利的净经济收益是不确定的，并且部分依赖于专利持有的未来决策。

（2）围绕那些未来决策的当前不确定性，随着时间的推移，得到更多的信息而减少。

（3）该专利的排他权为专利持有人提供了将该专利的投资决策推迟到以后的能力。

7.3.1.1　运用期权

推迟做出如何运用专利技术的决策的能力，会为专利持有人产生重大的价值。为了说明这一点，思考下面的例子。[9]一家公司（Acme）持有剩余 17 年保护期的专利。Acme 相信商业化的发明专利在专利期内，有 30% 的机会产生 100 万美元的年化收益，有 70% 的机会不产生收益。Acme 将需要 400 万美元来寻求这个机会。基于这些假设，Acme 不会寻求这个机会。这个项目的预期净利润（折现为现值前）是 1 700 万美元的 30%，即 510 万美元。一旦那些利润贴现回现值（假设 10% 的折现率），此机会产生大概 240 万美元的净现值，这种情况下的投资就不是合理的资本投资。

只是因为该发明在当下不值得实施，但并不意味着它不值得在未来实施。基于这些事实，公司可能只能推迟该发明的商业化，继续收集商业化机会的信息。让我们设想，公司继续收集信息，而在一年后这个机会的不确定性大大降低了。因为公司等待了一年，这个机会的潜在收益降低到了 1 600 万美元（16 年乘以 100 万美元），但是让我们设想，成功的可能性上升到了 80%。这个时候，预期净利润将是 1 600 万美元的 80%，即 1 280 万美元，这个机会对于公司来说就很有吸引力了。以 10% 的折现率，这将转化为大约 620 万美元商业化机会的净现值，也让 400 万美元的资本投资合理了。通过允许公司推迟一年做出商业化决策，隐含于专利的实物期权使得商业化机会的净经济价值从 0 美元增长到了 220 万美元。

这种推迟运用专利的期权能应用到许多专利相关决策中。许可决策、转让决策、专利技术在外国市场上市的决策、对发明进行改进的决策以及使专利展期的决策，都是可以受益于延迟的未来运用决策权的例子。当将专利的运用期权和金融期权类比的时候，人们可以把运用的期权当作一个看涨期权。专利权人有购买未来机会的期权。

7.3.1.2　排他期权

伴随专利的最基本权利是排除其他人"制造、使用、许诺销售，或销售发明专利"的权利。[10]专利持有人可以利用法律制度禁止侵权活动和起诉禁令之前造成的损害（见第 11 章）。难怪有人把这种排他期权叫作"诉讼期权"。[11]

不论专利持有人是否具有运用该发明的有意义的权利，例如，当存在有效的封锁性专利时，排他权利都是存在的（见第 5 章）。

推迟是否行使排除他人实施发明的权利的决策能力可以具有价值，该价值可以通过期权分析来捕获。将排他权模拟为现金流的净现值，现金流来自他人不实施该发明。这些现金流可能来自对专利产品拥有更大的定价权、来自鼓励另一方许可专利技术或来自潜在专利损害赔偿。如果行使排他权利的现值超过了追求排他权的成本，那么行使所隐含的期权，追求排他权就有了经济意义。在某些情况下，排他期权比运用期权更有价值。

排他期权可以模拟为一个看跌期权。[12]专利持有人有出售来自为损害赔偿与侵权人交换专利技术的现金流的期权（见第 11 章）。

7.3.2　尝试将 Black-Scholes 法用于专利

认识到专利隐含着实物期权是一回事，为它们提出一个合理的价值是完全另一回事。较流行的尝试之一是将 Black-Scholes 期货定价模型适用于专利场景，来对这些隐含的实物期权估值。虽然已经证明 Black-Scholes 期货定价模型是证券期权合约的高效估值工具，但把这种成功转换到专利资产上仍然大部分是理论性的。Black-Scholes 法没有广泛用于专利场景的原因是输入信息的问题。Black-Scholes 的方法论是好的，但如果你不能生成足够准确的输入信息提供给方程式，那么该方法论就失去了它很多的有效性。

就像我们在本章早先解释过的，Black-Scholes 法对于金融期权合约的一个优势就是必要的信息输入可以相对容易收集到以及那些信息的可靠性。当它用于评估隐含于专利中的实物期权的时候，必要输入信息的这种便利和可靠的来源可能就不存在了。例如，Black-Scholes 期权定价模型的一个关键输入是标的股票价格的波动性。设计出用于 Black-Scholes 期权定价模型的波动性的可靠量度（使用一种为实时弹道导弹导航修正开发的算法），是一个有创意的见解。在专利场景中，相应的输入就是源于未来决策的现金流的波动性。当前没有什么可以构成一个可用的与单个专利相关的现金流的波动性量度。在金融期权市场，找到一个任何人都可从有用数据提取的持续可靠的量度，是 Black-Scholes 期货定价模型的一项突破性发现，这一发现最终获得了诺贝尔经济学奖。找到专利相应功能量度将会是同等重要的。

7.4　使用决策树来纳入专利未来决策机会的价值

实物期权法来估算资产价值的好处是，该方法要求评估师考虑专利中隐含的未来决策机会价值。虽然实际运用实物期权分析的能力还没赶上其理论的合理性，但是可以使用其他的技术纳入这些未来决策机会的价值。决策树（见第 4 章）就是一种这样的技术。作为估值工具使用时，设计的决策树不仅仅是为纳入当下正做的决策。决策树也能包含对当下决策的价值有影响的预期未来决策或者预期的选择权。对于各种可能的未来路径和概率的估计可以被捕获在决策树分析中并被估值。

决策树分析和实物期权分析各自尝试纳入未来决策机会的价值，但各自使用不同的技术。用决策树的方法估测未来决策机会的价值，要求用户对与未来的不确定性相关的概率进行评估，并按照目前划定的概率和预期后果对未来的决策节点进行评估。在实物期权法中，这种未来的不确定性通过试图直接评估灵活性的技术纳入估值。

对于一些过去采用决策树的人来说，此技术可能对于日常使用显得太复杂。幸运的是那不再是个问题。正如软件程序，像 Excel，使得电子表格的建立和评估更容易，也有强大的决策树软件的出现，使决策者更容易获得决策树。此外，决策树为决策者提供了一个相对好理解的框架，指导他们把一个复杂的估值任务分解成分立的因素，最终呈现一个易于理解和易于解释的图形和数值格式。

我们不想给人留下一个印象，即决策树是毫无问题的。它们不是的。正如人们容易理解的，决策树是一个强大的工具，但即使这个软件和技术的少量实验也暴露出了潜在的问题；决策树有这么多的不确定性，决策和终端节点很快变得笨拙，很难构建和评估。这棵树变得太"茂密"而不能管理了。幸运的是有其他的分析技术，并且有软件把它们合并，给这个问题提供了解答。没有某些自动化方法，分析技术也不会是切实有用的，这些方法如今可以帮助决策者修剪决策树，把任务设计为一件更容易管理的事情。在这一节中，我们会专注于这些分析技术中的三个：

（1）用蒙特卡洛技术来模拟成千上万种可能的未来场景。

（2）包含了马尔可夫链以相关性或转移概率的方式来连接各种属性。

（3）通过使用贝叶斯定理和其他方法纳入新的信息。

7.4.1　蒙特卡洛技术

当未来有大量的随机配置，开发出的决策树模型将显得笨拙和过于复杂。蒙特卡洛技术（见文本框 7.4）可以成为有效的工具来帮助评估师管理这种情况。蒙特卡洛法采用随机数字和概率统计来研究复杂系统。该技术采用统计抽样的方法来计算定量问题的近似解。

文本框 7.4 现代蒙特卡洛技术的起源

Stanislaw Ulam 是出生于波兰的数学家，1944 年，在曼哈顿项目中为 John von Neamann 工作。Edward Teller 1951 年参与氢弹项目。普遍认为他俩在 1946 年发明了现代蒙特卡洛技术。1949 年 Nicolas Metropolis 和 Ulam 采用这个术语的第一篇论文发表，据说 Metropolis 创造了这个术语。

Ulam 不是第一个认识到统计抽样能解决定量问题的，但正是他认识到第二次世界大战期间发展起来的计算机能使这个过程不那么困难。为此，他开发了统计抽样的计算机算法。

举一个说明性的例子可能很有帮助。假设一家公司开发了用于药品生产的专利技术。在未来的模拟中，假设下列四个连续的变量已确定与技术价值相关：

(1) 专利局授权的权利要求范围。

(2) 从原型到正式产品技术的可扩展性。

(3) 技术市场的规模。

(4) 由相应的政府机构对该技术监管批准。

这四个不确定因素中的每一个都可以分配到一个有限数量的潜在结果，并且每一个都可以分配到一个概率。然而，使用这种方法的决策树，随着添加更多的潜在结果，将快速长出树枝，并将迅速变得累赘。一种解决方案是使用蒙特卡洛模拟技术。不是在每个不确定节点估算多个、单个的结果分支，而是在该节点上使用可能结果的适当分布。在概率加权的基础上，选择四个不确定因素的每一个结果，这将构成一个模拟的运行。依据关于不确定事件结果的不同假设，每个运行选择各自的潜在未来情景，成千上万的运行将以这种方式计算。这些运行随后组合起来，并通常以频率分布的形式（见图 7.5）呈现，比使用单一（即使最有可能）的未来情景更可能绘制一个完整的图像。

在没有计算机的帮助下，使用蒙特卡洛技术是不切实际的。然而，低成本的计算能力和相对容易使用的软件程序，使之成为协助决策者广泛可用的工具。与 DFEB 分析一样，蒙特卡洛技术的精度由概率分配的精度和任何潜在的场景分布的估计所限制。[13]

7.4.1.1 可能来自蒙特卡洛技术的图形信息

蒙特卡洛技术众多优点之一是，它保留了并以清晰、直观的方式为评估师呈现形象化信息，否则这些信息可能会丢失。在树的不同的输入点，根据相关的概率从预期分布选择该特定节点的值。在任何一棵树中，无数的节点可以使

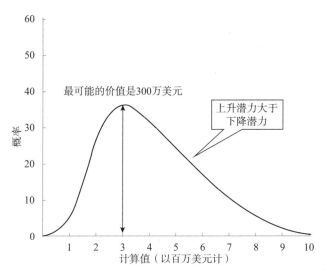

图7.5 蒙特卡洛概率分布结果举例

用蒙特卡洛方法进行评估，将所得的值传递到下一个节点作为输入。运行模拟成千上万次，将产生包含成千上万点的分布，它们可以以图形的方式呈现给评估师。例如，考虑一下图7.6中的曲线。这条曲线代表了两个不同的投资机会潜在结果的分布曲线：机会A和机会B。每个投资机会都显现出一个最有可能

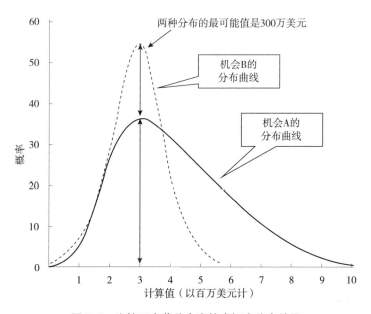

图7.6 比较两个蒙特卡洛技术概率分布结果

的价值为 300 万美元。这是否意味着这两个机会是大致相同的？绝对不是。当看到峰度（峭度或平面度）和曲线的偏度（非对称性），两个机会之间的差异应该是显而易见的。机会 A，其形状相对平坦和明确地倾斜向右，与机会 B 比较，展现了非常不同的价值主张，机会 B 的分布为正常的钟形曲线，其中心是 300 万美元的平均值。

■ 机会 A 具有更大的波动性，但在这种情况下的波动性主要是好的一面。机会 A 提供了很多可能上行的潜力，而在下行风险方面没有显著增加。

■ 机会 B 有非常小的波动性，并提供了很多确定性，结果产出是 300 万美元或非常接近这个数字。

来自两个机会的峰度和偏度的额外信息，如果不以这种形式呈现可能让评估师失去这些信息。

7.4.1.2 蒙特卡洛技术和非正态数据分布

从专利估值的分布看来似乎不是一个正态的分布或高斯分布。相反地，专利估值似乎遵循幂律或对数正态分布。一个极端是，大量的专利不存在经济价值，另一个极端是，存在较少数量价值巨大的专利。专利让其持有人控制价值数十亿美元的市场。这个非正态（或非高斯）分布对于许多用于专利估值的输入要素也毫无疑问是真实的。

1897 年，著名的意大利经济学家 Vilfredo Pareto 在研究个体之间财富分配时，发现和讨论了幂律（现在通常被称为 Pareto 或 Bradford 分布）。在随后的百年中，人们已经发现幂律分布在自然世界是比较常见的，在其他领域的数据分布的幂律解释一直在增加。[14] 对数正态分布有着同样悠久的历史，其中最早的数据是 1914 年发现的与果蝇遗传相关的数据。两者都有类似的属性，这很重要。近来流行文献中对幂律和对数正态分布的热度增加了，其中的现象常涉及它们最显著的特点之一的名称——长尾巴现象或肥尾巴现象。

因此，从假设一个正态或高斯分布的统计描述中做出的推断不可能会很好地适应现实世界的数据，那更接近另一种类型的分布。一个精明的决策者会想要将这样的见解纳入价值评估。好消息是，大多数的蒙特卡洛技术模拟决策树软件允许用户选择一个分布，该分布通常跟默认的分布（一个正态或高斯分布）是不同的。改进考虑相关概率的想法可能性不大，但不是不可能的，主要推论结果（一些人所谓的黑天鹅）将有助于揭露隐藏的意外，无论是愉快和不愉快的。

7.4.2 马尔可夫链在专利价值评估中的应用

1909 年，俄罗斯数学家 Andrei Markov 披露了一个随机过程的理论（涉及操作的机会），即现在通常所知的马尔可夫链。虽然使用决策树协助一个复杂的专利价值评估，在理论上可能是有吸引力的，但是确定各种决策点和结果来构建树的实际限制是难以承受的。事件的时间选择很重要，关键事件可能会发生不止一次，或者风险是伴随时间而持续的，在这些情况下，使用基于马尔可夫链的技术非常有用，除了极大的评估任务，其他都能容易管理。

从技术上说，马尔可夫链是由一系列相互独立的偶然事件组成的序列，但在序列中某一特定事件的概率相关信息取决于先前事件的值。在一个可以由马尔可夫链描述的过程中，有不同的状态，并且这个过程中从一个状态到另一个状态是随机的。进化是无记忆的，因为从过程中一个状态到另一个状态的概率只是由当前状态决定的。在马尔可夫链中，未来是有条件地独立于过去。普通孩子的棋盘游戏，如飞行棋，其中玩家的位置是随着骰子扔到一个随机数的步骤后，每一轮都从当前的位置发生变化的，这就是一种马尔可夫链的例子。

另一个更为复杂的例子是来自金融研究中著名的股票价格随机游走理论。普林斯顿大学经济学家 Burton Malkiel 在他的书 *A Random Walk Down Wall Street* 中提出这个理论，这一理论认为股票价格是不可预测的，而是随机波动的，这意味着在股票价格过去的运动或趋势不能被用来预测未来的运动。即使某一支股票价格的具体方向，第二天也是不可预知的和随机的，价格（是否向上、向下或不变）更可能在目前的价格附近而不是远·些的点，这种关系可以表示为一种概率。就像一个游荡的醉汉，他可以随意地、摇摇晃晃地走在人行道上，醉汉的下一步（虽然是随意的）位置与醉汉的当前位置有关。换而言之，相比人行道上某个其他的随机位置，醉汉的下一个位置更可能是在醉汉当前位置的附近。

专利决策者使用马尔可夫链作为帮助模拟未来估值工作的一部分，它的工作方式可以通过以下的例子来说明。让我们假设一个公司（Acme）刚刚从破产的公司（Beta）购买了 300 项专利。我们可以将这些专利组合中的任意专利分为三个不同的类别：（1）有效的，（2）受攻击或削弱的和（3）无效的。Acme 的初步评估是，249 项专利是有效的，51 项是受攻击或削弱的，目前没有在无效范畴的。在未来的开发中，Acme 知道，这种特定的组合将发生变化。每年，一些有效的专利期限将接近到期，一些将受到法律上的挑战，其他一些将受到商业上的质疑。这些专利将进入被攻击或弱化的类别。在第二类中的那些专利，一些将能够承受挑战，并返回到有效类别，有些则不会，而将最终进入无效类别。让我们进一步假设，由过去的经验，专家分析或智囊的估计，将这些渠道的信息告知 Acme 公司，每年，目前列为有效的专利中 20% 将受到挑战，无论是市场动态、法律攻击或正常的期满，它们将进入受攻击或弱化的类目。接下来，Acme 估计，75% 受攻击或削弱的专利将经受住挑战并回到有效分类，15% 将在下一年待在继续受到攻击或削弱类，在同一时间，其余的10% 将进入无效的范畴。一旦进入无效类别中，就假定它们不能豁免。Acme公司的决策者想要估计在接下来的十年里这个专利组合的情况，并且想在评估中包括这些信息。

虽然有可能构建一个精心设计的决策树，能在未来纳入这些未来的不确定性，但是我们可以使用一个马尔可夫链，以帮助更容易模拟这组相关概率的评估。一个决策树不用马尔可夫链和马尔可夫矩阵，而试图用传统的方式模拟我们简单的三类专利组合的演变，第一个周期将产生 3 个分支，第二个周期 6 个分支，第三个周期 12 个分支，第四个周期 24 个分支，等等，以此类推。很容易看出，使用没有马尔可夫链的传统决策树方法，其使用将迅速变得非常复杂和资源密集。

像前面讨论的蒙特卡洛技术一样，以其预定的状态和转移概率来使用马尔可夫链，可以大大简化估值或决策工作。在大多数决策树的软件程序中，这两种技术可以结合起来，运行的蒙特卡洛模拟可以在过程中特定的点，用其特定的概率处理预定义的马尔可夫链。通过使用这些技术，可以很容易地囊括专利类别演变的信息估计。

7.4.3　随着时间调整输入估计：纳入新的信息

在购买或出售专利权或评估侵权诉讼的专利权时，往往是一次性行使评估。然而，如果你正在使用估值工作来提高知识产权管理，你应该记住，随着时间的变化，需要重新审视你的经济效益项目和你的折现率估计，得到新的信息后随时对它们进行调整。

7.4.3.1　最简单的方法

接下来我们将讨论贝叶斯定理和它利用新的信息改进概率分析的能力。显然贝叶斯定理是一个很强大的工具，但是它对于较少使用数学的人来说还是有点吓人，因此我们希望先从最简单的方法开始，随时调整输入的估计。

正如我们在第 6 章所解释的，DFEB 分析的大部分价值在于，该方法投入运行是有周到的规则的。进行 DFEB 分析，评估师需要制定一套详细的输入。该运行为公司提供了假设的一个明确记录，指导其最终决策。让我们用一个例子来说明这个概念。假设一家公司决定排他性地实施其专利发明，因为 DFEB分析预计在未来的 7 年里有现值 500 万美元的税前利润。该公司在 7 年期间可以重新审视决策和评估决策的质量，决定什么是对的，什么是错的。探究的可能领域将会是以下几点：

- 单位产品销售符合预期吗？
- 每个单位产品价格符合预期吗？
- 如果单位产品的价格不符合预期，是因为该专利不支持预测的市场支配力吗？
- 如果专利不支持预测的市场支配力，出了什么问题？

因为每一个问题从开始就作了一个数值映射并可以至少部分地用数值答案解决问题，所以该公司可以具体评估其原始决策过程，并对未来类似的决策做出调整。此外，该公司可以纳入这个新的信息，以确定它是否应该改变其初始的决策程序。当他们不肯花时间去重新评估这些完美切合分析类型的决策，那么公司也就失去一个改善自己表现的重要机会。

7.4.3.2 贝叶斯法

许多情况下，需要获得新的信息或证据，并要与现有的知识、信条或估算结合起来。遗憾的是，普通人的头脑在正确执行这类任务方面是出了名的差。[15] 在这种情况下，300 岁的贝叶斯定理能够区别合理的判断和严重的错误。人们广泛使用的贝叶斯定理（或贝叶斯修订）利用先验估计的概率来修改评估，不确定事件发生的基础在于做出初始概率估计后得到的信息。数学上，贝叶斯定理表示为：

$$P(B) \times P(A/B) = P(A) \times P(B/A)$$

或者❶
$$P(A/B) = \frac{P(A) \times P(B/A)}{P(B)}$$

式中

$P(A)$ = A 的概率

$P(B)$ = B 的概率

$P(A/B)$ = B 已定情况下 A 的概率

$P(B/A)$ = A 已定情况下 B 的概率

因此，B 的概率乘以 B 已定情况下 A 的概率等于 A 的概率乘以 A 已定情况下 B 的概率。

贝叶斯定理以 18 世纪的业余数学家 Thomas Bayes 的名字命名，这一技术已经进入各种现代决策情境，从垃圾邮件过滤器尝试确定特定的电子邮件是否

---

❶ 原书式中分母为 $P(A)$，应为 $P(B)$，译者已改。——译者注

合法的算法，[16]到对医疗测试信息的解释都有应用。[17]它也可以用来帮助决策者适当地纳入新的信息，这些信息是根据之前不确定性证据获得和评估而来。因而这种强大的分析工具往往包含在商用的决策树软件里。

用来说明贝叶斯定理的经典决策来自电视游戏节目 *Let's Make a Deal*。在这个游戏里，舞台上为选手展示三扇门，而一份豪华大奖隐藏在其中一扇门后。另外两扇门后隐藏着价值较小的物品。选手选择一扇门。节目主持人不打开选择的门，而是打开两扇没被选中门中的一扇，展示两个价值较小物品中的一个。主持人随后询问选手，他或她是否想改变原来的选择，改到其他剩余的门。参赛者应该做改变吗？换句话说，当有新的信息时（奖品没有藏在主持人打开的门后面），是决定切换到其他打开的门更值得（有较高的机会发现所追求奖品的选择），还是决定留在原来选择的门？

贝叶斯定理告诉我们，与我们直觉相反，如果选手选择改变，赢得藏在未打开两扇门之一后面豪华大奖的机会是提高的。正常的直觉是，这两扇未开启的门之间的选择是一样的，即有 50∶50 的机会，奖品在任一扇门后面。贝叶斯定理很强大，因为我们对这些概率的正常直觉是不正确的，以上两种情况实际的概率分别是 2/3 和 1/3，选以前没有选择的未开启门是有利的（见文本框 7.5）。同样，现代软件和能随时使用计算机的便利，使得贝叶斯定理包含在一个相对容易的任务中，可以提供对风险和不确定性的评估较好的预测，从而更好地进行估值分析。

文本框 7.5　来自 *Let's Make a Deal* 例子的数学概率，或者为什么你应该从 A 门换到 C 门

在游戏的开始，奖品在任何给定的门后的概率是 1/3，它可以表示为 $P(A) = 1/3$。

现在假设你选择 A 门并且主持人打开 B 门（揭示一个价值较小的奖品）。各种门的概率是什么？

- ■ 主持人打开 B 门，奖品在 A 门的概率是 1/2，数学上可表示为 P（主持人打开 B/A）$= 1/2$。

- ■ 主持人打开 B 门，奖品在 B 门后的概率是 0（因为主持人总是打开一扇错误的门，从来没有一扇门后有大奖），数学上可表示为 P（主持人打开 B/B）$= 0$。

- ■ 如果奖品在 C 门后面，那么主持人打开 B 门的概率是 100%（因为，主持人总是又打开一扇错误的门），表示为 P（主持人打开 B/C）$= 1$。

结合上述的概率，我们发现，主持人打开 B 门的概率就是 P（主持人打开 B 门）$= [P(A) \times P(\text{主持人打开 B/A})] + [P(A) \times P(\text{主持人打开 B/B})] + [P(A) \times P(\text{主持人打开 B/C})]$，即 $1/6 + 0 + 1/3$。此结果可以表示为 $P(B) = 1/2$。

由贝叶斯定理，假定主持人打开 B 门，我们可以计算出奖品在 A 门或 C 门后的概率：

$$P(A/\text{主持人打开 B}) = P(A) \times \frac{P(\text{主持人打开 B/A})}{P(B)} = \frac{1/3 \times 1/2}{1/2} = 1/3$$

$$P(C/\text{主持人打开 B}) = P(A) \times \frac{P(\text{主持人打开 B/C})}{P(B)} = \frac{1/3 \times 1}{1/2} = 2/3$$

换句话说，假定奖品在 C 门后面，主持人打开 B 门的概率是 $2/3$，而打开 A 门的概率是 $1/3$。从打开的 A 门换到 C 门对你是有好处的。

决策分析中充满了对于未来概率的估算。虽然这些概率代表当时最好的估算，但随着未来的明朗，将获得更多的信息（正如游戏节目主持人打开一扇先前关闭的门，并修正现在打开的大门没有藏奖品的确定性）。这种新的信息需要进行正确评估。正因如此，贝叶斯定理是非常有用的方法，它可以确保决策者以符合逻辑和一致性的方式合并新的信息，从而防止错误的分析会导致错误的决策。

参考文献

[1] Abramowicz, Michael. 2007. "The Danger of Underdeveloped Patent Prospects." *Cornell Law Review* 92: 1065.

[2] Adamic, L. A., and B. A Huberman. 2000. "The Nature of Markets in the World Wide Web." *Quarterly Journal of Electronic Commerce* 1.

[3] Black, Fischer, and Myron Scholes. 1972. "The Valuation of Option Contracts and a Test of Market Efficiency." *Journal of Finance* 27: 399.

[4] Black, Fischer, and Myron Scholes. 1973. "The Pricing of Options and Corporate Liabilities." *Journal of Political Economy* 83: 637.

[5] Cotropia, Christopher. 2009. "Describing Patents as Real Options." *Journal of Corporation Law* 34: 1127.

[6] Denton, F. Russell, and Paul Heald. 2003. "Random Walks, Non – Cooperative Games,

and the Complex Mathematics of Patent Pricing. " *Rutgers Law Review* 55: 1175.

[7] MacKenzie, Donald. Dec. 2003. "Bricolage, Exemplars, Disunity and Performativity in Financial Economics. " *Social Studies of Science* 33: 831.

[8] Marco, Alan. 2005. "The Option Value of Patent Litigation: Theory and Evidence. " *Review of Financial Economics* 14: 323.

[9] Merton, Robert. 1973. "The Theory of Rational Option Pricing. " *Bell Journal of Economics* 4, no. 1: 141.

[10] Merton, Robert. 1976. "Option Pricing When Underlying Stock Returns Are Discontinuous. " *Journal of Financial Economics* 3: 124.

[11] Metropolis, Nicolas, and Stanislaw Ulam. 1949. "The Monte Carlo Method. " *Journal of the American Statistical Association* 44: 335.

[12] Murphy, William J. 2007. "Dealing with Risk and Uncertainty in Intellectual Property Valuation and Exploitation. " In *Intellectual Property: Valuation, Exploitation, and Infringement Damages, Cumulative Supplement*, edited by Gordon V. Smith and Russell L. Parr, 40 – 66. Hoboken, NJ: John Wiley & Sons.

[13] Oriani, Raffaele, and Luigi Sereno. 2011. "Advanced Valuation Methods: The Real Options Approach. " In *The Economic Valuation of Patents: Methods and Applications*, edited by Federico Munari and Raffaele Oriani, 141 – 168. Cheltenham, UK: Edward Elgar.

[14] Perillo, Joseph. 2009. *Calamari and Perillo on Contracts*. 6th ed. St. Paul, MN: West.

[15] Pitkethly, Robert. 1997. "The Valuation of Patents: A Review of Patent Valuation Methods with Consideration of Option Based Methods and the Potential for Further Research. " Judge Institute, Working Paper WP 21/97.

[16] Pitkethly, Robert. 2006. "Patent Valuation and Real Options. " In *The Management of Intellectual Property*, edited by Derek Bosworth and Elizabeth Webster, 268 – 292. Cheltenham, UK: Edward Elgar.

[17] Poitras, Geoffrey. 2009. "The Early History of Option Contracts. " In *Vinzenz Bronzin's Option Pricing Models: Exposition and Appraisal*, edited by Wolfgang Hafner and Heinz Zimmerman, 487 – 518. Berlin: Springer – Verlag.

[18] Raiffa, Howard. 1968. *Decision Analysis: Introductory Lectures on Choices under Uncertainty*. Reading, MA: Addison – Wesley Publishing.

[19] Skinner, David. 1999. *Introduction to Decision Analysis: A Practitioner's Guide to Improving Decision Quality*, 2nd ed. Gainesville, FL: Probabilistic Publishing.

[20] Schwarz, Eduardo, and Lenos Trigeorgis, eds. 2004. *Real Options and Investment under Uncertainty: Classical Readings and Recent Contributions*. Hong Kong: M. I. T. Press.

[21] Trigeorgis, Lenos, and Scott Mason. 2004. "Valuing Managerial Flexibility. " In *Real Options and Investment under Uncertainty: Classical Readings and Recent Contributions*, edited by Eduardo Schwarz and Lenos Trigeorgis, 47 – 60. Hong Kong: M. I. T. Press.

注　释

1. 有趣的是，2005 年一项"实物期权"评估专利的方法被授予了美国专利（U. S. Patent No. 6，862，579）。

2. 更确切地说，亚里士多德描述了 Thales 支付"定金"，以确保使用橄榄压榨机的交易。学者们解释这一条意味着 Thales 购买了未来租用压榨机的期权，而且 Thales 没有用合同承诺在当年的晚些时候使用压榨机。Geoffrey Poitras，"The Early History of Option Contracts，"in *Vinzenz Bronzin's Option Pricing Models：Exposition and Appraisal*，edited by Wolfgang Hafner and Heinz Zimmerman（2009）。

3. Donald MacKenzie，"Bricolage，Exemplars，Disunity and Performativity in Financial Economics，"*Social Studies of Science* 33（December 2003）：831，836.

4. Fischer Black and Myron Scholes，"The Valuation of Option Contracts and a Test of Market Efficiency，"*Journal of Finance* 27（1972）：399. 虽然 *Journal of Finance* 中 1972 年的论文是首次发表其理论的观点，但是随后在 1973 年（但是参考了先于其刊印的 1972 年论文）出版的 *Journal of Political Economy* 上刊登的论文被认为是里程碑式的作品。Fischer Black and Myron Scholes，"The Pricing of Options and Corporate Liabilities，"*Journal of Political Economy* 81（1973）：637.

5. 动态对冲来消除风险成分是对由 Robert Merton 所提出概念的重大贡献。Robert Merton，"The Theory of Rational Option Pricing，"*Bell Journal of Economics* 4，no. 1（1973）：141.

6. Christopher Cotropia，"Describing Patents as Real Options，"*Journal of Corporation Law* 34（2009）：1127，1129.

7. Lenos Trigeorgis and Scott Mason，"Valuing Managerial Flexibility，"in *Real Options and Investment under Uncertainty：Classical Readings and Recent Contributions*，edited by Eduardo Schwarz and Lenos Trigeorgis，Lenos（2004），48.

8. Raffaele Oriani and Luigi Sereno，"Advanced Valuation Methods：The Real Options Approach"in *The Economic Valuation of Patents：Methods and Applications*，eds. Federico Munari and Raffaele Oriani（2011），149 – 152.

9. Michael Abramowicz 在 Michael Abramowicz，"The Danger of Underdeveloped Patent Prospects，"*Cornell Law Review* 92（2007）：1065，1076. 此中提供了一个相似的例子。我们的例子是受 Abramowicz 的例子启发。

10. 35 U. S. C. sec. 154.

11. 参见 Oriani and Sereno，Luigi，"Advanced Valuation Methods，"150 and 152.

12. 同上书，152.

13. 虽然许多分布预计将是正态分布的，但在某些情况下对数正态或三角形分布可能更准确。

14. 幂律分布的一种类型是齐普夫定律。齐普夫定律是由哈佛大学语言学教授 George Kingsley Zipf 的名字命名的，他在 20 世纪 40 年代研究普通单词在语言中的分布。另外一个幂律的例子是1913年德国地理学家 Felix Auerbach 在描述城镇和城市的人口时提出的。如果城市规模是一个正常或高斯分布，大多数人生活在规模相对较小的城市和城镇，但有一些巨大的"异常值"，如纽约或洛杉矶，它们比预期大得多。1999年，施乐公司 Palo Alto 研究中心的两位研究人员使用12万个美国在线的用户日志来研究网站访问者的分布情况。他们发现其分布是一个幂律函数，少数网站获得大量的网络流量，大量的网站获得低得多的访客率。L. A. Adamic and B. A. Huberman, "The Nature of Markets in the World Wide Web," *Quarterly Journal of Electronic Commerce* 1（2000）：5 – 12.

15. 作为一个例子，请读者考虑本节后面讨论的"*Let's Make a Deal*"问题。

16. 基于软件程序员 Paul Graham（计算机 Lisp 语言的 ARC 方言开发人员和 *Hackers and Painters：Big Ideas from the Computer Age* 的作者，O'Reilly Media，2004）工作的 SpamBayes 程序就是一个例子。

17. 例如，参见 David Matchar, David Simel, John Geweke, and John Feussner, "A Bayesian Method for Evaluating Medical Test Operating Characteristics When Some Patients' Conditions Fail to Be Diagnosed by the Reference Standard," *Medical Decision Making* 10（1990）：102.

第 **8** 章
市场法

　　市场是用来评估资产的最有力的工具之一。市场通常被称为价值的次一级决定者，并且许多人主张市场衍生价格是物品值多少钱的最准确的反映。市场的力量来自各方交换稀缺资源的能力。最普遍的是，卖家会提供稀缺商品或服务，以换取买家支付的钱。通过维护自身利益的谈判过程，每一方都寻求获得比其让与的要更有价值的资源。买方和卖方从而为出售的商品或服务建立一个"价值"。在发达的市场，在先达成协议的价值信息会被其他市场参与者考虑，可能使得正被交易的商品或服务的市场价格被认可。一个运作良好的市场确实能够产生对特定商品或服务的合理估值，但是为了正确地评估市场价格或其他市场指标实际上的意义，必须密切调查环绕市场衍生价值的动态和条件。采用市场法的关键点在于理解它们的优点和缺点，以及它们实际上告诉我们的关于特定资产的价值的内容。

　　作为一个估值工具，市场法寻求通过使用维护自身利益的买家和卖家的智慧和经验来确定一项资产的价值。维护自身利益的买家和卖家可以采取任何估值技巧去确定特定交易的价值，市场有助于汇集这些单独确定的结果。有两种核心的评估资产的市场方法：

　　（1）竞争性交易：识别潜在买家的市场并鼓励其为购买资产而竞争，这有助于识别谁为该资产出了最高的价格。实际上是，卖家调查市场以确定现在买家愿意为被评估的资产支付多少。

　　（2）可比交易：资产的估值由通过查看过去或现在的交易里类似资产的支付价格范围来认定。该估值来自这样的前提：一个理性的买家"不会为一项产权支付比他购买类似的替代物更多的钱"[1]。而且，如果可比交易发生在过去，假设从过去的交易中获取的信息依然与正在审查的交易相关。

　　除了这两种核心方法外，还可以采用多个评估资产的衍生的市场技术

（见图8.1）。本章会分析其中一些较为常用的方法。

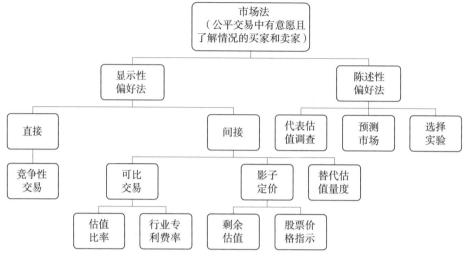

图8.1　核心市场法和其他市场法

市场法经常被用来评估专利。虽然不可否认专利对基于市场的估值技术提出了特殊的挑战，它们仍然是重要和有用的专利估值工具。我们将分析多个用于评估专利的市场法。我们也会解释这些方法的优点和缺点，以及如何有效地使用它们。

在本章中，我们将：

■ 剖析市场及它们相对于专利权的优点和缺点。

■ 解释两种核心的市场法并演示如何实际使用它们。

■ 剖析一些比较常见的其他市场法，并再次演示如何实际使用它们。

8.1　市场和专利权

标准的经济理论解释说，买家和卖家的集体行为将为被交易物品形成一个市场价格。如果市场是充分竞争的，在供应和需求交合点的市场价格将代表该被交易物品的最佳估值。通常提到的竞争性市场的特点为：[2]

■ 有众多的买家和卖家。

■ 市场参与者可以自由且快捷地进入和退出。

■ 对于每个买家和卖家都有完备的信息。

■ 交易的物品是同质的（或可替代的）。

■ 该市场没有外部性。

■ 所有的买家和卖家都追求利润最大化。

■ 没有外方来规定市场里的价格、质量和数量。

主要的美国公开股票市场——例如纽约证券交易所（NYSE）和纳斯达克（NASDAQ）——提供一个很好的竞争性市场的例子。对于如 Cisco、Google 和 Intel 这些大型上市公司，从国家股票交易所获得的最近时期的价格对该公司股票每股的价值提供了一个强有力的评估。每天（如果不是每分钟）有数百万相同的股份在意愿买家和卖家之间交易，这些交易者可以从详尽的强制性披露系统中获益，该系统有助于告知每个人这些交易决定。对于要通过一家主要的美国公开股票市场售卖大公司股份的股票持有者，有效的竞争性交易程序可以帮助他进行售卖。对于仅仅想评估该股票价值的股票持有者（或其他方），公告出的股票价格能提供一个合理的评估。

已经证实很难为专利汇集活跃的竞争性市场。[3]在本章中，我们想解释专利固有的独特性如何造成形成竞争性市场的三个基本问题：

（1）专利权的信息问题：在实际中，对一个特定的专利权，很少有公开披露的专利交易信息可以用来认定其市场价格。

（2）可比性问题：即使当可以获得潜在的可比交易数据时，专利的独特性也会使将该数据应用在估值分析中非常有挑战性。

（3）缺少便捷的交易制度：尽管已经有建立交易专利权的正规市场的一些尝试，这些努力尚未产生明显的进展。几乎没有支持专利权一级或二级交易的有意义的制度，且没有什么与支持证券交易的市场制度相类似的制度。

即使不存在竞争性专利市场的成分，也不太可能很快就存在，这并不意味着市场法不可以在评估专利权时使用。相反，它只是意味着买家和卖家需要更加努力去使用这些方法，或只好接受在这种情况下产生的估值信息与在市场更理想的情况下产生的估值信息相比，具有更弱的指导性。

8.1.1　信息问题

信息是市场的生命线。关于经济机会的准确信息有利于做出正确的市场决策。一方面，机会的买家被充分地告知关于该特定机会以及其他可用机会的优点，以便买家可以将资金分配到可能产生高回报的机会。另一方面，机会的卖家被充分地告知关于该机会的价值以及交易的最佳时机和结构，以获得最好的价格。在一个完美的世界里，这样的信息会是完全准确且无成本的。尽管没有已知的市场产生这样完全准确且无成本的信息（见文本框8.1），但是具有更多信息问题的市场将比具有更少信息问题的市场更缺少竞争性。围绕专利的信息问题尤其严重，且已被证实是发展切实可行的专利市场的主要障碍。

文本框8.1　不是专利独有的信息问题

影响专利的信息问题并不是专利市场所独有的。理解其他市场怎么处理这些信息问题可以为如何逐渐改善专利市场提供见解。例如，请考虑以下几点：

■ 不确定性：未来业绩的极度不确定性是初创公司市场的重要信息问题。但是通过重复执行和特殊专长，例如风险投资公司这样的专业的投资者已经学到如何在这种不确定环境中运作。

■ 信息不对称：在公司管理者和股份持有者之间的信息不对称困扰所有公司证券市场。公共证券市场通过强制性披露制度来处理这个问题，而私人证券市场倾向于通过强化披露责任来处理这个问题。

8.1.1.1　不确定性

影响专利的一个信息问题是它们未来业绩的不确定性。因为很多专利涉及的是新技术，几乎没有商业追踪记录，它们未来经济潜力的不确定性尤其严重。新技术实际上起作用吗？消费者能接受这种技术吗？该技术能在商业上扩展吗？专利的法定权利的稳固性（例如，权利要求的有效性）也会非常不确定。严重的不确定性伴随着大多数专利，这要求专利权的潜在买家具有高水平的技术、商务以及法律专长，这样才能做出明智的购买决定。因此，特定的一组专利权的潜在买家往往会非常少。

8.1.1.2　信息不对称

影响专利的另一个信息问题是在专利持有人和专利权的潜在收购者之间的信息不对称。信息不对称发生在谈判交易的一方比另一方具有实质上更不准确（或不完整）的信息时。专利持有人通常会比任何潜在买家在关于专利技术的潜在优点和风险方面都拥有更好的信息。更糟糕的是，专利持有人维护自身利益的特点可能导致他利用这个信息优势给任何潜在买家造成损害。专利持有人很可能向买家强调潜在的优点而弱化（或忽略）缺点。

当信息不对称阻止买家区分好的（有价值的）专利和坏的（无价值的）专利时，就产生了典型的"柠檬问题"。[4]在这种情况下，买家很可能将好专利和坏专利一起平均估值以获得合理的回报。然而，这意味着买家将低估好专利（因为它们被平均考虑）和高估坏专利（也因为它们被平均考虑）。因为好专利被这种情况影响，好专利的持有人会努力将他们的好专利与坏的或平均的专利区分开。如果好专利不能被区分开，好专利的持有人会因买家支付的价格而失望，很可能离开市场。任其发展，这种柠檬问题将导致坏专利占领市场，因为它们的持有人会被买家支付的平均价格所激励，也就危及了市场的生存。

8.1.1.3　缺少公开披露的专利交易

基于市场的专利估值法的最主要的信息问题之一是缺乏公开披露的专利交易。在基于市场法的专利估值分析中，很少有可以使用的公开披露的专利交易。尽管公司公布其主要的专利交易已经很常见，但这些公开的声明中很少揭示在可比交易分析中使用在先交易所需的详细信息。很多声明并不披露任何财务条款，而且那些确实报告了财务条款的也几乎总是将他们的披露限制在"总交易值"，[5]这对进行有意义的可比交易分析几乎是无用的。总交易值可能披露，例如，一个交易潜在价值的整体估价，仅仅是为了市场目的（如加深股东或消费者对公司经济实力的印象）。对交易估值有重大影响的专利费率、支付结构、风险负担和有意义的交易条款等很少被自愿披露。

当专利交易的一方是一个美国报告公司时［例如在像纽约证券交易所（NYSE）或纳斯达克（NASDAQ）这样的国家证券交易场所上市］，很可能该公司需要在联邦证券法的公司持续披露要求下向美国证券交易委员会（SEC）公开提交转让或许可协议的副本。报告公司必须公开他们的"重大合同"。[6]尽管重大合同的定义很窄，也足够捕捉到一些重要的专利交易。如果你知道提交专利转让或许可协议副本的公司的名字，就可以在美国证券交易委员会的EDGAR 数据库（http：//www. sec. gov）中查到这些公开档案。

遗憾的是，即使一个公司已向 SEC 公开提交了专利转让或许可协议的副本，很可能档案没有包括合同所有重要的价格信息。被要求归档重大合同的公司可以选择寻求对合同中可能有损公司竞争地位的信息进行保密处理。[7]SEC 允许在归档之前从合同中删除具体价格信息是很常见的。不过这样的保密处理不能一直持续下去。保密处理仅被允许一段时间（通常 1～10 年），也就是说覆盖了被要求保护的信息的有效生命周期。想要获得保密信息的当事人可以向SEC 提出"信息自由法案"请求（见文本框 8.2），以查明保密期限是否已经失效。

文本框 8.2　提出"信息自由法案"请求以获取保密的专利许可信息

　　"信息自由法案"（FOIA）是信息自由法的联邦政府版本。FOIA 允许个人或组织请求访问未公开的联邦机构的记录和信息。每个联邦机构在如何受理 FOIA 请求上有自己特殊的程序。如何向 SEC 提出 FOIA 请求的程序可以在这里找到：www. sec. gov/foia/howfo2. htm。简言之，一个向 SEC 提出的 FOIA 请求应当满足以下四个基本条件：

　　（1）应当是书面的。

　　（2）应当明确引用 FOIA。

　　（3）应当合理描述所请求的记录。

　　（4）应当表明愿意支付 SEC 收取的任何 FOIA 费用。

　　不要求特定的请求表格，但是 SEC 提供了一个请求表格样本（http：//www. sec. gov/foia/sample1. htm）以使请求更容易。书面请求应当通过以下方式发送给 SEC 的 FOIA 办公室：

　　E-mail：foiapa@ sec. gov

　　Fax：（202）772-9337

　　Mail：100 F Street NE，Mail Stop 2736，Washington，DC 20549

　　资料来源：SEC 网站；2010 U. S. Securities and Exchange FOIA Annual Report

---

8.1.2　可比性问题

　　即使能获得潜在的可比交易的数据，专利的特性也会使得在估值分析时使用这样的数据非常具有挑战性。专利权的独特性和关于行业专利使用费率的潜在问题都带来挑战。

8.1.2.1　专利权的独特性

　　专利只能被授予具有"新颖性"的发明。[8]也就是说，每件专利，从定义上说，应该涵盖一个独特的发明，这就使得找到所有真正可比的专利更加困难。对于商品资产，基于可比分析的估值最容易实施。一桶具有特定组分的原油与任何其他一桶具有相同组分的原油是一样的。因此一桶原油的价格也应与任何其他桶一样。待评估的资产与可比资产交易之间的差异程度越大，在进行可比交易分析中需要的技巧越多。例如，没有两个住宅是完全一样的（即使平面图是完全相同的，位置从定义上来说也会不一样），但可比房屋销售分析是住宅不动产的主要估值方法。评估师必须考虑待评估房屋之间的相同点和区别点，以及可比房屋的销售情况，并做出相应的调整。

然而对于专利权，独特性的程度很可能比住宅房屋销售更加极端。在此仅考虑众多方面中的一些方面，一件专利权也可能与另一件专利权非常不同：

- 技术的质量。
- 专利及其权利要求的质量。
- 与专利相关的许可权利的质量。
- 与专利相关的可转移（或不可转移）权利。
- 可比专利的欠佳使用可能降低了其价值。

8.1.2.2 行业专利使用费率是不可比的

在试图弥补可获得的独立交易数据的缺乏时，当事人有时会使用行业专利使用费率（见第 10 章）。例如许可交易的当事人可能会使用行业专利使用费率来帮助确定他们的特定交易的适当的专利使用费率。但是总体的行业专利使用费率对任何个别的专利或交易几乎不能提供指导。尝试将个别的专利与行业上广泛选择的专利进行比较几乎是不可能的。如第 7 章所讨论的，专利估值的分布似乎不是正态分布或高斯分布。相反，专利估值似乎遵循幂律或对数正态分布。在图谱的一端有大量专利几乎没有什么存在的经济价值。在图谱的另一端专利很少却有巨大价值；专利允许其所有者控制数十亿美元的市场。因此，一个行业的平均专利使用费对于单件专利而言并不能说明什么。

8.1.3 缺少便捷的交易制度且需要中介

市场，当它们存在时，可提供强有力的估值工具。遗憾的是，就专利权而言，支持一级和二级交易的正规市场在很大程度上是不存在的。之前已有创建这样市场的努力，最引人注目的是在 Ocean Tomo 公司的努力下去创建一个专利权的公开市场（见本章后面关于 Ocean Tomo 的讨论），但是迄今还没有一个获得较大成功。缺少这样市场的主要原因之一是缺少支持它的必要的中介。

中介在市场中的作用往往被忽视。中介是有利于市场功能的人，但是并不扮演买家或卖家的角色。中介产生以处理市场中存在的问题（如我们之前讨论的所示，专利市场具有需要处理的显著问题）。例如，一个长而令人印象深刻的中介名单已经改善了公开股票市场的效率。这些中介，包括这些市场主体：投资银行，研究分析师，公众审计师以及共同基金经理，有助于减少各种困扰股票市场的信息和代理问题。

许多人将市场设想成一个自我组织的实体，只要有买家和卖家时就会立即出现，但即使古老的简单市场也需要基本的制度（集合买家和卖家的地方与时间）和中介来起作用。在古代的简单的易货市场，地方当局开始管理和规范该市场以阻止小偷并保护诚实的商人。当买家和卖家相距很远时，出现一系列的中介，有助于促进遥远大陆的商品在本地集市进行最终的销售。法院和司法系统产生以强制执行合同及解决争议。银行家和放债者、船主和商队组织者、仓库运营者和码头工人均已出现，以帮助发展和维护商品市场，这将人类的生存从地方局限转变到全球范围。

中介的作用对信息时代无形产品的市场更为重要。这些中介起到以下三个重要作用：

（1）收集、分析与传播信息。

（2）认证、评估与鉴定资产和活动。

（3）监测与规范交易和参与者。

没有这些通常在幕后工作的中介，现代市场将停止运行，或者至少不会很好地运行。我们相信，未认识到中介的必要性和随后缺少成熟的关键中介，是没有发展出健全的专利市场的一个主要原因。

8.2 竞争性交易

尽管采用市场法评估专利涉及许多挑战，它们的使用也不应被忽视。例如，竞争性交易法可以是评估正在转移专利的最简单和最准确的方法之一。竞争性交易要求识别和鼓励具有潜在买家的市场为专利竞争，这有助于识别谁认为专利具有最高的价值。实际上，专利持有人调查市场以确定现在什么样的买家愿意购买专利。竞争性交易因此要求两个基本要素：

（1）一群感兴趣的买家。

（2）鼓励这些买家为此机会竞争的机制。

对于许多类型的资产，竞争性交易既可被卖家使用也可被买家使用。一方面，资产的卖家可以集合一群感兴趣的买家并鼓励他们为购买该资产的权利而竞争；另一方面，资产的买家可以集合一群感兴趣的卖家并鼓励他们为销售该资产的权利而竞争。当被卖家使用时，竞争性交易可以帮助卖家确定买家愿意为该资产支付的最高价格。当被买家使用时，正好相反，竞争性交易可以表明卖家愿意出让该资产的最低价格。不同于寻求资产本质价值的基于收益或成本的估值方法，所有竞争性交易均是确定相对价值。竞争性交易的目标是确定其他人（出价人）给予资产的价格。竞争性交易不知道出价人所采用的估值方法，而是依赖这些出价人维护自身利益的特点，以将估值推到对举行该拍卖的当事人最有利的点。

　　竞争性交易特别适合转让或许可专利权（向外转移）。因为专利的独特性，买家使用竞争性交易体制的能力非常具有挑战性。因此，我们将特别关注专利持有人使用竞争性交易将专利转移给潜在买家的能力。

8.2.1 拍　卖

　　拍卖是竞争性交易比较常见的形式之一，且是一种标准的估值方法。例如在美国，拍卖在联邦政府的经济活动中占很大比例。每年美国财政部通过每周密封式竞价拍卖售出数万亿美元的美国国债。联邦政府通常使用多种拍卖策略来出售联邦资产（例如，出售无线电频段，出售矿权，出售扣押的资产），或使用公共基金购买资产（例如，联邦政府合同的招标）。拍卖通常在从私人到公共部门中广泛使用，以做出各种各样的从最平凡到最重要的购买和销售决策。当一个公司决定举办一个假日宴会，通常会为筹办派对从多个餐饮公司中招标。当一个大公司的董事会决定应当出售该公司时，通常会使用拍卖程序以确保公司的最高销售价格。拍卖人可以采用多种不同的拍卖模式。表 8.1 提供了一些比较常见的拍卖模式的总结。

表 8.1　常见的拍卖模式

拍卖类型	说　　明
英式拍卖 （又称标准拍卖）	英式拍卖被大多数人认为是拍卖的标准形式。在英式拍卖中，多个竞买人公开出价。拍卖品最终归出价最高的竞买人
日式拍卖	日式拍卖是英式拍卖的一种特殊变化，当拍卖开始后，不再接受新的竞买人。在每一轮，价格上升；每个竞买人必须表明他是否还参加下一轮竞价或者退出（类似于扑克牌中的下注轮）。当只剩一个竞买人时，该竞买人胜出。为了方便指示每个竞买人的决定，在拍卖过程中使用电子按钮时，这种拍卖被称作按钮拍卖
盲式、密封式竞价拍卖（又称美式拍卖）	第二种最常用的拍卖是盲式、密封式竞价拍卖（有时被称作美式拍卖），在政府合同签订中经常采用该形式。在该拍卖的基本形式中，每个买家在不知道其他潜在买家出价的情况下提交出价。在英式拍卖中，胜出者是出价最高的人。当竞争者要争夺签订政府合同时，这些拍卖与英式拍卖相反：卖家是出价人，胜出者是提供最低价格的人。也就是说，在这种密封式竞价比赛中的胜出者是承诺提供最低价格的服务或物品的人
荷兰式拍卖	在经典的荷兰式拍卖中，拍卖人首先宣布一个高位起拍价格，然后价格不断下降，直到某一买者接受下行的价格。这种类型的拍卖最显著的好处是速度非常快，正是由于这种速度的优势，这种类型的拍卖在荷兰鲜花市场上使用，以每天快速销出大量易枯萎的鲜花

拍卖类型	说　明
维克瑞拍卖（又称第二高价、密封式竞价拍卖）	维克瑞拍卖是一种较不为人知的拍卖类型，但数百万的人每天面对它的结果。在这种类型的拍卖中，所有买家通过密封式竞价同时提交出价。由于胜出的竞买人按照第二高价竞买人的出价支付金额，它通常被称作第二高价、密封式竞价拍卖。最高价竞买人获得拍品，但将按第二高价竞买人提交的价格支付。这种形式的拍卖以威廉·维克瑞（William Vickery）命名，他因在拍卖领域的工作获得了 1996 年度诺贝尔经济学奖。 维克瑞拍卖可能比其他类型的拍卖为卖家产生更高的价格，因为它被认为是鼓励竞买人报出拍品的最高价格，而不是揣摩竞买价格使其稍微高于第二高价竞买人，这可能正是英式拍卖中的情况。由于胜出的竞买人将只需要支付第二高价竞买人的出价，所以不会因最高价格大大超出第二高价竞买人而受到处罚，因为最高价竞买人仅将支付该较低的、第二高价竞买人的出价

8.2.1.1　Ocean Tomo/ICAP 专利中介拍卖市场

最近专利权的拍卖获得了许多关注。其中大多数焦点一直在 Ocean Tomo 的创建专利权交易市场的努力上。Ocean Tomo 是一家知识产权商业银行，因其为专利创建公开市场的最大胆的努力而被广为称赞。在 2006 年 4 月，Ocean Tomo 首次举行了一系列的现场专利拍卖会，意味着要创建一个专利资产销售的流动性市场。第一次拍卖的结果很一般。在 77 批拍品中提供了约 400 件专利。这些提供的拍品中，有 24 批以总计约 270 万美元的价格售出。[9] 后续的拍卖产生了类似的结果。比如从 2006 年春天至 2009 年夏天，Ocean Tomo 举办了 10 场拍卖会，产生了约 1.15 亿美元的销售额（或每次拍卖 1 150 万美元）。[10] 前八次拍卖产生的收益为平均每件售出专利 17.6 万美元，第十次拍卖产生的收益为平均每件售出专利 9.59 万美元。[11]

Ocean Tomo 的拍卖往往被设计成公开叫卖，即英式拍卖。感兴趣的投标者以个人或代理提交实时竞标；或他们可以在拍卖前提交缺席投标。[12] 在 2008 年秋天之前，所有的成功购买必须一次性整体付款（见第 10 章），但是后来的拍卖已经允许更有创意的支付结构。[13] 对没有在拍卖中售出的专利，有时会在拍卖后进行私下交易的谈判。[14]

在 Ocean Tomo 拍卖中拍出的专利数量及其收益是不小，但总体的结果未达到对该服务的预期。在 2009 年 6 月，Ocean Tomo 将它的专利拍卖业务卖给了 ICAP Patent Brokerage。似乎在 ICAP Patent Brokerage 的拍卖运作下也继续获得类似的结果。[15]

8.2.1.2　其他例子

尽管 Ocean Tomo/ICAP 专利中介市场的成功有限，建立专利交易市场的尝试仍在继续。例如，已经尝试了许多基于互联网的专利交易，包括 IpAuctions. com、TAEUS 在线专利交易、Tynax 和 Yet2. com。专利甚至在 eBay 上出售。其中有些基于互联网的专利交易像真实的拍卖那样运作，而有些更类似于匹配服务。

未来进行专利拍卖最重要的来源之一可能是破产法院。破产法院长期举行专利权的债务人拍卖。最重大的专利资产破产拍卖是 2011 年将 Nortel 的专利组合（含 6 000 件专利）以 45 亿美元的价格卖给包括 Apple、EMC、Ericsson、Microsoft、RIM 和 Sony 的联合竞买人。随着公司内专利资产的全面激增，我们预计专利组合将越来越成为破产公司的最重要的资产之一。而且，Nortel 专利拍卖的成功将有助于破产法院注意这些专利资产的重要性，并确保它们被破产财产受托人和法院仔细管理。

8.2.2　不太正规的竞争性交易方法

正规的拍卖并不仅仅是评估专利权可以采用的唯一竞争性交易方法。在很多情况中，运作一个正规的拍卖根本不实际。考虑以下情形：你是一所大学的专利组合管理者，你的职责之一就是使大学专利组合中的专利货币化。在大多数情况下，专利技术既高度专业化，又需要在它真正可以被商业化之前进行大量的开发工作。结果，对于组合中的任何一件单独专利的权利，可行的收购者不超过三四个，而且任何收购者都需要对本技术投入大量的其他资源。你想要运行一个竞争性交易以鼓励潜在的买家提供更慷慨的出价，但是你意识到潜在买家不太可能忍受正规的拍卖程序。如果潜在收购者不得不经历过于烦琐的程序，几乎可以确定他们将决定放弃这项技术。在这种情况下，以及在许多其他类似的情况下，专利组合的管理者会决定运行一种不太正规的竞争性交易程序。

在大多数情况下，真正拍卖程序的形式不是必需的。如果它们具备一些基本要素，不太正规的技术在评估一组专利权时可以同样有效。因为不太正规的竞争性交易技术更常被专利权卖家采用，我们从卖家的角度来审视该问题。一个健全的竞争性交易结构有五个基本要素：

（1）识别技术潜在收购者的机制：专利持有人不应当假设潜在收购者会了解该技术可加以转移。应当由专利持有人积极主动地发展潜在收购者。

（2）与潜在收购者有效沟通关于技术的信息的机制：关于技术的沟通不

畅会导致潜在收购者较低的估值。一个常见的抑制技术的买家的原因是他们想要买没有风险的技术。更好的沟通提供了关于技术风险的更清晰的画面。在大多数情况下，专利持有人应当为专利技术准备好营销材料。

（3）对目标的清楚表达和实现目标的制度：专利持有人需要知道其目标是什么并具体地构建实现该目标的过程。购买价格是否会基于收购者因使用专利技术而得到的未来业绩？例如，收购者是否会按销售额持续支付专利费的许可方式支付专利权费用（见第10章）？如果购买价格将基于未来业绩，卖家应要求潜在收购者提供商业计划，以展示他们会如何将专利技术商业化。这样的商业计划将会允许专利持有人更好地评估每个潜在收购者产生形成许可收益所需的积极结果的能力。

（4）有能力评估各种出价质量的人士：收购者的出价很可能包括很多需要被评估的信息。例如，需要评估那些涉及持续支付专利费的出价，以确定它们实际的价值是多少。

（5）收集和利用卖家在过去竞争性交易中产生的知识的机制：再三转出专利技术的专利持有人，通过收集过去谈判的信息并在当前谈判中利用这些知识，可以极大改善他们竞争性交易的结果。

8.2.3 通过竞争性交易评估专利权价值的好处和坏处

使用竞争性交易法去评估专利权的价值有许多好处和坏处。表8.2总结了当权利持有人使用这种估值方法时的优点和缺点。总而言之，当专利持有人想转让其专利权时，竞争性交易是一个理想的估值方法。然而，为了有助于评估各种出价的质量，专利持有人也应当准备进行在第6章至第9章中概述的其他收益法、市场法或成本法分析。

表8.2　专利持有人使用竞争性交易法时的优点和缺点

优　　点	缺　　点
▪ 它确定买家愿意支付的最高价格	▪ 它仅在专利持有人想转移其专利权时起作用 ▪ 它仅从收购者的角度来评估专利权。如果专利持有人要自己维持并且利用权利，该专利权可能会更值钱 ▪ 确定价值的能力高度依赖于竞争性交易制度的质量 ▪ 评价各种出价的质量可能具有挑战性

8.3　可比交易

第二种核心市场法是可比交易法。该方法采取与竞争性交易非常不同的方式来评估资产。不是调查市场来确定买家现在愿意支付多少，可比交易法是基于当前买家的行为会与过去买家的行为类似的假设（例如，以类似的方式评估事物），使用历史的先例来估计当前买家愿意支付多少。

比率分析

最常见的进行可比交易分析的方法之一是我们所称的"比率分析"。机械地说，比率分析包括从过去类似资产的售出价格确定估值比率，然后在被估值的资产上应用该估值比率。估值比率是倍数，通过将类似资产的售出价格除以与该资产相关的经济变量来计算：[16]

估值比率 = 类似资产的售出价格/一些与该资产相关的变量（例如，该资产未来一年的营业利润）

为说明该概念，文本框 8.3 提供了一个可比交易法如何可以被用来评估公司的例子，这是该方法最常见的应用之一。

文本框 8.3 使用可比交易法评估一个公司

首先，确定与待评估的公司（目标）是可比的一组公司销售额。虽然没有可比性交易是完美可比较的，但是每个这样的交易应当发生在不太遥远的过去，且理想的是应当包括这样的公司：（1）与"目标"来自同样的（或类似的）行业；（2）与"目标"有类似的成果、市场规模和产品概况。

其次，从可比交易池可以计算出一系列的估值比率。未来收益和未来销售数据是两个最常用于计算估值比率的变量。对本例子，让我们假设有七个可比交易，及未来一年的收益是相关的经济变量：

可比公司的企业价值是 x[1] 的倍数	可比公司						
	A	B	C	D	E	F	G
未来一年的收益	$7.4x$	$11.2x$	$6.2x$	$15.0x$	$11.8x$	$10.4x$	$9.8x$

可比公司的企业价值是 x 的倍数	可比交易的汇总		
	范围	平均	中位值
未来一年的收益	$6.2x \sim 15.0x$	$10.3x$	$10.4x$

---

[1] x = 未来一年的收益。——译者注

最后，将获得的估值比率应用到"目标"的相关经济数据以生成目标的价值范围。因为没有一个公司完全与另一个公司相同，所以需要调整获得的估值比率以接近适合"目标"的估值比率。为简化起见，让我们跳过这个判断并简单地假设目标与可比交易池中较好的公司更为类似，但是并不像池中绝对最好的公司那么强大。这样可以做以下的估值计算：

"目标"价值的可能范围 $= 9.8x$ 至 $11.8x \times$ "目标"未来一年的收益

从财务分析的立场来看，相同类型的比率分析可以应用到专利上。它需要确定与给定专利权价值最相关的经济变量，且获得可比专利交易数据。与公司估值类似，在大多数情况下，对专利权最相关的经济数据将是从专利权的所有权可以预计得到的未来利润和未来收益。机械地说，进行专利的比率分析是简单的：

专利价值的可能范围 = 估值比率范围 × 相关经济数据

将比率分析应用于专利交易的难点不在于计算；而是它需要拿出可比数据以供计算（见前面部分）。关于单独专利转移的公开可得数据的普遍缺乏，以及伴随着可得数据的可比性问题，限制了比率分析用于专利估值分析的适用性。

8.4 核心市场法的其他替代方法

鉴于两种核心市场法涉及的难度，已经发展起来评估专利权的多种其他方法，这些方法想要逼近核心方法试图揭示的内容。在缺少关于市场上技术收购者对特定专利权支付了多少或愿意支付多少的精确信息时，这些其他方法寻求提供关于市场如何评估类似技术的见解，虽然有时这些见解可能很不精细，且须小心使用。

当考虑这些核心市场法，回想这种分析类型的目标很有用：确定对于特定资产买家会支付多少（或卖家会接受多少）。核心市场法通过寻求我们所称的显示性偏好（见图8.1）来达到目标。理想的是，市场方法估计买家（或卖家）会同意用什么价钱来换取"完全"相同的项目，即我们所称的"直接、显示性偏好"。在该情境中，市场法告知评估师市场对该特定项目的估值是多少。竞争性交易法是一个直接、显示性偏好方法的例子。用于专利的直接、显示性偏好市场的例子很少，那些确实存在的也远不健全。ICAP Patent Brokerage 的专利拍卖市场（见前面关于 Ocean Tomo/ICAP Patent Brokerage 拍卖市场的讨论）是一个直接、显示性偏好市场的例子。为了应对公开、可用的直接、显示性偏好的专利权市场的缺乏，评估师很可能使用可比数据，即我们所称的"间接、显示性偏好"。最广泛使用的间接、显示性偏好方法是可比交易法，该方法通过审视先前的类似交易来生成可以被应用到待估值的资产上的估值比率。主要因为前面提到的可比性问题，进行可比交易分析所需的间接、显示性偏好也非常难以获得。

替代市场法寻求克服核心市场法的问题，并仍然允许市场告知估值师专利权的价值。本章的剩余部分将关注一些评估专利的较常见的其他市场法。

8.4.1 影子定价

有时候市场非常清晰地传达估值信息（可比交易法），然而其他时候市场提供更不易察觉的消息。考虑以下场景。一件已有项目很容易被测算（它具有清晰可辨的价值），但不是与估值操作直接相关。然而该项目具有某些隐藏在其可辨别的价值中的附属信息，这个与估值操作直接相关。我们可以如何提取出（或分离出）该隐藏的信息，这样可使其能在估值中使用呢？

一种方法被用来提取可能本身不能直接测算的隐藏信息，是通过为可被测算的相关活动或决定所做的逻辑联系的价值判断，来获取信息。该方法被称为影子定价。顾名思义，它涉及找寻感兴趣的隐藏定价信息的间接信息（影子）。影子定价使用一个价值判断的链条，将该链条中任何要素的价值与待确定的价值有逻辑地联系起来。例如，如果某人声称 X 比 Y 更有价值，且 Y 的清楚可辨别的价值为 1 000 美元，你就可以在逻辑上推断 X 具有超过 1 000 美元的价值。

影子定价最好的例子之一是给生命定价。虽然经常强调你不能给人的生命定价，但现实则不然。每一天，我们都通过面临的决策被迫给生命和其他所谓无价的项目定价。决定开车或坐飞机去一个遥远地方，决定骑摩托车时戴头盔或开车时系安全带，或选择一种治疗而不是另一种治疗，这些都包含决策者的生命估值的信息。政府法规暗示了成本与安全之间的某种平衡，这为影子定价提供了丰富的资源。[17]例如，当政府部门通过一项具有能拯救一定数量生命的预期效果的法规，且拯救那些生命的法规的成本是已知的（或可被估算的）时，生命的隐含价值就可以被提取出来。例如，假设政府提出一项法规，将花费 1 亿美元来实施，通过减少在工作场所的致癌化学物质，将拯救 100 条生命。从这些事实，我们可以说明隐含在该法规里的生命的影子价格是 100 万美元。计算公式将如下：

生命的最小价值 = 法规的成本/拯救的生命数 = 1 亿美元/100 生命 = 100 万美元/生命

因此，生命的价值，基于该法规的决定，值至少 100 万美元。当然，一条生命可能值更多。这个逻辑只告诉我们，基于这个法规例子中的事实，一条生命最低隐含的价值是 100 万美元。

影子定价也可被用来评估专利权。专利权的影子定价的两个例子是剩余估值法和股票价格指示法。

8.4.1.1　剩余估值法

在专利估值文献中，已经得到相当多关注的影子定价的形式之一是剩余估值法。[18]当一项专利权被一个上市公司所持有，在其知识产权组合中拥有一项占支配地位的专利权，例如一个销售其拥有专利权的单一药品的制药公司，该方法可以被用来确定这项专利权的市场价值。在这种情况下，专利权可以通过计算从该公司的市场价值中减去所有其他资产的价值而得到的该公司的剩余价值来估值。如以下公式所示：

专利权的价值 = 公司市值（例如：市场资本总额 + 收购溢价）[19] – 公司的有形资产价值 – 公司的非专利无形资产价值（例如：商誉、商标、版权和商业秘密）

剩余估值法的优点是它可以容易地被表达成数学公式，这有助于解释为什么它如此频繁地在专利估值文献中被描述。然而实际上，剩余估值法有一些问题限制了它在对专利估值时的实际应用。首先，只有少部分公司满足进行剩余估值法分析所需的条件。特别是公司应当满足以下三个重要条件：

（1）该公司应当是公开交易的，这样其市值可以计算出来。

（2）该公司应当仅拥有一项主要专利。

（3）该项主要专利是该公司商业模式的核心。

满足以上条件的公司的范围绝对不会太大。但是该范围可以通过两种方式扩展以使得剩余估值法更有意义。第一种，近期进行了一轮风险投资而建立了市场估值的非上市公司也可以采用剩余估值法。第二种可能的扩展也许更有意义。剩余估值法主要作为评估单一专利的方法被讨论。它有可能是更适合评估公司整体专利组合而非单一专利的技术。从作为专利组合的估值技术来看，适合该条件的公司范围被大幅扩展了：

公司整体专利组合的价值 = 公司市值（例如，市场资本总额 + 收购溢价） – 公司的有形资产价值 – 公司的非专利无形资产价值（例如，商誉、商标、版权和商业秘密）

8.4.1.2　股票价格指示法

与剩余估值法类似的是我们所称的股票价格指示法。该方法基于这样的前提：关于上市公司的专利的价值，股票市场应该能反映一些东西。最简单的股票价格指示法的例子是当一个公司的股票价格对有关该公司某专利的新闻有反应时。例如，如果因为新闻报道出一个公司的专利已经被无效，该公司的股票价格下降了——假设没有关于该公司的其他重大新闻报道，且当天的股票市场很平静——该公司下降的市场估值（可以测算数日的价值，以减少投资者对新闻即时的过激反应的风险）可以推断为那项专利权的市场估值。

缺少关于特定专利的新闻事件，股票价格仍可以提供有关专利价值的信息。股票价格可以为公司整体专利组合的价值提供大概而间接的指示。假设公司在一个流动的且相对高效的股票市场交易，公司的财务比率可以为市场如何评估其专利组合提供见解。当公司具有一个重要的专利组合及优于平均水平的财务比率（该公司的股票以比其通常财务业绩情况下要更高的价格交易），市场可能显示出它对该专利组合具有重大价值的估计。许多实证研究已经表明，公司的市值与其知识产权资产相关。[20]

8.4.2　替代估值量度

在许多估值情境中，使用某种容易观察或测算的东西来评估某种难以观察或测算的东西是很方便的。影子定价正是这样做的，它通过将估值操作所关注的资产与另一项目的已经显露的市场价格联系起来。也可以从由市场中所做出的决定所显露出来的可观察到的非价格数据中提取有用的信息。我们称这种有用的非价格数据为替代估值量度。

替代估值量度的一个最有趣的例子可以追溯到 18 世纪的英国。在 1784 年，英国政府的领导小威廉·皮特（William Pitt the Younger）需要提高税收以减少国家债务。由于需要对私人事务涉入过深，收入税被否决了，因此增加财产税被提议出来。但是财产税解决方案产生了它自己的问题。政府能够如何快速而低成本地计算所有需要征税的财产？Pitt 采用的是一个在英国已经有悠久历史的解决方案。[21]Pitt 的解决方案是采用"窗户税"，并使用窗户作为财产价值的一个替代量度。窗户税是基于一栋建筑所拥有的窗户数量。窗户在当时是非常昂贵的。因此可以推理更有价值的建筑会比较少价值的建筑拥有更多窗户。窗户的数量和建筑的价值粗略地关联起来了。对收税者来说窗户税的好处是窗户的数量很容易计算。毫不奇怪，被征税的市民对 Pitt 增加的税目的反应是将窗户用墙填起来以减少他们的税收负担。这些盲窗的例子（被称为 Billy

Pitt 的图片）现在还能在苏格兰找到。

在专利估值中，使用更容易获得的替代估值量度已经被建议作为一项可行技术来克服容易获得的专利市场价格信息的缺乏。许多学者已经指出，从公开可获得的专利数据资源（例如美国专利商标局和欧洲专利局）中获得的替代量度可以为专利估值提供有用的见解。[22] 例如，Bronwyn Hall、Adam Jaffe 和 Manuel Trajtenberg 在 2000 年发表了一篇论文，指出可机读的专利数据的更易获取性，并且使用这些数据来揭示后续专利中的引证数量与拥有这些被观察专利的公司的市场价值之间的关系。[23]

在 2004 年的一篇名为"有价值的专利"的文章中，John Allison、Mark Lemley、Kimberly Moore 和 R. Derek Trunkey 使用了一种替代估值方法，并在分析了大规模的专利信息数据库后，确定了有价值专利的七个特征。[24] 根据这些作者的研究，具有以下特征的专利倾向于比普通专利更有价值：

（1）该专利授权后很快发生诉讼。

（2）该专利属于美国。

（3）该专利被授权给个人或小公司。

（4）比起常规的授权专利，该专利引用了更多现有技术且也更可能被其他专利引用。

（5）该专利的审查周期比常规的授权专利长。

（6）该专利比常规的授权专利具有更多权利要求。

（7）该专利较大比例来自特定行业（例如，机械、计算机或医疗设备行业）。

因为这七个特征是可测算的输入信息，可以开发一个能生成粗略的价值估算的七要素算法。将这种替代量度（有时称为因子或指标）用于专利估值，不仅被学者所建议，而且被一些专利所有权估值机构采用。[25] 这些专利估值机构从多个容易观察的维度（替代量度）提取信息，然后在公式中使用这些提取出的信息以计算粗略的专利估值。这些估值可能缺少深度和精度，但具有可以立刻得到的优点。

8.4.3 陈述性偏好法

对于以上的每种方法，市场提供了某种类型的显示性偏好，即使在某些情况下显示的内容非常细微。但是当没有市场去显示偏好时会发生什么？很不幸，对专利权而言，这种情境非常普遍。在这些情形下，陈述性偏好法也许是合适的。

8.4.3.1 陈述性偏好法如何工作

陈述性偏好法要求涉及估值事件的决策者以及其他可能的相关人士陈述他们的偏好，以便从所陈述的偏好中提取出隐含的价值。陈述性偏好法经常用于困难的估值问题，例如生命的价值或环境恶化的影响。但是也有可能设计出用于专利估值的陈述性偏好方法，尤其是在做出涉及相关专利、专利技术及专利可以有商业价值的市场等决策方面具有专长的组织内。陈述性偏好法的工作方式正如其名字所示。当事人被要求说出他们关于相关估值数据的偏好。有多种"询问"的方法。选择实验、[26]代表估值调查[27]和预测市场都是常用的获取陈述性偏好数据的技术。在本章的剩余部分，我们将特别关注预测市场技术。

8.4.3.2 预测市场

自 2000 年以来，使用预测（或信息）市场已成为从不确定的未来事件中提取出有用信息的方法。[28]利用赌博类型的系统，参与者对各种未来的结局下注。下注预测最接近实际结局的参与者获得回报。在标准的信息市场，参与者就特定事件或结果的结局购买一种期货合约。如果事件或结果发生了，该合约的持有者会获得真实或非真实货币的回报。[29]

在某些情况下，这些市场可以优于专家和民意调查。这个见解通过 James Surowiccki 的书《大众的智慧》流行起来。[30]政治选举和体育赛事的结局早已在网站上被公开投注，如 Iowa Electronic Markets、[31] In Trade[32] 和 Paddy Power[33]给普通大众提供了预测的机会，并用预测结果正确时可获得回报来激励他们。一些预测市场在特殊产品或服务方面请求公众的参与。也许其中最著名的是 Hollywood Stock Exchange，其目的是收集关于电影、电视节目，甚至名人的受欢迎程度的潜在成功或失败的信息。[34]

一个成功的预测市场通常包括以下特征：[35]

- 有用的知识：市场参与者应当具有一些与决策相关的有益经验、见解或信息。
- 意见来源的多样性：参与者带来一组不同的观点，这带来了与问题相关的新信息，并有助于减少从任何单一观点而来的偏见。
- 独立性：参与者能够独立行动，且不容易受到操纵。
- 足够数量的参与者：参与者的量足够大，从而交易是可持续的。
- 对参与的激励：参与者有动力认真参与活动。

在专利估值的情境中，公司可以建立一个内部预测市场，可以提供能被多种估值模式使用的有用的信息。预测市场可以被用来预测产品收入（包括金额和时机）、经营成本（包括金额和时机）、诉讼风险、专利的潜在未来机会以及其他许多有用的数据类型。甚至有些机构帮助公司建立和运作内部预测市场。[36]据报道，已经利用内部预测市场来开发有用的信息，且帮助做出企业决策的公司有：Abbott Labs、Arcelor Mittal、AT&T、Best Buy、Chrysler、Chubb、Cisco、Corning、Electronic Arts、Eli Lilly、General Electric、Google、Hewlett – Packard、Intel、InterContinental Hotels、Masterfoods、Motorola、Nokia、Pfizer、Qualcomm、Siemens 和 TNT。[37] Google 的预测市场可能是这些内部预测市场里记录最好的，且已经被用来提供关于 Google 产品的预测管理。[38]

参考文献

［1］ Akerloff, George. 1970. "The Market for 'Lemons'：Quality Uncertainty and the Market Mechanism." *Quarterly Journal of Economics* 84：488.

［2］ Allison, John, Mark Lemley, and Joshua Walker. 2004. "Valuable Patents." *Georgetown Law Journal* 92：435.

［3］ Alpízar, Francisco, Fredrik Carlsson, and Peter Martinsson. 2001. "Using Choice Experiments for NonMarket Valuation." *Working Papers in Economics*, no. 52.

［4］ Borshell, Nigel. Undated. "Understanding Headline Deal Values：A PharmaVentures Guide to the Interpretation of Deal Terms and Terminology." *PharmaVentures White Paper*. http：// files. pharmaventures. com/white_ paper_ deal_ analysis. pdf.

［5］ Cherry, Miriam, and Robert Rogers. 2006. "Tiresias and the Justices：Using Information Markets to Predict Supreme Court Decisions." *Northwestern University Law Review* 100：1141.

［6］ Clarkson, Gavin. 2000. "Intellectual Asset Valuation." Harvard Business School Case No. N9 – 801 – 192/Rev 10/1/00. Harvard Business School Publishing.

［7］ Denton, F. Russell, and Paul Heald. 2003. "Random Walks, Non – Cooperative Games, and the Complex Mathematics of Patent Pricing." *Rutgers Law Review* 55：1175.

［8］ Diamond, Peter, and Jerry Hausman. 1994. "Contingent Valuation：Is Some Number Better than No Number?" *Journal of Economic Perspectives* 8：45.

［9］ Glantz, Andrew. 2008. "A Tax on Light and Air：Impact of the Window Duty on Tax Administration and Architecture, 1696 – 1851." *Pennsylvania History Review* 15：18.

［10］ Goldscheider, Robert. 2011. "The Classic 25% Rule and the Art of Intellectual Property Licensing." *Duke Law and Technology Review* 6：6.

［11］ Finch, Sharon. 2001. "Royalty Rates：Current Issues and Trends." *Journal of Commercial Biotechnology* 7：224.

［12］ Hahn, Robert. 2004. "Using Information Markets to Improve Policy." AEI – Brookings Joint Center for Regulatory Studies, Working Paper 04 – 18.

[13] Hanson, Robin. 2007. "Shall We Vote on Values, but Bet on Beliefs?" http://hanson. gmu. edu/futarchy. pdf.

[14] Jarosz, John, Robin Heider, Coleman Bazelon, Christine Bieri, and Peter Hess. Mar. 2010. "Patent Auctions: How Far Have We Come?" *Les Nouvelles* 11.

[15] King, Rachel. Sept. 7, 2010. "Companies That Collectively Innovate." *Bloomberg/Businessweek*. www. businessweek. com/technology/content/sep2010/tc2010097_ 904409. htm.

[16] Layne-Farrar, Anne, and Josh Lerner. Mar. 2006. "Valuing Patents for Licensing: A Practical Survey of the Literature." http://ssrn. com/abstract = 1440292.

[17] Milgrom, Paul. 1989. "Auctions and Bidding: A Primer." *Journal of Economic Perspectives* 3: 3.

[18] Milgrom, Paul. 2004. *Putting Action Theory to Work*. Cambridge, UK: Cambridge University Press.

[19] Milgrom, Paul, and Robert Weber. 1982. "A Theory of Auctions and Competitive Bidding." *Econometrica* 50: 1089.

[20] Murphy, William. 2002. "Proposal for a Centralized and Integrated Registry for Security Interests in Intellectual Property." *IDEA* 41: 297.

[21] Omland, Nils. 2011. "Economic Approaches to Patent Damages Analysis." In *The Economic Valuation of Patents: Methods and Applications*, edited by Federico Munari and Raffaele Oriani, 262 – 287. Cheltenham, UK: Edward Elgar.

[22] Orcutt, John. 2005. "Improving the Efficiency of the Angel Finance Market: A Proposal to Expand the Intermediary Role of Finders in the Private Capital Raising Setting." *Arizona State Law Journal* 37: 861.

[23] Payne, Andrew. Apr. 2006. "Ocean Tomo Patent Auction." www. payne. org/index. php/ Ocean_ Tomo_ Patent_ Auction.

[24] Pitkethly, Robert. 1997. "The Valuation of Patents: A Review of Patent Valuation Methods with Consideration of Option Based Methods and the Potential for Further Research." Judge Institute, Working Paper WP 21/97.

[25] Pratt, Shannon, Robert Reilly, and Robert Schweihs. 2000. *Valuing a Business: The Analysis and Appraisal of Closely Held Companies*. 4th ed. New York: McGraw-Hill.

[26] Smith, Gordon. 1997. *Trademark Valuation*. Hoboken, NJ: John Wiley & Sons.

[27] Smith, Gordon V., and Russell L. Parr. 1989. *Valuation of Intellectual Property and Intangible Assets*. New York: John Wiley & Sons.

[28] Smith, Gordon V., and Russell L. Parr. 2005. *Intellectual Property: Valuation, Exploitation, and Infringement Damages*. Hoboken, NJ: John Wiley & Sons.

[29] Surowiecki, James. 2005. *Wisdom of the Crowds*. New York: Anchor Books.

[30] Unattributed. Jan. 7, 2007. "A Look at Google's Prediction Market." *Real Time Economics, Wall Street Journal blogs*. http://blogs. wsj. com/economics/2008/01/07/a – look –

at – googles – prediction – market/.

[31] United Nations Economic Commission for Europe. 2003. *Intellectual Assets*: *Valuation and Capitalization*.

[32] Viscusi, W. Kip. 1998. "Rational Risk Policy." 1996 Arne Ryde Memorial Lectures, Oxford University.

[33] Wolfers, Justin, and Eric Zitzewitz. 2004. "Prediction Markets." *Journal of Economic Perspectives* 18: 107.

注　释

1. Gordon V. Smith and Russell L. Parr, *Intellectual Property*: *Valuation*, *Exploitation*, *and Infringement Damages* (2005), 169.

2. 在 Gordon Smith 关于商标估值的书里，指出以下关键部分：

■ 存在包括可比资产的活跃市场

■ 能够获得可比资产交易的价格和"密约协议"信息

■ 独立各方之间的公平交易

Gordon Smith, *Trademark Valuation* (1997) 139.

3. Gordon Smith 对于商标得出了类似的结论。Smith, 139（"Assembling [the] ingredients [for a market approach] is a bit of a tall order for trademarks"）.

4. 信息不对称对市场的影响以及由此产生的"柠檬问题"可以追溯到 George Akerloff, "The Market for 'Lemons': Quality Uncertainty and the Market Mechanism," *Quarterly Journal of Economics* 84（1970）: 488. Akerloff 因为这篇 13 页的论文获得了诺贝尔经济学奖。

5. Nigel Borshell, "Understanding Headline Deal Values: A PharmaVentures Guide to the Interpretation of Deal Terms and Terminology," PharmaVentures White Paper 1（undated）, http://files.pharmaventures.com/white_ paper_ deal_ analysis.pdf; and Finch, Sharon, "Royalty Rates: Current Issues and Trends," *Journal of Commercial Biotechnology*（2001）: 7.

6. Item 601（b）（10）of Regulation S – K [17 C. F. R. sec. 229. 601（b）（10）].

7. Rule 24b – 2 of the Securities Exchange Act of 1934（17 C. F. R. sec. 240. 24b – 2）and Rule 406 of the Securities Act of 1933（17 C. F. R. sec. 230. 406）.

8. 35 U. S. C. sec. 102.

9. Andrew Payne, "Ocean Tomo Patent Auction"（Apr. 2006）, www.payne.org/index. php/Ocean_ Tomo_ Patent_ Auction.

10. John Jarosz, "Patent Auctions: How Far Have We Come?" *Les Nouvelles* 11（Mar. 2010）: 17.

11. Jarosz, 21 – 22.

12. Jarosz, 15.

13. Jarosz, 15.

14. Jarosz, 15.

15. ICAP Patent Brokerage 的网址，http：//icappatentbrokerage. com/auction（自从 2006 年 4 月起，ICAP Patent Brokerage 及它的前身 Ocean Tomo Transaction 已经举行了 13 场从美国到欧洲的现场拍卖，并获得了超过 1.7 亿美元的知识产权成功交易）。

16. 参见 Shannon Pratt, Robert Reilly, and Robert Schweihs, *Valuing a Business：The Analysis and Appraisal of Closely Held Companies*, 4th ed. , (2000), 226.

17. W. Kip Viscusi, the John F. Cogan，哈佛法学院法律和经济学助理教授，法律实证研究项目的负责人，是本领域的领先研究者。他的研究揭示了在各种监管行为中暗示出的范围广泛的生命价值。这些价值差异很大，但似乎聚集在 300 万～700 万美元的范围内。W. Kip Viscusi, "Rational Risk Policy," 1996 Arne Ryde Memorial Lectures, Oxford University (1998).

18. 参见，例如，Gordon V. Smith and Russell L. Parr, *Valuation of Intellectual Property and Intangible Assets* (1989), 204－206; Robert Pitkethly, "The Valuation of Patents：A Review of Patent Valuation Methods with Consideration of Option Based Methods and the Potential for Further Research," Judge Institute Working Paper WP 21/97 (1997), 7－8; F. Russell Denton and Paul Heald, "Random Walks, Non－Cooperative Games, and the Complex Mathematics of Patent Pricing," *Rutgers Law Review* 55 (2003)：1175, 1185－1186; Anne Layne－Farrar and Josh Lerner, "Valuing Patents for Licensing：A Practical Survey of the Literature" (Mar. 2006), http：//ssrn. com/abstract＝1440292, 8－9.

19. 收购溢价是指收购者需要支付的额外金额，以促使超过已发行股票 50% 的持有者接受购买该公司的要约。

20. United Nations Economic Commission for Europe, Intellectual Assets：*Valuation and Capitalization* (2003), 67.

21. 最初的窗户税于 1696 年推出，并在之后的一个半世纪做出修正和修改。Andrew Glantz, "A Tax on Light and Air：Impact of the Window Duty on Tax Administration and Architecture, 1696－1841," *Pennsylvania History Review* 15 (2008)：18.

22. Nils Omland, "Economic Approaches to Patent Damages Analysis." In *The Economic Valuation of Patents：Methods and Applications*, ed. Federico Munari and Raffaele Oriani (2011), 171－182.

23. Bronwyn Hall, Adam Jaffe, and Manuel Tratjenberg, "Market Value and Patent Citations：A First Look," National Bureau of Economic Research, Working Paper No. 7741 (2000).

24. John Allison, Mark Lemley, and Joshua Walker, "Valuable Patents," *Georgetown Law Journal* 92 (2004)：435.

25. 参见，例如，Pantros at http：//www. pantrosip. com/.

26. 参见，例如，Francisco Alpizar, Fredrik Carlsson, and Peter Martinsson, "Using Choice Experiments for Non－Market Valuation," *Working Papers in Economics* 52 (2001).

27. 参见，例如，Peter Diamond and Jerry Hausman, "Contingent Valuation：Is Some Number Better than No Number?" *Journal of Economic Perspectives* 8 (1994)：45.

28. Bo Cowgill, Justin Wolfers, and Eric Zitzewitz, "Using Prediction Markets to Track Information Flows：Evidence from Google"（2009）, http：//www. bocowgill. com/GooglePredictionMarketPaper. pdf；Robert Hahn, "Using Information Markets to Improve Policy," AEI – Brookings Joint Center for Regulatory Studies, Working Paper 04 – 18（2004）；Justin Wolfers and Eric Zitzewitz, "Prediction Markets," 18 *Journal of Economic Perspectives* 18（2004）：107；Robin Hanson, "Shall We Vote on Values, but Bet on Beliefs?"（2007）, http：//hanson. gmu. edu/futarchy. pdf.

29. Google 内部市场使用叫作 Goobles 的非真实货币。Hollywood Stock Exchange 使用 HDollars。

30. James Surowiecki, *Wisdom of the Crowds*（2005）.

31. http：//tippie. uiowa. edu/iem/index. cfm.

32. www. Intrade. com.

33. www. paddypower. com.

34. www. hsx. com/.

35. 参见, 例如, Surowiecki, 10；Miriam Cherry and Robert Rogers, "Tiresias and the Justices：Using Information Markets to Predict Supreme Court Decisions," *Northwestern University Law Review* 100（2006）：1141, 1159 – 1167.

36. 例子包括：Lumenogic（www. lumenogic. com）, Crowdcast（www. crowdcast. com/）, and Inkling（http：//inklingmarkets. com/）.

37. Cowgill et al.；Rachel King, "Companies That Collectively Innovate," Bloomberg/Businessweek（Sept. 7, 2010）, www. businessweek. com/technology/content/sep2010/tc2010097_904409. htm.

38. Unattributed, "A Look at Google's Prediction Market," Real Time Economics, *WallStreet Journal blogs*（Jan. 7, 2007）, http：//blogs. wsj. com/economics/2008/01/07/a – look – at-googles – prediction – market/.

第 *9* 章
成本法

最后一类估值方法是成本法。顾名思义，成本法使用一些可衡量的成本来估价资产。可以将成本法概括为一个简单的说法：资产的成本告诉你关于其价值的一些有用的情况。尽管成本法很简单（或更可能是因为它们的简单性），它们往往是三种类型的估值方法中最广受批评的一种方法。最大的批评集中在成本法似乎忽视了商业资产的基本估值主张，即形成净经济效益。另外，其他两种方法，则针对该基本估值主张：

- 收益法试图直接估计从资产流出的净经济效益。
- 市场法试图间接估计从资产流出的净经济效益。推定的是，在确立作为市场法的核心的市场价格的时候，市场参与者们试图估计未来净经济效益。

成本法似乎没有做任何努力去估计未来净经济效益，这使得它们容易成为被批评的对象。资产的成本与其产生净经济效益流的能力有什么关系呢？虽然我们并不想夸大我们对成本法的支持——我们同意它们是最不可能揭示资产的真正价值的方法——但是我们想要明确的是，成本法作为估值工具会是有用的，不应该随便被丢弃。当用于专利权估值时，有两种主要的成本法：

（1）开发的成本

（2）合理替代方案的成本

有一种趋势，其将这两种成本方法归并在一起，并批评它们作为有用的估值工具的有效性。然而，这样的批评过于宽泛，并且会误导人。例如，合理替代方案的成本法可以是一个非常有用的估值工具，正如我们在下面所解释的。

在本章中，我们将：

- 考察一些显著地影响成本法应用于专利权估值的会计准则。
- 解释两种核心成本法，并展示如何在实际中使用它们。

9.1　几种会计准则

为了用成本法对专利权进行估值，你需要有关成本的信息。当你正在进行历史成本分析的时候，有一个好机会，你将依靠拥有被估值的专利权的公司的财务报表——特别是资产负债表。本节探讨一些会计准则，这些准则显著地影响如何将专利权的成本记录在公司的财务报表上，以及估值师在进行估值分析时会希望如何处理这些数字。

9.1.1　成本会计准则

在大多数情况下，一般公认会计准则（GAAP）要求，公司根据"成本会计准则"记录它们的资产。换言之，基于公司获得该资产所支付的成本来记录公司的资产。这也意味着，这种记录的值一般不会基于：（1）所述资产的市场价格或（2）资产对公司的实际经济价值的增加或降低而波动。成本会计准则的静态性往往导致财务报表资产估值的准确性随着时间的推移变得不那么准确，这是一个有点讽刺意味的结果。在大多数情况下，对任何给定的资产进行估值的最大挑战是关于该资产在购买方手中将如何执行的不确定性。购买方拥有资产时间越长，其对资产进行估值的能力应该越准确。

9.1.2　记录专利的初始成本

专利的成本会被记录在公司的财务报表中。更具体地说，它通常会被记录在公司的资产负债表中（见文本框9.1，对构成公司财务报表的三种报表的简要说明）。被添加到资产负债表的资产被称为"资本化"。并不是所有的成本都被资本化到资产负债表。预期被公司使用一段较长时间（超过一年）的资产购置才会被资本化。在给定的报告期内（通常是一年以内）被用尽的资产购置和其他费用会被看作支出列到损益表中，并且在资产负债表上不显示为资产。

文本框9.1　三种类型的财务报表

任何公司都有三个基本的财务报表，每个报表跟踪公司的不同财务方面。

（1）资产负债表报告公司的资产、负债和股东权益。资产负债表遵循公式：

$$资产 = 负债 + 股东权益$$

使用术语"资产负债表"是因为资产必须平衡，即等于负债加上股东权益。不同于收入和现金流报表，资产负债表不会显示在一个特定的时段内的资产和负债的流入和流出。相反，资产负债表提供了在一个特定日期（例如年末、季度末或月末）的公司的资产和负债的概况。

（2）损益表报告公司在一个特定的时段（例如一年、一季度或一个月）内的收入和支出。

损益表遵循公式：

$$利润 = 收入 - 成本$$

损益表通常也被称作利润和损失表，因为这种报表的目的是展示公司的利润（如果收入大于支出）或损失（如果损失大于收入）。

（3）现金流表报告公司在一个特定的时段（例如一年、一季度或一个月）内的现金流动。该表显示了现金的流入和流出，并遵循公式：

$$现金流变化 = 现金流入 - 现金流出$$

当公司取得了专利，基于获得它的成本，它可能会被资本化到资产负债表中。"获得它的成本"究竟是什么意思？理解专利的入账价值的第一步是要了解专利权什么时候被资本化以及以什么价格被资本化。会计规则提供了两种单独的用于记录专利初始成本的处理方法，这取决于该专利权是由该公司内部开发的还是从第三方购买的。

9.1.2.1 内部开发的专利权

创造并且获得发明专利权（内部开发专利）的公司怎样为这种活动报账？公司可以认可"内部开发专利"作为在其资产负债表上的资产吗？答案是有些是，但不完全是。与"内部开发专利"相关的成本有四种类型。

（1）研究成本：研发由两个阶段组成：研究阶段和开发阶段。来自产生一项发明的研究的成本是已发生的费用而不是资本化为资产。

（2）开发成本：根据"美国公认会计准则"，开发成本也是已发生的费用，除非特定的例外情况（例如，计算机软件的开发成本可以在某些有限的情况下资本化）。根据《国际财务报告准则》（*International Financial Reporting Standards*），"内部开发专利"的开发成本可能会被资本化为资产负债表上的资产。《国际会计准则》（*International Accounting Standard*）第 38 条规定，除了满足其他标准以外，如果公司可以表明"内部开发专利"的技术、经济可行性，用于内部产生的无形资产的开发成本就可以被资本化。

（3）与获得"内部开发专利"相关的法律费用及申请费用：这些费用被

资本化到资产负债表作为资产。

（4）维持或防御"内部开发专利"的成本：这些成本是已发生的费用。

总而言之，公司的资产负债表上的"内部开发专利"的初始入账价值很可能是一个非常小的数字，其与专利的实际经济价值没有太大的关系，因为大多数与开发专利相关的成本都没有被包括在内。

9.1.2.2 购买的专利权

当公司从第三方购买专利权（购买的专利权）时，会计处理有本质的不同。一般来说，当公司获得一项具有一年以上使用寿命的"购买的专利权"时，该收购价格将在资产负债表上作为无形资产被资本化。

9.1.3 折旧及摊销

对于成本会计准则会有许多例外（例如，按市价计值处理一些金融资产），但是最大的例外是折旧和摊销的应用。

9.1.3.1 折旧有形资产

有形资产（除了少数例外，如土地）会随着时间的推移而恶化或由于使用而磨损，并且最终需要更换。折旧认可有形资产的这种逐渐恶化，并且允许公司随着时间的推移降低（或减少）某些有形资产的入账价值。根据美国联邦税法，一家公司要对资产进行折旧的话，该资产必须[1]：

- 由该公司拥有（而不是租得）。
- 在该公司的商业有效行为或产生收益的活动中使用。
- 具有一年以上的可确定的使用寿命（例如，"它必须是某种因自然因素而磨损、衰退、逐渐耗尽、变得过时或失去了其价值的东西"[2]）。

对于折旧资产，该资产的入账成本将随该资产的预期使用寿命而减少。资产经折旧后的入账成本常常被称为资产的账面价值。给定资产的折旧进度（该资产将折旧的年数）是基于一系列因素来确定的，例如行业标准、税收和其他政府法规。

9.1.3.2 摊销专利

不同于有形资产，专利不随时间磨损或衰退。例如，一台机器会由于使用、天气的侵蚀和其他物理应力随着时间的推移而真正地磨损。除了物理上的衰退，这台机器基于它不能跟上技术的进步，作为产生收益的资产也可能变得过时。专利不会磨损，但它们确实会变得过时，而且它们的法定寿命确实有限。因此，在该公司的商业行为中所拥有和使用的专利的成本应在其使用寿命期限内摊销，这个期限不会超过该专利的剩余寿命。

这里需要一个快速的词汇课。术语"折旧"和"摊销"是具有非常相似的含义的相关术语。这两个术语都描述了随着时间的推移的资产入账价值的减记，以试图说明它有限的使用寿命。两者之间的最大区别是，"折旧"是用来描述有形资产的账面价值减记过程，而"摊销"是用来描述无形资产的账面价值减记过程。换一种说法：

- "折旧"是随着时间的推移减少"有形"资产的入账价值来逼近有形资产的使用寿命的缩短的过程。
- "摊销"是随着时间的推移减少"无形"资产的入账价值来逼近无形资产的使用寿命的缩短的过程。

被资本化为资产负债表上的资产的专利权需要在专利权的使用寿命期间进行摊销（见文本框9.2）。有些无形资产可能没有有限的经济寿命（如某些商标或商业秘密），因此不应被摊销。然而，专利权不是寿命无定限的无形资产。为了会计目的，专利权总是被认为拥有有限的经济寿命，如果资产持有人是被许可人的话，其不超过该专利的剩余寿命（假设将支付维护费用）或专利权的合同寿命中较短的一个。

文本框9.2 专利摊销举例

Acme Electronics 公司以 100 万美元购买一项专利，并估计其使用寿命为 10 年。Acme Electronics 公司对于专利的会计处理应该是：

- 专利 100 万美元成本 = 资本化在 Acme Electronics 公司的资产负债表上
- 摊销费用 = 每年 10 万美元，共 10 年

9.2 开发成本：有问题的估值工具

基于成本的方法受到知识产权估值专家的广泛批评，认为它们是有问题的专利权估值工具[3]，最严厉的批评者认为它们几乎是无用的。虽然并不总是明确地说，但是对于基于成本的方法的关注主要是针对开发成本法，而不是针对我们将在下面讨论的合理替代方案的成本法。

开发成本法是基于这样的前提：专利应该至少具有开发专利技术以及获得（和维护）专利权所花费的金额的价值。表示为公式：

专利权的最小价值 = 开发技术的成本 + 获得和维持专利权的成本

希望利用开发成本法来确定转移专利权价格的一方，可以简单地给最小值[4]添加合理的边际利润：

专利权的价格 = 开发技术的成本 + 获得和维持专利权的成本 + 合理的边际利润

9.2.1 对开发成本法的批评和辩护

尽管容易计算，但是开发成本法已经被称为"金融幼稚"（financially naive）[5]，并且没有合理金融理论的根底。一项专利不是基于它的成本产生价值。一项专利基于其产生未来经济效益的能力产生价值。尚不清楚开发成本对于专利技术的产生未来收益的能力来说意味着什么。一方面，那些开发非常昂贵但却在商业上失败的专利技术的例子不胜枚举（尤其是在医药领域中）。另一方面，相对比较便宜的专利发明比开发成本比较高的专利产生大几个数量级回报的例子也有很多。专利制度的激励机制是基于提供对发明投资的真正丰厚的经济回报的可能性。

与之相反，人们可能会提出这样的论点：成本法的确会告诉我们一些关于专利的未来净经济效益的情况。开发成本通常涉及集合一系列市场定价的决策，诸如购买材料或雇佣劳动力。聚焦于开发资产的历史成本的成本法方法，本质上是一系列过去的市场价格。针对这些个别市场交易为购买方产生超过购置成本的经济效益的能力，每笔交易大概都被评估过。因此，成本法往往是一系列的个别市场交易的间接积累，这些个别市场交易中的每笔交易都间接地试图估量最低的未来净经济效益。然而，应该指出的是，关于以特定方式积累的特定资产是否与所预期的结果一样，或者购买决策是否为个别资产增加价值（在这种情况下，成本法会低估资产集合的价值）或减损它们的价值（在这种情况下，成本法会高估它们的价值），成本法确实没有太多要说的。

如果开发成本法是这样有问题的工具，那为什么它坚持作为估值工具？我们认为，有两个主要的原因。首先，开发成本法往往是估值方法中最不主观的一种。开发成本法通过简单的方程采用相对客观的、可验证的数字，而不是预测不确定的、未来的结果。可以从成本法运用中得到一个客观的数字。在艺术侧对比科学侧上，开发成本法涉及最少的艺术侧，这有助于解释为什么它可以很受会计师和税务官员的欢迎。

其次，开发成本法往往是可采用的最简单、最便宜的估值方法之一。对于任何估值运用，挑选合适的估值方法通常涉及进行估值运用的成本和估值运用的精度之间的折中（见图 9.1）。在这一点上，开发成本法往往在精度方面得分不高，但在成本方面得分很高（它往往是最不昂贵的运用）。如果可以用不精确的数据做出适当的决策，那么较低精度的开发成本法所降低的成本可能会支持使用这种更明显受限的方法。所以，我们得到的是一个不精确但却是廉价和客观的估值工具。

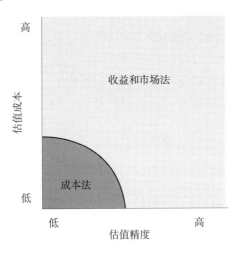

图 9.1　估值方法的成本与精度

9.2.2　损失厌恶偏误

我们将以有关开发成本不应该被使用的警告来结束对开发成本的讨论。研究表明，人们会受到被称为损失厌恶偏误的经济上的非理性倾向的困扰。对大多数人来说，避免损失的期望比产生收益的期望要更加强烈。金钱的损失所带来的心理上的痛苦比获得金钱所提供的心理上的快乐更强烈。其结果是，存在一种避免损失的人类倾向，甚至是当这种损失回避决策在经济上是非理性的。例如，David Genesove 和 Christopher Mayer 在 2001 年所做的从 20 世纪 90 年代开始的波士顿市中心的房地产市场的研究表明，上市价格受到卖方已支付购买价格的强烈影响。亏本销售的公寓业主与不亏本销售的公寓业主相比，会设定明显相对较高的要价，并且也更快地从市场上撤回其公寓，而不是选择一个预测市场会承受的标价。

寻求出售专利的专利持有人应当意识到这种损失厌恶偏误，从而希望能够避免它。开发专利技术的成本应该被视为沉没成本，当设置专利转让或许可的价格时，专利持有人应当忽略它。

9.3　合理替代方案的成本：设定最高价格

不同于开发成本法，合理替代方案成本法是一个非常有用的估值技术，我们认为专利决策者没有充分利用这种技术。正如我们在第5章所解释的，专利很少给专利权人提供对市场的完全经济垄断力。专利权人将垄断发明的实施，但是该发明的技术和经济的替代方案在多数情况下都会存在，并且成为专利权人的竞争对手。该专利仅仅阻止竞争对手应用本发明；该专利并不阻止竞争对手使用替代产品或服务。确定专利技术的合理替代方案的成本可以提供关于专利权潜在价值的有价值的见解。

在转移专利权的交易的情况下，确定一个合理技术替代方案的成本将会给专利持有人和潜在的被许可人或受让人提供很多信息。这种分析需要计算出将花费多少成本来开发或收购正在考虑的专利的替代方案[6]。假设技术购买方是经济理性的，合理技术替代方案的成本将会确定专利权价值的上限。购买方不会愿意为专利权支付比获得合理技术替代方案的花费更多的费用。

合理替代方案成本法可以用简单的公式表示：

购买方应当为产生收益的专利权资产支付的最高价格 = 获得合理技术替代方案的成本

此公式假设是一个完全可比的（或几乎完全可比的）替代技术，这可能并不总是这种情况。另一种情况是，有一种替代技术，但这种替代技术没有被估值的专利技术那么理想。在这种情况下，合理替代方案成本法的公式应调整如下：

购买方应当为产生收益的专利权资产支付的最高价格 = 获得较差的技术替代方案的成本 + 使用该较差的技术替代方案产生的下降的生产率或产品属性的价值

9.3.1　进行合理替代方案成本分析的一些挑战

对专利权进行合理替代方案成本分析可能是具有挑战性的，而且往往比对简单的有形资产更复杂。造成这一结果的原因有很多，大部分原因源自专利技术和专利权的独特性质。判断一项替代技术是否是一个合理的替代方案，可能需要大量的技术、商业和法律分析。为了说明这些挑战，让我们想象一个复杂的科技产品和技术的购买方，其想要许可一项专利技术以服务于整个产品的一种功能。要进行合理替代方案成本分析，购买方可能需要解决以下挑战：

- ■ 技术挑战：判断一项替代技术是否可以替代专利技术，可能需要大量测试替代技术或修改整体产品的规格。这样的分析可能既耗时又昂贵。

- ■ 商业挑战：除了从技术角度判断该技术替代方案是否有效，购买方还需要判断这种改变是否将影响整个产品的市场。专利技术对整体产品的客户的贡献有多重要？他们会注意到换成了替代技术吗？如果会的话，他们会消极地看待吗？

- ■ 法律挑战：即使确定了一个合理技术替代方案，购买方也必须判断与该替代方案相关的法律权利是否是可接受的。如果替代技术也获得了专利，专利权有多么类似？专利的剩余寿命相似吗？替代技术专利上存在有可能会减损其价值的重大负担吗？如果替代技术没有得到专利，购买方需要评估使用非专利替代技术的潜在成本。它会使保卫市场更加困难吗？

为了应对这些技术、商业和法律挑战，我们建议组织一组人，他们共同具有进行充分评估所必要的专业知识。对于商品类型的有形资产（如土地），可以相对容易地进行合理替代方案成本分析，其容许真正的同类比较（建筑 A 与建筑 B 的租用空间相比）；但与之不同的是，对于专利权的分析通常是更复杂、更主观的。使用具有互补的技术、商业和法律专长的评估组可以帮助解决这一问题。

9.3.2　对于使用合理替代方案成本法的实用建议

那些寻求收购专利权和那些持有专利权的人都应考虑使用合理替代方案成本分析。我们现在从这两个观点考虑这种分析。

9.3.2.1　专利权购买方

当寻求收购专利权时，在可行的情况下，购买方应在收购之前进行合理替代方案成本分析。这样的分析可以为购买方提供用丁提高其对于专利权的谈判优势的宝贵信息。首先，这样的信息会帮助购买方建立专利权的最高价格。如果该专利权卖方不愿意低于该最高价格转移权利，购买方就会有一个方便的可以合作的替代方案供应商列表，进行合理替代方案成本法分析也迫使购买方查清技术替代方案的潜在市场。通过这样做，可以使得购买方鼓励竞争交易的情况（见第 8 章），借此，多个技术提供方对购买方进行竞争，使购买方获得他们的特定技术。

9.3.2.2 专利持有人

在可行的情况下，专利持有人在许可或转让他们的权利之前也应该进行合理替代方案成本分析。这种分析可以为专利持有人提供关于技术替代方案市场的更好的信息。如果替代方案的市场很小或不存在，专利持有人就可以在其许可或转让要求方面更积极主动。然而，如果替代方案的市场是强大的，这些信息可帮助专利持有人在潜在购买方认识到替代方案的市场状态之前决定迅速地结束谈判。

参考文献

[1] Camerer, Colin, and George Loewenstein. 2004. "Behavioral Economics: Past, Present, Future." In *Advances in Behavioral Economics*, edited by Colin Camerer, George Loewenstein, and Matthew Rabin, 3 – 52. Princeton, NJ: Princeton University Press.

[2] Denton, F. Russell, and Paul Heald. 2003. "Random Walks, Non – Cooperative Games, and the Complex Mathematics of Patent Pricing." *Rutgers Law Review* 55: 1175.

[3] Department of the Treasury—Internal Revenue Service. Apr. 6, 2011. *Publication 946—How to Depreciate Property*.

[4] Ernst & Young. Jan. 2009. *US GAAP vs. IFRS—The Basics*.

[5] Genesove, David, and Christopher Mayer. 2001. "Loss Aversion and Seller Behavior: Evidence from the Housing Market." *Quarterly Journal of Economics* 116: 1233.

[6] Layne – Farrar, Anne, and Josh Lerner. Mar. 2006. "Valuing Patents for Licensing: A Practical Survey of the Literature." http: //ssrn. com/abstract = 1440292.

[7] Munari, Federico, and Raffaele Oriani, eds. 2011. *The Economic Valuation of Patents: Methods and Applications*. Cheltenham, UK: Edward Elgar.

[8] Pitkethly, Robert. 1997. "The Valuation of Patents: A Review ofPatent Valuation Methods with Consideration of Option Based Methods and the Potential for Further Research." Judge Institute, Working Paper WP 21/97.

[9] Pratt, Shannon, Robert Reilly, and Robert Schweihs. 2000. *Valuing a Business: The Analysis and Appraisal of Closely Held Companies*. 4th ed. New York: McGraw – Hill.

[10] Rao, Mohan. 2008. "Valuing Patents and Other Intellectual Property in Licensing Transactions." *PLI/Pat* 923: 527.

[11] Smith, Gordon V., and Russell L. Parr. 2005. *Intellectual Property: Valuation, Exploitation, and Infringement Damages*. Hoboken, NJ: John Wiley & Sons.

[12] Tversky, Amos, and Daniel Kahneman. 1991. "Loss Aversion in Riskless Choice: A Reference – Dependent Model." *Quarterly Journal of Economics* 106: 1039.

[13] Walther, Larry. 2010. *PrinciplesofAccounting. com*. www. principlesofaccounting. com/Default. htm.

[14] West, Thomas, and Jeffrey Jones, eds. 1999. *Handbook of Business Valuation*. 2nd ed. New York: John Wiley & Sons.

注 释

1. Section 179 of the Federal Tax Code; Department of the Treasury, Internal Revenue Service, *Publication* 946—*How to Depreciate Property* (2009).

2. Internal Revenue Service, *Publication* 946.

3. 参见，例如，Anne Layne-Farrar and Josh Lerner, "Valuing Patents for Licensing: A Practical Survey of the Literature" (Mar. 2006), http://ssrn.com/abstract=1440292, 8; Russell Denton and Paul Heald, "Random Walks, Non-Cooperative Games, and the Complex Mathematics of Patent Pricing," *Rutgers Law Review* 55 (2003): 1175, 1183; Robert Pitkethly, "The Valuation of Patents: A Review of Patent Valuation Methods with Consideration of Option Based Methods and the Potential for Further Research," Judge Institute, Working Paper WP 21/97 (1997), 8.

4. Layne-Farrar and Lerner, 8.

5. 同上书。

6. 有些学者称这种计算为"资产法"，因为它设想用已知价值的另一种资产代替待检查资产。Thomas West and Jeffrey Jones, eds., *Handbook of Business Valuation*, 2nd ed. (1999), 526.

第三部分

专利估值实践

第 *10* 章
专利许可的定价

估值一组专利权的最关键时刻之一是在自愿转移专利权时。估值帮助专利权的潜在买方和卖方做出若干知情决策。转移是否应该进行？如果这一问题的答案为"是"，那么应该何时进行转移以及转移的理想方法是什么？最后，需要估值来为转移定价。商业专利权转移需要价格。确定价格是最终转移协议的最重要要素之一（如果不是最重要要素），因为确定各方来自交易的利润（或亏损）的是价格。

转移专利权的最常见方法是通过许可协议的一些形式。专利许可是合约协议，凭此许可方授予被许可方在规定期限使用一组专利权的权限，以换取特定支付。更简单地说，专利许可充当一组专利权的租赁。取决于许可方希望提供给被许可方的排他等级，许可可分为两大类。当许可方想要将专利权提供给一方时，使用独占许可，而当许可方想要将专利权提供给多方时，使用非独占许可。无论是独占或是非独占，可以以各种方式定制专利许可以符合各方的需求。许可可覆盖整个专利或可以以任何数量的方式进行限制。典型的限制包括使用方式限制、地理限制、应用领域限制，以及转移限制。对独占专利许可对比非独占专利许可的更详细探讨以及专利许可的定制，参见第 2 章。

在本章中，我们将：

■ 考虑专利许可的典型支付结构。

■ 调查通常如何对专利许可定价。

■ 探索各方对非正式估值技术青睐的趋势以及介绍某些非正式技术。

10.1 支付结构

在试图对特定专利许可定价之前，通常有必要确定用于许可的支付结构。

支付结构可以以多种方式影响价格（及其确定）。本节调查了更常见的专利许可支付结构并解释了此类结构如何能影响价格分析。

10.1.1 一次付款费用

一次付款费用是大多数产品和服务的标准定价实践。一次付款费用简单的意思是当买方购买某物时支付特定、固定的价格。例如，如果买方同意从卖方购买一台一次付款费用为 795 美元的电视，买方将支付特定、固定的价格。一次付款费用可以是完全的或是部分的。完全一次付款费用的意思是支付占购买价格的全部。对于部分一次付款费用，一次付款仅够付购买价格的部分并补充有某些形式的变化费用，例如运营专利使用费（running royalty）（描述如下）。

在专利语境中，一次付款费用被命以多种不同名称。固定费用、预付费用、预付定金，以及许可证费用都是常用术语[1]。专利许可经常使用部分一次付款专利使用费支付，但是完全一次付款很少使用。例如，1997 年进行的调查发现，60% 的专利许可包括部分一次付款费用[2]。更近期的研究查看了从 1994 年至 2009 年高科技和生物技术公司向证券交易委员会备案并且包括运营专利使用费条款的将近 3 000 份许可协议。该近期研究发现，52% 的高技术和 69% 的生物技术许可包括部分一次付款费用[3]。

一次付款费用在许可环境中充当多个积极的经济角色。例如，一次付款费用通过降低许可方可从交易中预计的经济回报的不确定性而降低许可方在交易中的风险。一次付款费用还通过要求被许可方在许可中做出有形的经济投资而阻止被许可方"搁置"许可（参见后面的搁置探讨）。

10.1.2 专利使用费

专利使用费是补偿许可方转移专利权的未来支付。专利使用费支付最通常构造为从使用专利技术中实际产生的净销售额或利润的百分比。这样的专利使用费的百分比被称作运营专利使用费（或赚得专利使用费）。专利使用费还可被构造为独立于销售额或利润结果之外。独立专利使用费的实例包括最小专利使用费、里程碑式支付和 R&D 资助专利使用费。表 10.1 提供了专利使用费的一些更常见形式的汇总。

表 10.1　专利使用费常见形式汇总

类　型	说　明	基本原理
运营（或赚得）专利使用费		
运营销售额专利使用费	专利使用费计算为从使用专利技术中产生的销售额的百分比	提供给各方处理具有高度不确定价值的专利权的直觉明智的方式。通过实际实施使专利权的价值变得已知。由于计算利润涉及更大的复杂性，销售额专利使用费趋于比利润专利使用费更受欢迎
运营利润专利使用费	专利使用费计算为从使用专利技术中产生的某些形式的盈利能力（例如，营业利润）的百分比	提供给各方处理具有高度不确定价值的专利权的直觉明智的方式。通过实际实施使专利权的价值显露出来。利润专利使用费相比于销售额专利使用费较不受欢迎
独立专利使用费		
最小专利使用费	与赚得专利使用费条款组合使用以保证即使受让人难以卖出专利产品，权利持有者由此交易也获得最小量收益	降低专利持有者对受让人的销售额或利润估测太过乐观的风险。还有助于防止受让人搁置专利权（受让人不打算使用专利权，相反，需要它们来阻止竞争）
里程碑式支付	根据显示利用专利技术的技术进展的必然事件的发生，受让人同意支付一组专利使用费付款	对于高风险、早期阶段的专利，里程碑式支付可用于降低部分预付费的量。由于降低风险的信息变得可得，受让人可做出否则将是预付费的一部分的支付
R&D 资助专利使用费	专利权持有者必须使用所付专利使用费的一部分来资助进一步推进专利发明可能需要的额外研究或开发	提供给受让人专利权持有者将继续 R&D 工作的信心

资料来源：Mark Holmes, *Patent Licensing*：*Strategy*，*Negotiation*，*and Forms*（2010）；Anne Layne-Farrar and Josh Lerner，"Valuing Patents for Licensing：A Practical Survey of the Literature"（2006 年 3 月），http：//ssrn. com/abstract = 1440292；作者的个人经验。

10.1.2.1　运营专利使用费

当使用运营专利使用费方法时，待解决的首要问题之一是计算专利使用费百分比所依赖的基础。专利使用费百分比将基于销售额或是利润？以及在两种任一的情况下，将如何计算所述基础？一般而言，发放许可的专业人员优选使用销售额作为专利使用费的基础。对销售额专利使用费基础的优选起源于对利润计算和通过各种会计处理来管理利润的更大能力的担心。这有时被表征为对被许可方将使用会计欺骗来就其利润撒谎的担心。那种表征可能太过强烈并且经常不公平。对潜在问题的一种更恰当说明是：许可方应当担心计算利润中大得多的复杂性。相比于计算销售额，计算利润中牵涉简直更多投入，其中许多涉及主观看法。除非许可方愿意做理解被许可方将如何计算利润所必需的全部准备工作，使用销售额作为专利使用费的基础是更加安全并且更加简单的方法。

一旦各方决定无论采用运营销售额专利使用费还是运营利润专利使用费，接下来他们需要明确具体销售额或利润计量。例如，如果各方决定采用运营销售额专利使用费，他们需要确定将使用哪种销售额计量来计算专利使用费。典型的销售额计量将是一些净销售额的形式。常见的方法是将净销售额定义为从使用专利技术的销售额实际收到的收益减去运输成本、税（例如销售税和增值税）以及产品回收[4]。在一些情况下，各方可选择计件工资法，凭此，专利使用费将是每单位出售的固定支付。

尽管不太常见，各方间或同意运营利润专利使用费。在运营利润专利使用费的情况下，对于如何定义专利使用费基础，各方有更多选择。毛利、营业利润、税前利润、EBITDA（利息、税、折旧和摊销之前的利润），以及净收入均可使用。如果要使用运营利润专利使用费，更好的方法是使用"高于损益表之上"的利润计量，例如毛利。随着向损益表下移动，一方遇到与专利技术质量及其经济价值关系不大的支出越多，则对于特定被许可，该方可能越古怪。例如，税收策略、财务和特定的公司会计政策，如特定项目的间接费用分配，可覆盖专利产生的经济效益。

10.1.2.2 独立专利使用费

除了众所周知的运营专利使用费策略，各方还经常在其许可交易中加入一种或多种独立专利使用策略。术语"独立专利使用费"来自独立于销售额或利润结果的专利使用费。主要的独立专利使用策略是最小专利使用费、里程碑式支付，以及 R&D 资助专利使用费。

- 最小专利使用费：组合使用这些专利使用费与赚得专利使用费条款，以保证即使被许可方难以卖出专利产品，许可方由此交易也获得最小量收益。
- 里程碑式支付：根据显示利用专利技术的技术进展的特定事件的发生，被许可方同意支付规定的专利使用费付款。有时用于药品专利，典型的里程碑包括"临床前试验、应用于临床试验，以及最终批准"[5]。

■ R&D 资助专利使用费：许可方必须使用一部分所付的专利使用费来资助进一步推进专利发明可能需要的额外研究或开发。

10.1.3　股　权

　　许可方接受全部或一些以股票形式的被许可方支付并不少见。被许可方发行股票，而不是支付现金。有多种方式来构造股本权益，但很可能会涉及被许可方对许可方发行一种或多种以下证券：（1）被许可方的普通股，（2）被许可方的优先股，或（3）保证授予许可方在日后以优惠价格购买普通股或优先股的权利。股权可用于支付一次付款费用、运营专利使用费或独立专利使用费。股票期权对现金短缺、早期创业阶段的被许可方有特别的吸引力。

10.1.3.1　创业被许可方

　　高新技术创业公司是常见的专利技术被许可方，许可通常来自高校的专利技术。这些高新技术创业企业，其创建目的是快速成长并成为主导企业，采用创新与技术进步来创立新产品、市场、经商方法，甚至新产业。用来描述大部分创业企业的一个共同特点是需要更多现金来增长业务。由于创业企业为快速成长而建立，其也牺牲短期盈利能力来成长。同时，创业企业的财务环境倾向于非常具有挑战性。因此，当许可方将其专利权许可给创业企业时，其经常面临以下情境：

　　　　■ 创业企业的正面性：创业企业的快速成长潜能可以使其最终从专利技术中产生最大销售额或利润，并因此为许可方带来最大的运营专利使用费。
　　　　■ 创业企业的负面性：创业企业缺乏现金来支付可观的一次付款费用，并可在许可的早期拒绝支付现金专利使用费。创业企业需要保存现金来增长其业务。

　　解决创业企业现金约束的一种方式是采用股权和一些创业企业以股票形式支付的结构。股权可用于支付预付费用、赚得专利使用费，或独立专利使用费。麻省理工学院（MIT）常常将其专利发明许可给创业企业，提供了股权方法的成功实例，并经常采用股本"部分代替专利使用费"[6]。

10.1.3.2　估值股本证券

　　采用股本证券作为支付策略给各方带来全新的一组估值问题。如果股权包括于交易中，相比于仅仅正在转移中的专利权，各方需要估值的要更多。各方还需要确定包括于交易中的股权的价值（见文本框 10.1）。

文本框 10.1　估值股本证券

估值股本证券是本书范围之外的一个广泛话题。然而，我们希望提供一些估值股本证券的通用思路。估值分析的根本目标对于股本证券和对于专利权是相同的。在两种情况下，目标是测量流向资产持有者的经济效益流，然后确定这些效益的现值。专利估值与股票估值之间的差别主要在于向何处寻求效益流。

对于股本证券，经济效益源于公司业绩。例如，对于普通股，其代表在一个公司的所有权的百分比。设想普通股的典型形式，此所有权股份授予股东许多权利（经济和非经济两者），其中最显著的是对于公司净资产的剩余索取权。坦率地说，剩余索取权意思如下：

- 股东对公司资产既不具有直接所有权，也不对公司债务负责。公司拥有自己的资产并对自己的债务负责。
- 股东在我们所说的公司"残差"方面具有所有权权益（见图 10.1）。残差是在公司债务已被清偿之后公司还在清算的资产。
- 如果公司有偿还债务能力并决定使用其净资产的一部分来支付股息或回购已发行的股票，除了等待公司的最终清算之外，股东还可以在现有基础上接收一部分残差。

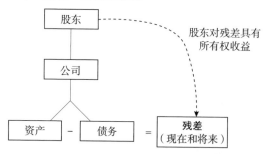

图 10.1　A 公司残差

公司残差中的经济权推动股票的价值。粗略地说，股票的价值应当基于以股票表示的公司最后残差（包括未来股息支付和股票回购）的股份，折成现值。假设一健康成长中的公司，最后残差应当显著大于其当前净资产情况，这意味着公司的许多（如果不是大部分）最后残差在未来通过公司产生利润而产生。因此股票的价值根本上是通过预测公司未来利润来推动的。

除了在估值股权许可补偿中的作用，估值股本证券还在影子定价中起到重要作用（参见第 8 章）。

10.1.4 选择许可情境

开发专利许可的最佳支付结构可招致许多具体的许可问题。例如，搁置、保持发明人参与，以及反垄断都是成问题的，并且在构造许可支付时应该予以考虑。

10.1.4.1 避免搁置策略

尽管运营专利使用费策略是常见的，但它们对特定类型的策略行为是弱势的。从许可方的角度来看，利用运营专利使用费策略的更大风险之一是遭到搁置，即当公司获得独占专利许可但是无意于使用专利技术的情形。换言之，被许可方把发明放在一边（将其搁置）并使用获得的专利权来阻止竞争对手使用此技术。因为他们无意于产生将触发支付的销售额或利润，希望搁置发明的被许可方非常乐于同意运营专利使用费结构。如果对于独占许可的支付完全基于运营专利使用费，未使用的被许可方可以阻止其竞争对手免费使用此技术。

当搁置是很可能的结果时，许可方应坚持完全一次付款费用。如果许可方已有能力对其专利权估值并定价，其以完全一次付款费用接收完全价值，并应与无论被许可方搁置技术与否相矛盾（至少从经济的角度）。然而，在很多情况下，搁置并非很可能的结果，相反其仅是一种可能的结果。如果被许可方不准备支付完全一次付款费用会怎样？然后又怎样？在描述多种可能的许可交易的情形下，许可方可考虑可替换的情境，例如对运营专利使用费补充部分一次付款费用或最小专利使用费，或让竞争对手利用非独占许可来提供市场激励。此保证支付和其他合同条款（例如被许可方承诺使用专利技术）应当有助于阻止最严重的搁置并为许可方提供下行风险保护。

10.1.4.2 保持发明人参与

人们对于专利技术的总体成熟有一常见误解。被授予专利的发明不一定是准备好商业化的完成产品。相反，许多专利需要对专利技术进行大量的进一步的开发来变成可行的、商业化的产品（见图10.2）。对于需要进一步开发的早期技术，各方应当确定将由谁来进行所述进一步开发。明智做出决定需要各方来进行估值分析。各方需要确定谁对技术有最好的开发专长以及谁可以最成本有效地进行开发。

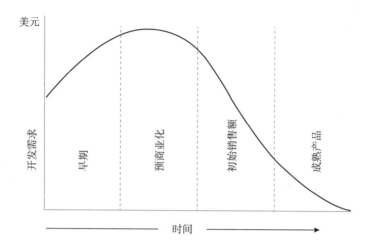

图 10.2　专利技术可落入成熟水平和开发需求的范围内

　　如果许可方是更合理的进一步开发方，被许可方应当开发激励所述行为的支付结构。将 R&D 资助专利使用费包括为支付结构的一部分是最显而易见的选择。对于 R&D 资助专利使用费，许可方必须将所付专利使用费的一部分用于资助推进专利发明所需的额外研究和开发。可以以各种方式构造 R&D 资助专利使用费，例如将支付与限定的开发里程碑相捆绑。被许可方还可希望考虑将其一些支付（无论一次付款费用还是专利使用费）从现金转变为股票。被许可方可做出一些被许可方的普通股或优先股形式的支付。在许可中使许可方成为股本的所有者有助于激励许可方与被许可方结盟，这应该至少部分地有助于鼓励许可方的继续开发工作。

　　如果被许可方是更合理的进一步开发方，许可方应当开发激励所述行为的支付结构。假设一常见支付结构，许可方期望凭借此常见支付结构产生销售额专利使用费形式的主体支付，许可方将希望确定被许可方来做必要的开发工作。对于许可方一种可能性是计入一次付款费用，然后当被许可方达到限定的开发里程碑时，许可方提供一次付款费用的回扣。

　　在许多需要进一步开发的情境中，非开发方还可要求开发方在许可协议中同意做此开发。为了使合同承诺真正有效，非开发方可希望在许可协议中坚持一些类型的赔偿条款，所述条款清楚告知开发方违背承诺的后果。

10.1.4.3　许可和反垄断担忧

　　专利许可中至少会有一方计划使用专利，以产生超过购置成本的经济效益。通常这些期望的经济效益来自使用减少竞争的专利技术。因此，许可活动可触发反垄断或竞争法担忧也不足为奇。可使单个运用专利的竞争对手受益的行为对整体竞争具有潜在的不利影响，而且同样地可根据反垄断法对其提起诉讼，并且引起心怀不满的原告竞争对手或各州、联邦政府，或世界各地政府执法部门的不受欢迎的关注。将专利技术与非专利产品捆绑以迫使购买者购买非专利产品、取得足够专利资产触发合并的担忧或使用许可来支撑限价方案，都是可能出现的竞争法问题的实例。

10.1.4.4　将专利许可延伸到专利期满之外

专利法[7]和反垄断法[8]的一个基本原则是专利所有者不能从事超过原始专利许可中的固有权利的实践。这一限制包括在许可的专利期限届满后收集专利使用费，用于期限届满之后使用专利[9]。如 *Brulotte v. Thys Co.* 中美国最高法院所说的：

> 专利授权所有者要求专利使用费，高达能和垄断者的杠杆谈判。但是使用杠杆来计划那些超过专利寿命的专利使用费支付，与通过将专利制品的销售或使用和非专利制品的购买或使用捆绑起来以努力扩大专利垄断是相似的[10]。

以同样的思路，法庭敌视专利所有者做任何努力来控制非专利商品的价格，即使该商品是通过专利机器或方法生产的，或者来控制非专利组件的价格，即使该组件与属于专利覆盖范围的组件相组合[11]。

10.1.4.5　产品价格限制

专利技术可授予其所有者以有竞争力的优势，该优势允许专利持有者在市场中收取超有竞争力的价格，从而使得专利持有者由于此垄断势力而在每一笔销售上赚取额外利润。如果专利持有者将其专利技术许可给另一方，对于专利持有者是否有方法保证垄断租金得到维护？此问题的一个可能答案是在专利许可中加入最小价格限制。此实践的第一件著名司法审查发生于 1926 年，当时最高法院复审了通用电气将其有竞争力的优质照明用品许可给西屋电器公司的 *United States v. General Electric Co.* 案[12]的决定。专利许可要求西屋为照明用品收取制定价格（可假定在维持专利技术独占性定价的价格水平）。尽管美国最高法院做出结论：通用电气的许可没有违反反垄断法，该案例从那时起经历了艰难时期并且面对了来自竞争执法机构[13]以及加以限制和异议的法院的多种法律挑战[14]。结果，在许可协议中包括产品价格限制条款是一种冒险行为，尤其因为希望的结果通常可通过不太可能招致反垄断监督的方式来实现。

10.2　确定许可价格

一旦各方有了可用定价选择权的认识，他们应该如何对给定的专利许可定价？各方应该设法完成什么？轻率的答案是许可方应该设法收取尽可能高的价格，而被许可方应该设法支付尽可能低的价格。然而，更有用的答案很可能集中于专利许可对于许可方和被许可方的价值上。Gordon Smith 和 Russell Parr 解释了专利许可的价值定位如下：

　　［价值对于］许可方：接收的补偿（通常现金支付）的现值小于执行协议实际产生的成本的现值，或选择不再发掘知识产权而放弃的收入。

　　［价值对于］被许可方：发掘许可的知识产权的未来经济效益的现值小于这么做的成本（包括对许可方的支付）[15]。

许可的价值（以及因此的价格）源于各方从许可获得的净未来经济效益。

10. 2. 1　定价区间

任何商品的价格应该基于商品对于购买者和销售者的价值。我们来思考一个简单的例子，购买者想向销售者买一台电脑。交易的价格应当基于电脑对于购买者和销售者的价值来确定。对于这个例子，假设购买者对电脑估值 750 美元，而销售者对电脑估值 650 美元。由于购买者认为电脑的价值比销售者认为的高，交易应当达成，并且电脑的价格可以在 650 美元与 750 美元（定价区间）之间的任意点。因此，对电脑定价的关键是准确确定其对购买者和销售者的价值。

同样的定价原则适用于对专利许可定价。许可的总价格（包括一次付款费用和专利使用费）应当：（1）大于专利权对于许可方的价值，以及（2）小于专利权对被许可方的价值。实际上，如果专利许可的价值落入达成交易的定价区间，交易就合乎情理，并且各方只需算出如何划分由交易产生的附加值（见图 10.3）。当明智地开发专利使用费时，它们是此价值测量与分配的有形

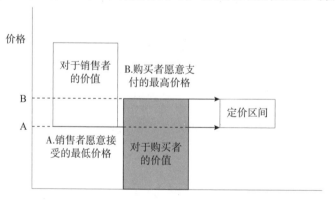

图 10. 3　专利许可的定价区间

表现。专利许可费应当测量被许可方获得专利权而产生的经济效益并分派许可方与被许可方之间的这些效益。取决于各方的相关协商手段，定价区间的任何专利费率都可以是合理的结果，尽管分派可能变化很大。

10.2.2　专利许可的估值方法

单一计算无法得出专利许可的完美价格。相反，各方应当通过确定许可对于许可方和被许可方的价值的通用方法来进行工作，以便确定对于交易经济合理的专利使用费的范围。可通过使用第 6 章至第 9 章概述的任何方法来开发组成定价区间的价值边界。收益法［包括折现未来经济效益（DFEB）分析和更高级的收益法］、市场法以及成本法均可使用。

10.3　设定专利费率的非正式的估值技术

专利许可的各方经常避免为使他们明智确定定价区间并在此后选择适当价格而进行大量估值分析。传闻有证据建议多方避免用更精心的估值分析取代经验法则（或最佳猜测）来为专利许可定价。例如，哈佛商学院案例研究发现：

> 甚至组织察觉到其智力资产倾于选择基于"经验法则"专利费率而不是基于定量测度或盈利能力分析的费率[16]。

Smith 和 Parr 提供了各方为什么避免基础分析的常见解释。他们解释道："我们通常接收到评论，而我们的投资分析技术理论上讲得通，它们通常太难以应用，因为一方必须做出预测。"[17]没有进行预测的意愿，无法适当使用与许可交易最相关的估值方法——收入估值方法，并且各方倾向非正式的技术。而且，出色地运营专利费率要做出避开似乎不太相关的适当估值分析的决定。运营专利使用费使得对估值专利权感到不适的各方回避此问题。与其在许可谈判的同时试图精确估值专利权，不如各方使用运营专利使用费来使得专利权的价值通过实际经济指标变得已知。如果证明专利权在市场上是有价值的，被许可方将通过更多运营专利使用费来支付高价。如果证明专利权在市场上不是完全有价值的，专利使用费支付的价格将较低。

考虑运营专利使用费有很多智慧。运营专利使用费使得许可方和被许可方在极其不确定的环境中达成价格，在此环境中各方对于专利权的最终价值具有广泛不同的看法。考虑以下实施例：许可方——一家医疗设备公司，发明了能够操作图像像素的专利设备，所述图像像素使得乳房 X 线照片更易读。许可方相信此专利技术还可以用于卫星影像领域，并与被许可方会谈，被许可方是一家卫星影像公司。许可方和被许可方考虑是否签订用于卫星图像市场的专利技术的独占许可，但是他们对潜在市场的大小有截然不同的看法。基于许可方对专利技术在医疗设备市场中的经验，其相信此技术将在卫星影像市场中迅速发展并在专利期满前可产生 5 000 万美元的净现金流。被许可方没有这么乐观，并且相信在卫星影像市场中由此技术产生最大潜在现金流为 1 000 万美元。各方对达成交易感兴趣，但是他们对潜在价值机会的估计如此不同，使得似乎不可能达成交易。然而，利用运营专利使用费方法，可缩小各方差距，因为最终价格将基于实际结果，而不是他们的不同预测。

尽管运营专利使用费使各方克服了一些类型的估值不确定性，但是他们没有排除对瓜分来自许可交易的潜在收益的需求。让我们回到卫星影像设备专利许可。无论此专利技术产生 5 000 万美元还是 1 000 万美元，或是一些其他量的净现金流，各方需要以某种方式在他们之间分配净经济效益。趋势是使用相当非正式的技术来完成这项工作。在这一节，我们回顾一些更加常见的非正式技术。此外，我们解释了什么时候非正式技术有可能是一种用于专利许可定价的可接受方式，以及什么时候应该避开非正式技术以支持更精心的估值分析。特别是，我们查看了：

（1）经验法则

（2）产业专利费率

（3）经济效益分析

10.3.1 经验法则：25%法则

专利许可定价最常见的经验法则是由 Robert Goldscheider 提出的 25% 法则（见文本框 10.2）。25% 法则的应用相对简单易懂，当事人双方估算被许可人从许可交易中产生的营业利润，并设定专利使用费率，该专利使用费率可使许可方获得营业利润的 25%。如果双方同意使用运营销售额专利使用费作为支付结构，那么 25% 法则可计算如下：

（1）估算的营业利润除以预期的净销售额得到估算的营业利润率。

（2）估算的营业利润率乘以 25% 得到适当的运营销售额专利使用费。

文本框 10.2　25% 法则的来源

　　25% 法则通常可追溯至由 Robert Goldscheider 1959 年实施的一项研究。Goldscheider 对 18 个许可协议进行了研究，这些许可协议的许可方为 Philco

---

公司（美国制造业公司）的瑞士子公司，每一个案例的许可期均为 3 年（可续期），并且提供给被许可方一个独占领域，包括一项专利技术以及一些相关的知识产权。Goldscheider 的研究发现：

被许可方通常获得销售额大约 20% 的利润，而需要支付销售额 5% 的专利使用费。因此，专利技术实体化产品的被许可方利润的 25% 即为专利使用费率。[18]

如果当事人双方估算被许可方从专利技术获得的营业利润率为 24%，则运营销售额专利使用费应为 6%。25% 法则可以用于计算只涉及一种专利技术的产品或应用了一系列复杂部件和元件的产品的众多专利技术其中的一种专利技术的专利使用费率。在更复杂的情况中，25% 法则不该用于整体产品的营业利润的划分，而该用于具体专利技术带来的增量经济效益的划分。

Goldscheider 将 25% 法则基于的理论解释如下：

许可方与被许可方应分享专利技术实体化产品的利润。先验假设是，由于被许可方承担了大部分的开发、运营以及商品化的风险，对其他技术/知识产权有很大贡献，并且/或承担其自身研发、运营以及商品化的费用，所以其应保留大部分（例如，75%）的利润。[19]

25% 法则并不受广大估值评论员的欢迎并且被轻视。由于其薄弱的理论基础并且缺乏经济严谨性而遭到指责。[20] 让事情更复杂的是，美国联邦巡回上诉法院裁定的 *USA Inc. v. Microsoft Corp* 案中，[21] 因为没有支持其合理性的证据，不能使用 25% 法则作为证据来证明计算损害赔偿的合理使用费的方法（见第 11 章）。

尽管受到了非议，25% 法则依旧作为在交易中专利许可定价的工具，相信其不应被马上摒弃。只要当事人双方认可 25% 法则，即一个不精确入门级的工具（见第 3 章）——此法则可以非常有效。正如 Goldscheider 探讨此法则时所强调的，25% 法则不是要提供一个精确的估价，也不是意味着每一个谈判都应该以 25:75 的比例划分，并且保持不变。[22] 相反，25% 法则是要为谈判提供一个可能的起始点，可以根据具体交易和双方涉及的特定因素向上或向下调整。它只适用于许可交易中普通的估价，但它在这些功能中非常有效。25% 法则作为分配工具促使当事人双方做两件事：

（1）考虑许可交易中可预期的经济效益。

（2）自觉分配该效益。

实际上，25%法则作为一个入门级的方法来说是非常优秀的。在未来经济效益存在相当不确定因素的情况下，使用这样的分配规则可以提供一个使双方达成共识的可接受的途径。我们不太推荐25%法则对需要更详细估值分析的极大型许可交易进行定价。然而，对于较小的不需要保证具体细节估值分析的许可交易，25%法则是一个不错的方法。

最后，25%法则也许不像某些评论员所说的那么随意。在此提醒，25%法则的作用是在被许可方和许可方的许可交易中提供如何分配被许可方产生的经济效益的起始点。经济学理论中没有多少关于当事人双方如何分配收益的方法。理论上，任何落在定价区域里的分配都是合理的。在当事人双方需要分配并且没有明确理由来确定一方有更高的分配权利的情况下，为了公平起见，50:50是一个适当的分配方案。下述前提下25:75的分配更为合适：

（1）许可方与被许可方可以以50:50的基础来划分预估的经济效益。然而，在这种许可方/被许可方分配的情况中，也有可能被许可方将承担交易中更多的风险，应该得到高于一半的收益。被许可方应该接受许可方的50%中的一部分，但是应该是多少？许可方与被许可方需要分配许可方的50%。

（2）如果仍没有明确的理由使一方有高于另一方的分配权利，第二个50:50的划分则是一个合乎逻辑的选择。许可方与被许可方仍可以以50:50的比例来划分许可方的50%那部分。结果便是，许可方接受经济收益的25%，而被许可方接受75%（见图10.4）。

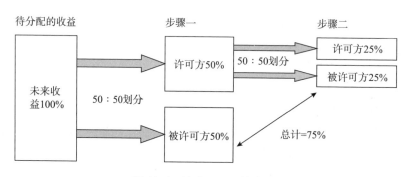

图10.4 达成25:75的分配

从某种程度上来说，如果具有可以帮助指导分配的理由，当事人就可以达成不同的结果。例如，如果许可方具有多个被许可方可选择，那么有理由占有分配中更大的比例，但如果没有任何的指导，25:75的划分更符合逻辑。

10.3.2 行业专利使用费率

作为一种基于市场的方法，有时使用行业专利使用费率来对专利许可进行定价。许可交易的当事人可以使用其行业中以往的、同类交易中的专利使用费数据，来确定他们具体交易的合适的专利使用费率。许多常见的专利使用费率资源包括 Intellectual Property Research Associates，RoyaltySource. com，Association of University Technology Managers，以及 Licensing Executive Society。这些专利使用费率资源经常提供给定行业的运营销售额专利使用费率以及利润率的信息，文本框 10.3 提供了样本行业成本率信息。一些专利使用费资源机构，诸如 Intellectual Property Research Associates 还在其数据库中提供了具体许可交易的专利使用费信息。

文本框 10.3　样本行业专利使用费率信息				
行　业	运营销售许可费率 （80 年代后期 ~ 2000）			行业利润率 （1999 ~ 2000）
	最低	最高	平均	加权平均营业利润率
电　子	0.5%	15.0%	4.0%	8.8%
制药和生物技术	0.1%	40.0%	5.1%	16.4%

资料来源：Russell Parr, *Royalty Rates for Licensing Intellectual Property*（2007），47.

总体的行业专利使用费率（aggregate industry royalty rates）不能为定价单一专利许可提供指导。同类交易市场方法通过参考相似的资产在过去或当前交易所支付的价格区间来为资产估价。同类交易市场方法为具体专利许可提供有用的定价信息，有两项主要要求：

（1）作为指导使用的市场交易必须与将定价的许可类似。

（2）来源市场的定价必须来自一个相对有效的市场。

在总体行业专利使用费率的案例中，可能每一个要求都不满足。首先，几乎不可能尝试将一个特定的专利与专利行业范围中众多专利进行比较。由此可见，专利估值的分布不是一个正态或高斯分布，而是遵循幂律或对数正态分布的一种。一方面存在为大量几乎不存在价值的专利；另一方面为非常少数具有极大价值的专利，允许所有者控制数十亿美元市场的专利。所以一个行业的专利使用费率的平均值对于一个特定的专利是没有参考价值的。

其次，大多数专利市场的缺点是很好理解的，如 Massimiliano Granieri 和他的同事所描述的：

> 这意味着，我们在这些市场中所观察的价格（专利使用费率和费用）可能不代表真实"市场"价格。因此，风险在于我们使用无效价格来对新许可进行估价。[23]

10.3.3 经济效益分析

最后介绍的非正式方法我们称之为经济效益分析（EBA）。实际上，EBA不是一个方法，它更倾向于是一个帮助当事人双方更专注地认清他们如何最终建立价格的过程。在一些案例中，EBA过程与DFEB分析（参见第6章）结合使用，特别是如果当事人想要计算数额巨大的一次性支付费用或最低专利使用费时。在其他的案例中，EBA提出一个不需要正式的DFEB分析的定价方法。EBA还可以包括从实物期权理论（real options theory）或其他体现将来决策机会（future decision opportunities）（参见第7章）价值的高级收益法中得到的见解。

EBA过程认识到没有某一种计算方法可以得出适合的使用费率。进而，EBA鼓励一方当事人通过一个通用的过程来对交易进行许可，该过程可以用来帮助确定对于交易来说经济合理的使用费的区间（由定价区域的上下限来限定）。该通用过程可以精简到一个五步的分析：

（1）确定被许可方可能从许可交易中产生的效益。

（2）基于净额基准衡量该效益。

（3）确定许可方不将专利权许可给被许可方的价值。

（4）考虑是否需要做其他调整。

（5）分配许可方与被许可方之间的效益。

10.3.3.1 确定被许可方的效益

该过程中的第一步是确定被许可方可能从得到专利权中产生的具体效益。典型的效益可以包括如下几种：

- 改进的利润空间
- 进入新的市场
- 增长的销售额
- 专利权转让许可的机会
- 改进的交叉许可优势
- 改进的技术优势
- 降低的侵权诉讼的风险

在进行第一步过程中，确定每一个来自专利权可合理预期的潜在效益是十分重要的，因为许可方将是争取更高专利使用费率的一方，许可方会尽量预想专利权每一个潜在的用途以确定获取分析中的所有效益。

10.3.3.2　衡量被许可方的净效益

一旦确定了被许可方潜在的效益，前几章解释的估值方法提供了必不可少的工具以智能地对这些效益进行估值。为了阐述这一点，让我们用一些案例来说明如何对流向被许可方的较为常见的效益进行估值。这些案例中，假定的被许可方为 Tech Co. ，一个制造并销售生物医学设备的高科技公司。

案例 1：专利发明改进了复杂产品中的一个要素。 在第一个案例中，Tech Co. 考虑签订一个专利部件（专利部件）五年的非独占许可，该专利部件可代替较为复杂生物医疗设备（复杂设备）之一中的技术的现有部分（现有部件）。该专利部件对该复杂设备的功能性没有任何的影响。使用专利部件的估价提议是一种成本节约的方法。不考虑许可专利部件的成本的话，其每单位购置成本会比当前在复杂设备中使用的现有部件的每单位购置成本更低。另外，专利部件可以很容易地安装到复杂设备中，这样会减少其整体生产成本。

根据本案例提出的假设，专利部件的价值并不源自诸如市场支配力或诉讼储蓄金这种典型的专利效益，而是源于其减少复杂设备制造成本的能力。因此衡量分析应该集中于其具体的收益。鉴于此，Tech Co. 为复杂设备进行了两个五年的预估。第一个预估（见表 10.2）假设持续使用现有部件。第二个预估（见表 10.3）假设更新为专利部件。

从表 10.2、表 10.3 可知，更新为专利部件会使 Tech Co. 的毛利润率从 22.3% 提高至 26.4% 。因为更新为专利部件不会影响总支出，毛利率的提高直接转化为最终费用（bottom line），并且相应地改善了 Tech Co. 的营业利润。尽管对于 Tech Co. 从专利部件中得到的经济效益来说，并不是一个完美的替代（proxy），因为没有通过现金流来一直追踪效益，但是也已经趋于完美。因此，衡量潜在的专利许可能给 Tech Co. 带来的经济收益基本等同于使用专利部件对于 Tech Co. 的营业利润率的改善。可用简单的方程式表示如下：

许可方预估的来自专利权的经济效益 = 预估的具有专利权的营业利润率 − 预估的没有专利权的营业利润率

在 Tech Co. 的具体情况中，Tech Co. 从专利部件预估的经济效益比营业利润率提高 4.1% 。

表 10.2　Tech Co. 第一个预估：假设持续使用现有部件　　　　单位：美元

	第 1 年	第 2 年	第 3 年	第 4 年	第 5 年
收　入					
单位销量	6 500	6 600	6 650	6 650	6 700
单位价格	1 100	1 100	1 100	1 100	1 100
总收入	7150 000	7 260 000	7 315 000	7 315 000	7 370 000
制造成本					
每单位成本（除了与现有部件相关的成本）	700	700	700	700	700
每个现有部件的采购成本	125	125	125	125	125
每个现有部件的安装成本	30	30	30	30	30
总制造成本	5 557 500	5 643 000	5 685 750	5 685 750	5 728 500
毛利润率					
毛利润（总）	1 592 500	1 617 000	1 629 250	1 629 250	1 641 500
毛利润（每单位）	245	245	245	245	245
毛利润率	22.3%	22.3%	22.3%	22.3%	22.3%
营业利润率					
总费用开支	1 072 500	1 089 000	1 097 250	1 097 250	1 105 500
营业利润	520 000	528 000	532 000	532 000	536 000
营业利润率	7.3%	7.3%	7.3%	7.3%	7.3%

表 10.3　Tech Co. 第二个预估：假设更新为专利部件　　　　单位：美元

	第 1 年	第 2 年	第 3 年	第 4 年	第 5 年
收　入					
单位销量	6 500	6 600	6 650	6 650	6 700
单位价格	1 100	1 100	1 100	1 100	1 100
总收入	7 150 000	7 260 000	7 315 000	7 315 000	7 370 000
制造成本					
每单位成本（除了与现有部件相关的成本）	700	700	700	700	700
每个现有部件的采购成本	85	85	85	85	85
每个现有部件的安装成本	25	25	25	25	25
总制造成本	5 265 000	5 346 000	5 386 500	5 386 500	5 427 000
毛利润率					
毛利润（总）	1 885 000	1 914 000	1 928 500	1 928 500	1 943 000
毛利润（每单位）	290	290	290	290	290

	第 1 年	第 2 年	第 3 年	第 4 年	第 5 年
毛利润率	26. 4%	26. 4%	26. 4%	26. 4%	26. 4%
营业利润率					
总费用开支	1 072 500	1 089 000	1 097 250	1 097 250	1 105 500
营业利润	812 500	825 000	831 250	831 250	837 500
营业利润率	11. 4%	11. 4%	11. 4%	11. 4%	11. 4%

案例 2：单一专利的产品。在本案例中，Tech Co. 考虑签下一个专利组合 18 年的独占许可，该专利组合属于当地研究型院校。院校的教授发明了一个新型生物医学设备（设备），该设备受到一系列专利的保护（专利组合），每一个都由该院校持有。实际上，该设备非常具有独创性，并且目前没有任何现有技术可以复制其作用。因此在至少几年内，该专利组合专利权的持有者能够毫无竞争对手地占有该设备的市场。预期是三年内，一种或更多的竞争技术才会在市场上出现，开始与该设备产生竞争关系。

第二个案例中的估价提议与第一个案例中的有很大差异。在案例 1 中，估价提议体现在专利发明降低被许可方制造成本，提高利润率的能力。而在案例 2 中，获得专利权将会为 Tech Co. 打开一个全新的市场。"如果没有"专利组合，Tech Co. 将不能马上占有该设备的市场。因此导致 Tech Co. 的经济效益调查与案例 1 的调查角度不同。案例 2 中，重点应为可从该设备产生的全部利润。让我们从潜在许可的最初三年开始，因为在此时间内 Tech Co. 预估处于完全垄断的地位。Tech Co. 的经济收益可以由非常简单的方程式表示：

许可方预估的来自专利权的经济效益 = 预估的来自专利发明的利润率 – 许可方在新项目上的通常利润率

该方程式需要注意几点：第一，此处的"如果没有"并不是非常的常见。尽管专利通常作为提供给持有者经济垄断能力来讨论（参见第 5 章），此处确实是一个例外。案例 1 中提供的一个具体产品增加改进的专利技术方案更为常见。实际上，技术的替代使所述"如果没有"非常罕见。然而，我们指出这个情况是因为：（1）它是偶尔出现的，并且（2）它出现在专利相关人员的思想里（有时是法官或政策制定者）。通过强调这一结论，我们可以陈述这个特殊的情况并提醒大家这并不常见；因此，不能过度使用这一方程式。

第二，即使"如果没有"确实发生了，Tech Co. 的经济效益在风险中利润也达不到 100%。减少的原因是 Tech Co. 即使不去寻求这个机会，也不应该假设它会无所作为。如果 Tech Co. 不去寻求机会，它很有可能把本来为寻求这个机会而分配的资源投入其他风险中去。通过寻求"如果没有"的机会，Tech Co. 放弃了其他的风险。为了计算损失的机会，我们假设从在专利发明中期望的利润率中减去 Tech Co. 在新项目中的通常利润率。

第三，我们需要考虑的是，三年后可替代的技术会与该设备进行竞争。可替换技术会增加在市场上对该设备的竞争压力，并且侵蚀所述利润率。除非该设备及其市场有一些真正的特殊性——例如特殊的准入障碍——其允许 Tech Co. 在更长的一段时间内保持高于平均水平利润率，该设备的利润率应侵蚀至大约为 Tech Co. 实施的同类型项目的平均利润率。所以很有可能在 18 年许可的某一时间点，Tech Co. 的经济效益为 0。如果该设备利润率低于或等于 Tech Co. 通常项目的利润率，专利组合的专利权将不会产生额外的效益（见图 10.5）。

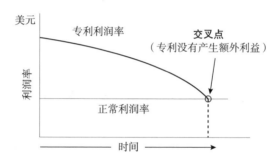

图 10.5　经济效益跌至 0 时的交叉点

案例 3：防范侵权诉讼。 在本案例中 Tech Co. 的工程部门研究了另一个复杂生物医学设备上的一个部件（部件）。该部件仅是整个设备的一部分，Tech Co. 没有针对该技术申请过专利。在 Tech Co. 开始使用设备中的该部件几年后，一个第三方（许可方）就此部件联系 Tech Co.。许可方告知 Tech Co. 该部件的使用侵犯了一个许可方专利的权利，并且提供给 Tech Co. 许可此专利的机会。Tech Co. 及其律师分析了这个侵权的主张，并且认为该部件技术与许可方的专利截然不同，并不构成侵权。然而，他们并不 100% 确定法院会得出相同的结论。实际上，Tech Co. 和其律师相信约有 20% 的可能性法官或陪审团会认定 Tech Co. 对许可方专利构成侵权。

在第三个案例中，许可估价提议就是其消除潜在侵权诉讼的能力。因此，该专利许可对 Tech Co. 的估价应该集中在避免诉讼的成本节约上。可以由方程式表示为：

被许可方预估的来自专利权中经济效益 = 预估的防范诉讼的成本 + 判定为侵权损害的赔偿 – 应付此次诉讼对将来侵权诉讼的威慑价值

10.3.3.3　确定许可方不许可价值

本调查的结果不是确定被许可方来自专利权中的净效益。被许可方的净效益仅仅建立了定价区域的一端。然而，EBA 过程的目的并不是简单地确定被许可方可能想要支付许可的最高定价，而是用来确定由许可交易产生的总的经济效益，从而合理地在当事人中间进行分配。确定总的经济效益需要建立定价区域中许可方没有将专利权许可到某一被许可方的价值的另一端，我们称此价值为许可方不许可价值（Not – Licensing Value，NLV）。建立许可方的 NLV 帮助每个当事人更好地理解交易的经济状况以及在谈判中的砝码（较优惠条件）。对于许可方，建立 NLV 帮助确定如下内容：

■ 对于许可方来说，将专利权许可给某一被许可方是否是最有利的策略，或者是否应该采取不同策略？

■ 如果将专利权许可给某一被许可方是最有利策略，那么与最佳替代方案（见文本框 10.4）相比更有利的程度有多少？确定后可以帮助许可方得知当与被许可方签订的专利使用费率后的强势程度。

文本框 10.4　谈判协议研究的最佳替代方案

1981 年，哈佛大学协商项目的 Roger Fisher 和 William Ury 出版了他们的畅销书《谈判力：毫不退让地赢得谈判》（*Getting to Yes：Negotiating Agreement Without Giving In*），在书中，他们推广了谈判协议最佳替代方案（BATNA）的概念。Fisher 和 Ury 认为，在当前流行的行为经济学之前，谈判中的个体总是不能达成都满意的共识，进行谈判的压力，达成共识的欲望，或者已经耗尽大量时间精力都可以轻易地导致谈判双方做出仓促的决定。

Fisher 和 Ury 建议的方法是通过关注所谓的 BATNA 来避免发生这种常见的事情。他们努力将他们的 BATNA 方法与通常使用的底线方法区别出来。在底线方法中，在谈判之前，协商者确定一个谈判双方不会谈判失败的位置或价格。尽管离席（walk – away positions）策略会帮助阻止一个很差的协议，但 Fisher 和 Ury 提到这种方法具有很严重的局限性，为谈判双方试图达到双方都可接受的共识增加了难度。

通过他们对于更好方法的研究——可以帮助当事人一方接受他们应该接受的协议，并且拒绝他们不应接受的协议——提出了 BATNA 的概念。BATNA 由三个步骤构成：

（1）具有创造性并且扩大化地列一个表，该表记录了协商如果没有达成可能发生的行为。

（2）筛选该表直至里面的行为都是最可行的。

（3）暂时选择最好的可替代行为。

Fisher 和 Ury 使用了"暂时"来强调 BATNA 不是一个静态的界限，而是一个可根据谈判过程自己调节的动态位置。谈判过程中每一次提议都由 BATNA 来衡量。然而，研究一方的 BATNA 只是进行了一半，如 Fisher 和 Ury 所说，考虑另一方的 BATNA 更为重要。在一个极具说服力的案例中，他们指出了一个社会团体的情况，该社会团体与一个建立了新发电厂的电力公司就潜在污染问题进行谈判。通过估计电力公司的 BATNA，社会团体了解到电力公司与社会团体达成一致的最佳替代方案为或者忽略该团体，或者持续与该团体沟通直到电厂建完。每一种方法，电力公司都没有就污染问题与社会团体达成一致就完成了电厂的建造。一旦了解了电力公司的所述原始 BATNA，Fisher 和 Ury 建议尝试改变电力公司的 BATNA（或许通过申请法律诉讼试图推迟所述建造）可以使双方的谈判更容易。

建立 NLV 对被许可方也是有益的。通过建立 NLV，帮助被许可方更好地了解了自己对许可方的影响力。如果许可方没有可考虑的更具吸引力的替换方案，被许可方可以在谈判中更强势些。如果许可方确实具有吸引力的替换方案，被许可方可以在谈判中放低身段以防被替换方案争取到许可方。

确定 NLV 同样涉及两步骤的过程，其用来对被许可方想要从这次交易中获得的净经济效益进行估价。首先，需要明确许可方不将专利许可到某一被许可方可能产生的效益。然后需要使用前面章节中所述的估值方法对每一个效益来源进行估价。典型的 NLV 效益来源包括如下内容：

■ 以独占形式实施所述发明。

■ 将专利权许可给一个或更多不同的被许可方。

■ 搁置专利权。

■ 寻求基于诉讼的许可收入。

10.3.3.4 考虑是否做出调整

在第 7 章中，我们解释了将包含在专利中的未来决策机会的价值并入到专利总价值中的重要性。第 7 章也提供了如何鉴别获取这些将来决策机会的具体分析方法。分析会有点复杂，因此除非专利许可非常重要，否则未必会做如上分析。其他情况下，当不进行分析，能做些什么？由于当事人不能精确估价，是否应该不用分析将来决策机会的额外价值？从许可方的角度，这是达成使其满足的策略比较理想的机会。因为在将来决策机会中，许可方应该坚持不可能一点价值都没有。即使许可方简单地提出一个关于将来决策机会的猜想，现在至少许可方会有机会得到额外的补偿。

10.3.3.5　效益的分配

　　经济效益分析的最后一步是分配交易中双方之间的效益。只要专利使用费率在定价区间内，就没有实际上的对或错。效益的分配完全是影响力和谈判能力的体现，影响力大并且具有好的谈判技巧的当事人能够得到分配中更有利的部分。

参考文献

[1] Bramson, Robert. 2001. "Valuing Patents, Technologies and Portfolios: Rules of Thumb." *PLI/Pat* 635: 465.

[2] Clarkson, Gavin. 2000. "Intellectual Asset Valuation." Harvard Business School Case No. N9 – 801 – 192/Rev 10/1/00. Harvard Business School Publishing.

[3] Cotter, Thomas. 2010/2011. "Four Principles for Calculating Reasonable Royalties in Patent Infringement Litigation." *Santa Clara Computer and High Technology Law Journal* 27: 725.

[4] Degnan, Stephen, and Corwin Horton. June 1997. "A Survey ofLicensed Royalties." *Les Nouvelles* 91.

[5] Denton, F. Russell, and Paul Heald. 2003. "Random Walks, Non-Cooperative Games, and the Complex Mathematics of Patent Pricing." *Rutgers Law Review* 55: 1175.

[6] Finch, Sharon. 2000. "Royalty Rates: Current Issues and Trends." *Journal of Commercial Biotechnology* 7: 224.

[7] Goldscheider, Robert. 2011. "The Classic 25% Rule and the Art of Intellectual Property Licensing." *Duke Law and Technology Review* 6.

[8] Goldscheider, Robert, John Jarosz, and Carla Mulhern. 2005. In *Intellectual Property: Valuation, Exploitation, and Infringement Damages*, edited by Gordon V. Smith and Russell L. Parr, 410 – 426. Hoboken, NJ: John Wiley & Sons.

[9] Granieri, Massimiliano, Maria Isabella Leone, and Raffaele Oriani. 2011. "Patent Licensing Contracts." In *The Economic Valuation of Patents: Methods and Applications*, edited by Federico Munari and Raffaele Oriani, 233 – 261. Cheltenham, UK: Edward Elgar.

[10] Holmes, Mark. 2010. *Patent Licensing: Strategy, Negotiation, and Forms*. New York: Practising Law Institute.

[11] Kamien, Morton. 1992. "Patent Licensing." In *Handbook of Game Theory with Economic Applications*, vol. 1, edited by Robert Aumann and Sergio Hart, 331 – 354. North Hol-

land：Elsevier Science.

[12] Katz, Michael, and Carl Shapiro. 1985. "On the Licensing of Innovations." *RAND Journal of Economics* 16：504.

[13] Layne-Farrar, Anne, and Josh Lerner. Mar. 2006. "Valuing Patents for Licensing：A Practical Survey of the Literature." http：//ssrn. com/abstract = 1440292.

[14] Merges, Robert. 1999. "The Law and Economics of Employee Inventions." *Harvard Journal of Law and Technology* 13：1.

[15] Meuller, Janice. 2006. *An Introduction to Patent Law.* 2nd ed. New York：Aspen Law & Business. MIT Technology Licensing Office Website. No date. Frequently Asked Questions. http：//web. mit. edu/tlo/www/about/faq. html#b7.

[16] Orcutt, John. 2009. "The Case Against Exempting Smaller Reporting Companies from Sarbanes-Oxley Section 404：Why Market-Based Solutions Are Likely to Harm Ordinary Investors." *Fordham Journal of Corporate and Financial Law* 14：325.

[17] Orcutt, John, and Hong Shen. 2010. *Shaping China's Innovation Future：University Technology Transfer in Transition.* Cheltenham, UK：Edward Elgar.

[18] Parr, Russell. 2007. *Royalty Rates for Licensing Intellectual Property.* Hoboken, NJ：John Wiley & Sons.

[19] Romer, Paul M. 1990. "Endogenous Technological Change." *Journal of Political Economy* 98：S71.

[20] Schecter, Roger E. , and John R. Thomas. 2004. *Principles of Patent Law Concise Hornbook Series.* St. Paul, MN：West.

[21] Shapiro, Carl. 1985. "Patent Licensing and R&D Rivalry." *American Economic Review* 75：25. Smith, Gordon V. , and Russell L. Parr. 2005. *Intellectual Property：Valuation, Exploitation, and Infringement Damages.* Hoboken, NJ：John Wiley & Sons.

[22] Thursby, Marie, Jerry Thursby, and Emmanuel Dechenaux. Feb. 2005. "Shirking, Sharing Risk, and Shelving：The Role of University License Contracts." NBER Working Paper No. 11128. http：//www. nber. org/papers/w11128. pdf.

[23] Varner, Thomas. Sept. 2010. "Technology Royalty Rates in SEC Filings." *Les Nouvelles* 120.

注　释

1. Massimiliano Granieri, Maria Isabella Leone, and Raffaele Oriani, "Patent Licensing Contracts," in *The Economic Valuation of Patents：Methods and Applications*, eds. Federico Munari and Raffaele Oriani (2011), 236.

2. Stephen Degnan and Corwin Horton, "A Survey of Licensed Royalties," *Les Nouvelles* (June 1997)：91.

3. Varner, Thomas, "Technology Royalty Rates in SEC Filings," *Les Nouvelles* (Sept. 2010)：

120-127.

4. 参见 Mark Holmes，*Patent Licensing：Strategy，Negotiation，and Forms*（2010），4-10.

5. Holmes，4-6，4-7.

6. MIT Technology Licensing Office Website，Frequently Asked Questions，http：// web. mit. edu/tlo/www/about/faq. html#b7.

7. 专利权滥用主义是一个合理辩护，可以使用专利滥用主义来阻止许可条款的执行，所谓许可条款是或者超出了它原始授权条款的扩大专利，或者在竞争中具有不好的影响。

8. 即使专利许可被认为是竞争性的，专利权的使用可以构成在具有垄断法框架内反竞争效果的挑战行为的要素。

9. 为了届满前使用，允许专利使用费推迟到届满后支付，但是如果遭到误解，要承担所述质疑的风险。*Zenith Radio Corp. v. Hazeltine Research*，395 U. S. 100（1969）.

10. 379 U. S. 29，33（1964），reh'g denied，379 U. S. 985（1965）.

11. "专利权人不得利用其专利的权利在政府授予的垄断范围之外对制造、使用或销售产品收取费用。"*Zenith Radio Corp. v. Hazeltine Research*，395 U. S. 100，136（1969）.

12. 272 U. S. 476（1926）.

13. "产品知识产权的许可方本身违法来定价该产品的转售价格。与 3.4 部分中引用的原理一致，代理会强化针对维持知识产权的转售价格的本身违法原则（per se rule）"。Section 5. 2，*Antitrust Guidelines for the Licensing of Intellectual Property*，U. S. Department of Justice and the Federal Trade Commission（1995）. 对于产品知识产权的许可方来定价该产品的转售价格本身是违法的。

14. *United States v. Line Material Co.*，333 U. S. 287（1948）；*United States v. New Wrinkle，Inc.*，342 U. S. 371（1952）；*United States v. Huck Mfg. Co.*，382 U. S. 197（1965）；*United States v. Univis Lens Co.*，316 U. S. 241（1942）；*Ethyl Gasoline Corp. v. United States*，309 U. S. 436（1940）.

15. Gordon V. Smith and Russell L. Parr，*Intellectual Property：Valuation，Exploitation，and Infringement Damages*（2005），429.

16. Intellectual Asset Valuation，Harvard Business School，Case Study N9-801-192，4.

17. Smith and Parr，429.

18. Robert Goldscheider，John Jarosz，and Carla Mulhern. In *Intellectual Property：Valuation，Exploitation，and Infringement Damages*，eds. Gordon V. Smith and Russell L. Parr（2005），411.

19. Goldscheider，Jarosz，and Mulhern，412.

20. 参见，e. g.，Granieri，Leone，and Oriani，244 – 245；Thomas Cotter，"Four Principles for Calculating Reasonable Royalties in Patent Infringement Litigation，"*Santa Clara Computer and High Technology Law Journal* 27（2010/2011）：725，757；Anne Layne-Farrar and Josh Lerner，"Valuing Patents for Licensing：A Practical Survey of the Literature"（Mar. 2006），http：//ssrn. com/abstract = 1440292.

21. 632 F. 3d 1292 (Fed. Cir. 2011).

22. Robert Goldscheider, "The Classic 25% Rule and the Art of Intellectual Property Licensing," *Duke Law and Technology Review* 6 (2011): 14.

23. Granieri, Leone, and Oriani, 247.

第 *11* 章
专利侵权损害赔偿

专利侵权案件中可能发生的巨额损害赔偿是许多专利决策者需要慎重考虑的问题。专利侵权中的巨额赔偿金屡见不鲜，但是近期大量巨额的赔偿金引起了商业领袖、政治家、法院以及专业学者的注意。表 11.1 中提供了 1995 ~ 2009 年美国联邦地方法院判决的十大巨额损害赔偿金案件。[1]值得注意的是十大损害赔偿金案件中的八个发生在 2007 年及 2007 年以后。

表 11.1　1995 ~ 2009 年美国联邦地方法院判决的十大巨额损害赔偿金案件

损害赔偿金（百万美元）	年份	被　告	专利技术
1 848	2009	Abbott Laboratories	关节炎药品
1 538	2007	Microsoft	MP3 技术
521	2003	Microsoft	Internet 浏览器
432	2008	Boston Scientific	药物洗脱支架
388	2009	Microsoft	软件许可技术
368	2008	Gateway	数据录入技术
307	2006	Hynix	记忆芯片
277	2009	Microsoft	电子文档操作技术
250	2008	Boston Scientific	球囊扩张导管
226	2007	Medtronic	脊柱内固定器设备

资料来源：PricewaterhouseCoopers, "2010 Patent Litigation Study: The Continued Evolution of Patent Damages Law—Patent Litigation Trends 1995—2009 and the Impact of Recent Court Decisions on Damages" (2010).

然而，绝大部分的一般专利损害赔偿金都比所述十大判决小几个数量级。同样在 1995 ~ 2009 年年均专利损害赔偿金（见图 11.1）"近 15 年来，从 240 万美元到 1 050 万美元，平均赔偿金为 520 万美元"。[2]虽然考虑了所述更保守的数字，侵权诉讼的后果仍很可观。因此，在大量诉讼和非诉讼的专利设置中，了解如何计算专利损害赔偿金对于做出明智的决策是非常重要的。应将诉讼带来的潜在净收入和侵权诉讼产生的潜在净支出作为众多专利决策的考虑因素。由微软和谷歌（参见第5章）大肆宣传的交叉许可策略提供了潜在损害赔偿金极大促成专利决策的切实案例。

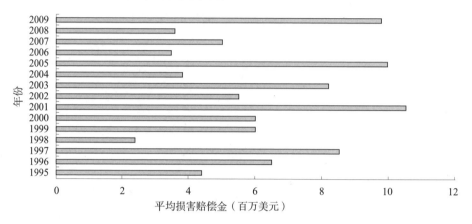

图 11.1 1995~2009 年美国联邦地方法院判决赔偿的平均损害赔偿金
（考虑到通货膨胀调整，由 2009 年的美元币值表示）

资料来源：PricewaterhouseCoopers，"2010 Patent Litigation Study：The Continued Evolution of Patent Damages Law—Patent Litigation Trends 1995—2009 and the Impact of Recent Court Decisions on Damages"（2010）.

应牢记的是，专利诉讼损害赔偿并不相当于专利的价值。尽管很多用来帮助确定侵权损害赔偿的估值技术与本书前几章中描述的内容相似，但是在专利侵权诉讼中，估值技术是用于帮助专利持有者在侵权事件中估定损害赔偿（由法令和判例法规定的）。因此，专利持有者在侵权诉讼中待解决的只是专利总价值的一部分。例如，诉讼仅涉及了专利20年保护期中一段时间的侵权，或者侵权只影响了总收益的一部分。在这样的具体诉讼背景下，专利估值在很多方面都是一种独特的应用，并且这种行为中的专利估值更多是过程的一个体现，而不是专利价值问题可靠的衡量标准。

在本章中，我们将：

■ 提供在专利侵权案件中用于计算损害赔偿的美国法律概述。
■ 解释"损失利润"估值技术以及如何将其用于计算专利损害赔偿。
■ 解释"合理使用费"估值技术以及如何将其用于计算专利损害赔偿。

■ 考虑一些其他专利损害赔偿事项。

■ 提出"诉讼还是协商"的假设。

11.1　用于计算专利侵权案件中的损害赔偿的美国法律框架

在美国，计算专利侵权案件中的损害赔偿出自于美国专利法第 284 条中的一句：

> 法院在得出有利于请求方的结论后，应判给请求方足以补偿其所受侵犯的损害赔偿，无论如何不能少于侵权者使用该发明所应付出的合理使用费，外加法院确定的利息和成本。[3]

法院阐述了第 284 条，用以在两个基本概念下允许其使用的专利侵权救济方式：

（1）损失利润

（2）合理使用费

过去，对于能够说明由于侵权造成损失的销售额、价格侵蚀或增加的成本的专利持有者，法院优选损失利润救济方式。不能证实损失利润时，专利持有者可以通过合理使用费来获得赔偿。[4] 合理使用费方法正如法规中明文规定的"不得少于合理使用费"建立了专利持有者的最低损害赔偿。与一些欧洲国家不同，美国不包括计算专利损害赔偿（除了外观设计专利的情况）的补偿（或不当得利）选项。美国的方法重点在于对专利持有者损失的补偿，而不是要求侵权者偿还其非法获得的利润（见文本框 11.1）。在这种补偿的理论中，损害赔偿金将专利持有者置于没有发生侵权它本该处于的同样经济地位。损失利润和合理使用费理论用于计算不同情况下专利持有者补偿性损失赔偿，后文将做具体分析。

文本框 11.1　在美国除了外观设计专利外，侵权者的利润不可归还

在美国 1946 年对美国专利法修改中，废除了专利损害赔偿选项。在修改之前，美国专利法明确地允许专利持有者获得侵权者的利润。在 *Aro Mfg. Co. v. Convertible Top Replacement Co.* 案中，[5] 美国最高法院证实了 1946 年修改取消了侵权者利润的获得。在判决中，法院解释如下：

> 目前的法律规定是只能获得"损害赔偿"。上述由法院界定"（专利持有者）已经从侵权中受到了经济损失，与（侵权者）是否通过其非法的行

为获利或损失的问题无关"。[6]

然而对于外观设计专利,侵权者的利润是可以获得的,外观设计专利起装饰作用,没有主要功能性的设计。美国专利法第 289 条提出:

任何人在外观设计专利的有效期内,未经专利权人许可,(1)以销售为目的在制造品上应用获得专利的外观设计或模仿其着色,或者(2)销售或者以销售为目的而展示任何应用该外观设计或者其模仿的制造品的,应在其全部所得利润的限度内对专利权人承担责任。该赔偿可在对双方当事人具有管辖权的任何美国法院获得,但不得少于 250 美元。[7]

在三个主要的知识产权类型中——专利、版权和商标——专利是唯一不要求归还侵权者利润的。

根据美国法律补偿方法的重大例外是三倍损害赔偿的限权。在美国专利法第 284 条中提出的"法院可以将损害赔偿增加到原确定或估定数额的三倍"[8]。尽管法律没有详述何时实施三倍损害赔偿条款,法院主要把提高的损害赔偿限制用于"故意侵权"的案件。[9]参见文本框 11.2 美国专利法中专利损害赔偿条款的历史。

文本框 11.2　美国专利法中专利损害赔偿条款的历史

年　份	法　规	损害赔偿条款
1788	U. S. Const. art. 1,§8, cl. 8	议会应有权"通过确保著者和发明人对各自作品和发明在限定期间内的专属权利,以推动科学及实用技术的发展"
1790	Patent Act of 1790, ch. 7, sec. 4, 1 Stat. 109	侵权者"应由陪审团评定,应没收并且支付……例如损害赔偿"
1793	Patent Act of 1793, ch. 11, sec. 5, 1 Stat. 318	专利权人有权(将赔偿定为)"至少为专利权人销售或许可他人使用其发明的价格的三倍"
1800	Patent Act of 1800, ch. 25, sec. 3, 2 Stat. 37	"以专利权人销售或许可他人使用其发明的价格"替换为"专利权人实际损害赔偿的三倍"

续表

年　份	法　　规	损害赔偿条款
1819	Patent Act of 1819, ch. 19, sec. 1, 3 Stat. 481	联邦法院有权同时在公平原则和法律下执行。其允许"被侵权的专利持有者拥有两种救济方式，他可以在二者之间选择： 他可以继续依公平原则并且获得侵权者对发明非法使用产生的收益及利润，案件中的侵权者视为关于此收益及利润的专利持有者的受托人；或者不管被告是否通过非法行为获益或亏损，专利持有者以法律形式诉讼，这样他可以有权获得如损害赔偿，作为他承受侵权伤害的补偿——这种情况下损害赔偿的方法不是被告所获益的，而是原告所损失的。" *Birdsall v. Coolidge*，93 U. S. 64（1876）
1836	Patent Act of 1836, ch. 357, sec. 14, 5 Stat. 117	"在任何时候，在任何损害赔偿金的诉讼中，应该对原告做出裁决……其应由法院，根据案件情况、附加成本、决定、进行裁量补偿，以原告承受的实际损害数额为做出判决基准，高于但是不超过三倍损害赔偿"
1861	Patent Act of 1861, ch. 88, 12 Stat. 246	获得损害赔偿所需的标记或实际告知侵权者的责任（加入至 1842 年专利法，第 5 卷，第 543、544 页）
1870	Patent Act of 1870, ch. 230, sec. 59, 16 Stat. 198	法院有权做出任何高于裁定数额的判决，加上诉讼费不超过裁定数额的三倍；但陪审团将他们的裁决严格限制在原告遭受的侵权实际损失之内。*Birdsall v. Coolidge*，93 U. S. 64（1876）
1897	Patent Act of 1897, ch. 15, 29 Stat. 692	法院有权在专利案件中发布禁令并且可以允许专利权人同时获得侵权者的利润与损害赔偿
1922	Patent Act of 1922, ch. 58, sec. 8, 42 Stat. 392	修改专利法将其编入发展的判例法中，允许"合理的金额"（即，合理使用费）裁定额，其中实际的损害赔偿或利润损失可以计算但不容易计算得出
1946	Patent Act of 1946, ch. 726, 60 Stat. 778	当前的损害赔偿部分采用："足以补偿其所受侵犯的，但无论如何不能少于侵权者使用该发明所应付出的合理使用费的损害赔偿，外加法院确定的利息和成本。"侵权者利润的追缴从法案中删除，随后在 *Aro Mfg. Co. v. Convertible Top Replacement Co.*，377 U. S. 476，505（1964）中由最高法院解释为减少侵权者利润所得作为损害赔偿金
1952	Patent Act of 1952, ch. 29, sec. 284, 66 Stat. 792（编入 35 U. S. C. § 284）	专利法编入至法典第 35 部分。损害赔偿条款出现在第 284 条，是现在适用的损害赔偿条款

11.2 损失利润

损失利润提供了一个理论上计算专利损害的合理方法。专利随之最重要的权利是排除他人"制造、使用或销售发明的权利"[10]。尽管排他权利的首要救济方式是一种禁令（见文本框11.3），禁令只能从授权时刻起开始提供可能的救济方式。专利持有者也可先于禁令起效前主张救济。尽管禁令允许专利持有者重获其由专利提供的与政府合同谈判的效益，损失利润救济方式提供给专利持有者在侵权没有发生的情况下应获取的经济效益。

文本框11.3 禁令的影响[11]

1897年专利法（第29卷，第692页）专门授予了法院听证专利侵权案件来发布禁令的权利。此后，在专利侵权诉讼中，禁令救济方式的可能性成为重要考虑事项。因此，对于防止进一步侵权的禁令作为专利侵权"标准的"救济方式便不足为奇[12]，并且它被列为美国专利法首要救济方式：

对法令［35 USCS Sects. 1 et seq.］下的案件具有管辖权的数个法院，可以依照衡平法原则发出禁令，以法院认为合理的条件，防止专利所获得的任何权利受到侵犯。[13]

我们可以认为禁令救助是排除将来专利侵权的有效方法。尽管继eBay, Inc. v. MercExchange, LLC[14]案之后，不再自动发生永久的禁令，永久的禁令仍然通常伴随着侵权裁定。尤其是如果专利的客体只涉及整个产品的不重要的部件，永久的禁令是临时禁令的一个威胁，并且影响可导致争议的当事人双方谈判的立场。

11.2.1 损失利润是什么？

专利持有者有权从没有发生侵权的假设世界中获得本该获取的附加利润。专利持有者需要模拟侵权行为在其利润上的影响。该建模通常需要查看侵权在专利持有者业务四个方面上的影响：

（1）损失的销售额：侵权是否导致了专利持有者专利产品销售额的减少？

（2）价格侵蚀：与侵权者的竞争是否降低了专利持有者销售专利产品的价格？

（3）增加的成本：专利产品损失的销售额是否影响了专利持有者从制造

成本节约中获利？

（4）相关的销售额：专利产品损失的销售额是否影响了专利持有者从其他产品或业务中获取相关的销售额？侵权者销售是否包括专利产品和其他非侵权部件的单一产品？侵权者是否销售一系列单独的但是相关的侵权或非侵权产品？

为了获取这些损失利润，专利持有者必须通过合理可能性来证明侵权者导致了这些损失利润。法院通常用"要不是"（but for）来探讨这一概念。专利持有者必须证明其极有可能，而不是"要不是"因为侵权，本该可能获得所谓损失利润。

11.2.2 "Panduit" 测试及其放宽策略

建立上述"要不是"因果关系的最有名的案件之一是 *Panduit Corp. v. Stahlin Brothers Fibre Works, Inc.*,[15] "Panduit" 规则提出了专利持有者必须基于损失利润来证明以下四个因素以获得损失赔偿：

（1）对专利产品的需求。

（2）不存在可接受的非侵权替换方案。

（3）专利持有者利用该需求制造和销售的能力。

（4）专利持有者本该获得的利润数额。

"Panduit" 规则并不针对损失利润提供专用的测试。[16]几年来，"Panduit" 规则的审判解释放宽了其标准，并且阐述了确认损失利润的其他途径。话虽如此，"Panduit" 规则仍然是最常用的方法，并且为通常确认专利持有者必须证明的用来获取损失利润提供了一个有用的框架。

"Panduit" 规则的第一个因素——对专利产品的需求——在诉讼过程中并不罕见。[17]可以通过例如将侵权者的销售额作为专利产品市场需求的证据引入，从而阐述需求。[18]侵权者的销售额表明存在想要至少一些版本的专利产品的买家。

"Panduit" 规则的第二个因素——不存在可接受的非侵权替换方案——是专利持有者最难证明的。如果存在可接受的非侵权替换方案，我们如何知道不存在侵权时，专利持有者本该产生的销售额是多少？顾客可能购买相应的替换产品。专利持有者可以通过证明："（1）市场中购买者通常因为其优点想要购买专利产品，或者（2）在此基础上购买侵权产品的特殊购买者"。[19]

侵权者通过证明存在可接受的替换方案，来反驳拥有专利产品的关键品质，或专利产品的特征对于购买者的决定不值一提。如果严谨地说，第二因素建议只能通过"双供应商市场"弥补损失利润，所述"双供应商市场"只由专利持有者和侵权者构成。[20]然而，法院判决之后，放宽第二因素并且明确说明可以通过多供应商市场获得损失利润。例如，在 *State Industries Inc. v. Mor-Flo Industries Inc.* 案中，[21]法院允许专利持有者使用市场占有率的分析来满足第二因素。一个评论员评论 *State Industries* 案的影响如下：

> 继 State Industries 之后，［第二］论点可以理解为，由于缺失本可以获得侵权方的全部销售额的非侵权替代方案，或者缺失的非侵权替代方案非常令人满意，以至于［专利持有者］不能证明他或她可以获得销售额。这样，［第二］论点排除了归还销售额，除非非侵权替代方案充分考虑了侵权者的销售额。[22]

"Panduit" 规则的第三个因素——制造和销售的能力——要求专利持有者证明具有产生额外销售量的能力，额外销售量是损失利润计算的基础。在侵权销售时，如果专利持有者没有足够的能力，要求专利持有者证明其可以通过合理手段（例如分包）来扩张能力以达到增长的要求。[23]

"Panduit" 规则的第四个因素——损失利润总额——并不是一个因果因素，只是要求专利持有者有十足把握证明损失利润。一旦专利持有者确定了是侵权者造成了损害，就可稍微放宽对损害确切的量化。为了描述放宽的程度，法院用例如"无法推测出裁决的损失利润总额，但是此总额也不需要经过准确无误的证明"来陈述。[24]

11.2.3 计算损失利润

专利持有者对损失利润索赔有权要求赔偿损失的增加利润。[25]换句话说，专利持有者的利润计算中不需要包括其固定成本。美国联邦巡回上诉法院对此方法有如下解释：

> 所述［增长加利润］方法意味着如果生产的前 N 个单位（或更少）已经支付了固定成本，那么不用花费与生产 N + 1 个单位那么多费用。所以当确定利润时，固定成本——那些不随生产增长变化的成本，诸如管理工资、所得税以及保险——被排除在外。[26]

当要求损失的销售额，意味着专利持有者有权要求赔偿：

$$损失利润 = 损失销售额的收入 - 可变的成本$$

除了法院对增加利润问题的指导之外，美国专利法和法院都没有为证明损失利润授权专门的估值技术。专利持有者可以自由地选择任何他认为可以足够确定地帮助证明其损失利润的合理方法和假设。正如我们上述讨论的，设法获得损失利润的专利持有者倾向于对他们业务的四个方面进行分析：

(1) 损失的销售额

(2) 价格侵蚀

(3) 增加的成本

(4) 相关的销售额

在本部分，我们针对专利持有者如何通过每一种途径来证明损失利润提出一些指导。

11.2.3.1　实际损失的销售额

专利持有者损失利润最明显的依据是由侵权导致的专利产品销售额的损失。"要不是"由于侵权，专利持有者可以从其专利产品获得多少额外的销售额？上述分析通常从确定侵权者的销售额，并且确定不存在侵权的情况下，专利持有者本该占有所述销售额的百分比开始。[27]

11.2.3.2　双供应商市场

在一个双供应商市场中（产品的供应商只有专利持有者和侵权者），由于专利持有者可以证明其具有足够的制造和市场能力，专利持有者推论其本该会占有侵权者全部的销售额，这是一个可以辩驳的推论。[28]然而，上述只是一个推论，而且可以被侵权者推翻。在一个案例中，例如侵权者可以证明其侵权的产品价格足够便宜而且特征不一样（专利持有者销售的是高端产品，而侵权者销售的是廉价产品），其顾客可能不买专利持有者的产品。[29]在 2009 年的一个案件中，根据专家的经验"总是存在至少一些专利侵权者的顾客出于完全与产品本身不相关的原因，而不愿意从专利权人处购买"，法院采纳了专家的上述意见，把双供应商市场 100% 的占有率，减少至 90%。[30]

11.2.3.3　多供应商市场：市场占有率方法

真实的双供应商市场是非常罕见的。通常为多供应商市场，即存在其他供应商，其同样供应定位与专利产品相同的产品。在多供应商市场中，专利持有者不能简单地断定其可以占有的侵权者的市场份额。为了陈述在多供应商市场中试图证明损失销售额涉及的难点，法院研究了"市场占有率方法"。在 *State Industries* 案中，法院提出专利持有者可以通过阐述产品中的市场占有率来说明要不是因为侵权，本该占有的市场份额。[31]因此，可以通过将侵权者销售额乘以专利持有者声明的市场占有率来计算损失的销售额：

损失的销售额 = 侵权者的销售额 × 专利持有者市场占有的百分比

为了证明市场占有率，专利持有者必须实施一个基于"市场特性的坚实的经济证据"（sound economic proof of the nature of the market）[32]合理的方法。为了动态、发展地估算专利持有者的市场占有率，评估者可以考虑使用 Markov 链（见第 7 章）。

11.2.3.4 价格侵蚀

经济学基础告诉我们，当产品或服务市场中的竞争增加时，产品或服务的价格会下降（见图 11.2）。因此侵权者的销售额不仅仅是从专利持有者转移的销售额。侵权者的销售额还可能拉低专利持有者对专利产品的定价。[33]如果侵权非常普遍，专利技术市场价格会被拉低到其边际成本。如果价格降低至边际成本，除非研究中包括了价格侵蚀，否则专利持有者从转移的销售额中的损失利润会为 0。法院会在专利损害赔偿金中考虑所述价格侵蚀的影响。

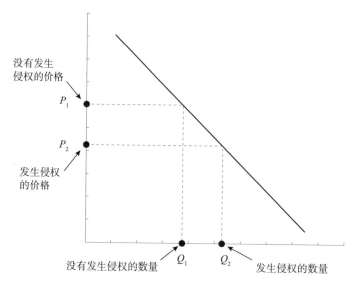

图 11.2　增长的竞争导致价格侵蚀和数量积

但是引起经济学家注意的是，法院没有很好地理解伴随着价格侵蚀相应的"数量积"（quantity accretion）。[34]如果给定产品的价格降低并且需求保持不变，那么该产品的单位销售额将会增加。

为了阐述损失利润中价格侵蚀和数量积潜在的影响，考虑如下情形：侵权者转移了专利产品 1 万单位销售额，并且产生的价格侵蚀将专利产品每单位增长的利润从 100 美元拉低至 20 美元。如果专利持有者不考虑价格侵蚀，仅从实际损失的销售额进行索赔，专利持有者的赔偿金应该为 20 万美元。此金额不能充分体现专利持有者实际损失利润的程度。此外，如果法院想要考虑价格侵蚀但是不调整数量积，赔偿金应为 100 万美元。所述 100 万美元超出了专利持有者实际损失利润,因为没有侵权情况下,专利持有者并不能将 1 000 单位卖到 100 美元每单位的增加利润。

11.2.3.5 增加的成本

侵权销售还可影响专利持有者的支出部分。侵权销售可能会在一些方面增加专利持有者的成本。首先,侵权者通过从专利持有者那里转移销售额,阻止专利持有者从规模经济中得到的积极影响。例如,专利持有者不能从供给合同上的批量折扣中获益,或者如果销售量增加,也不能从本该产生的有效改进中获益。

"学习曲线效应"提供了基于侵权者行为可能损失的成本节约实例。学习曲线(以及经验曲线)效应(见文本框 11.4)表示了产品积累的输出与产品单位成本之间的数学关系。重复工作次数越多,效率和生产率都会相应地改善,这是一个众所周知的经济学原理;在工作的初始阶段,改善往往是最显著的,然后随时间变得缓慢。通常通过每输出加倍成本而下降(decline in costs for each doubling of output)的百分比来表示此关系。对于大多数标准化工业来说,10% ~ 30% 学习曲线效应比较常见。[35]输出加倍成本的单位成本下降 10%、30% 通常用学习曲线 90%、70% 来描述。通过转移销售额,侵权者可能降低

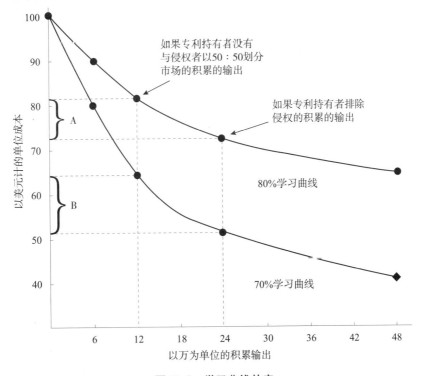

图 11.3 学习曲线效应

了专利持有者能从学习曲线效应中的获益，这将导致专利持有者比预期没有被侵权时花费更高的成本结构。图 11.3 中描述了一系列积累输出的 80% 和 70% 的学习曲线的单位成本。参考此图，具有 80% 学习曲线效应的公司且具有 12 万单位的积累输出，其具有的单位成本为 81 美元。以 24 万单位的累积输出，此单位成本会降至 73 美元。如果行业具有 70% 的学习曲线效应，专利持有人受到的损失更大。在那种情况下，如果没有和侵权者分享市场，专利持有者可期望的 24 万单位的累积输出的单位成本为 49 美元。

文本框 11.4　学习曲线和经验曲线

"学习"曲线效果和"经验"曲线效果是相关但是略微不同的两个概念。[36] 在第二次世界大战之前的飞机制造业首先提出学习曲线效应，[37] 随后被记载在大量行业中。[38] 学习曲线效应在知识和技术密集的工业领域更为明显。[39] 该效应曾经被用于分析历史上的制造业数据。[40] 更精确地说，术语"学习曲线"效应用于当输出增加，制造成本的下降；而术语"经验曲线"效应更宽泛，用于描述当输出增加，总成本的下降。

更直接的观点认为，侵权者的行为通过促使专利持有者增加投放广告、销售以及推销的支出以应付日益激烈的竞争，从而增长了专利持有者的成本。[41]

11.2.3.6　整体市场价值规则

除了从专利产品转移的销售额中的损失利润外，专利持有者还可能受到非专利产品的某些销售额的损失。在"整体市场价值规则"下，专利持有者可以从非专利产品的销售中获取损失利润——"该非专利产品根本不是专利产品的任何部分但是与专利物品相关联出售的，并且如果专利权人而非侵权者销售了侵权物品，并且因此很可能本该由专利权人出售。"[42] 整体市场价值规则可应用于如下两种典型的情况：

（1）侵权者出售同时包括专利产品和非侵权部件的一个单一产品。

（2）侵权者出售单独但与侵权和非侵权产品相关的一系列产品。

当单一产品中包括专利及非专利部件，如果顾客是基于该专利组件想要此产品，那么整体市场价值规则允许专利持有者将整个产品作为其损失利润的基础。当专利及非专利部件没有包括在单一产品中，但是与创造一个功能性部件极其相关，仍如此运用整体市场价值规则。[43] 为了基于"功能部件"计算损失利润，专利持有者需证明该专利产品是顾客对基于产品功能部件需求的基础。整体市场价值规则在功能性部件中的近期应用（见文本框 11.5）。

文本框 11.5　Juicy Whip：果汁自动售货机

Juicy Whip 是一项饮料自动售货机专利的持有者。该饮料自动售货机将饮料果汁和水单独存储，并在分装前将两者混合。自动售货机将一个吸引眼球的一个透明碗作为特色，以增加饮料销售量。

Juicy Whip 得到一个针对 Orange Bang 以及其他对其自动售货机侵权公司的判决。Juicy Whip 想要证明从损失的果汁销售额中损失利润包括的损害赔偿。行政法院没有认可 Juicy Whip 获得果汁销售额的损害赔偿。在 2004 年的判决中，即 *Juicy Whip*，*Inc. v. Orange Bang*，*Inc. et al*[44]，美国联邦巡回上诉法院推翻并且判定自动售货机与果汁之间存在充足的"功能性关系"，允许 Juicy Whip 证明从损失果汁销售额中的损失利润。法院陈述如下：

实际上，对于单独部件或整个机器的部分来讲，自动售货机和果汁是类似的，因为果汁与自动售货机一起工作来产生 Juicy Whip［自动售货机］专利的核心即视觉效果。尽管一些限制的可替换方案——其他果汁也可以用在 Juicy Whip 自动售货机中，并且同样的其他自动售货机也可以使用 Juicy Whip 的果汁——两个因素"一起工作以达到一个结果"。自动售货机需要果汁，果汁在自动售货机中混合。所述确实是一种功能性关系，并且专利设备与使用的非专利材料能够的功能性关系，不排除设备可以使用其他材料或者非专利材料能够用于其他设备的情况。因此，我们将此棘手案件发回重审，进一步审议以允许 Juicy Whip 来证明其果汁销售上损失的利润。[45]

11.2.3.7　分　摊

分摊学说试图解释专利持有者想要应用整体市场价值规则的情况。如果专利持有者的专利覆盖了侵权者销售的整个产品，损失利润将以侵权产品销售额的总额为基础。然而如果专利覆盖仅是侵权产品的一部分（例如产品的改进部分或其中的部件），除非应用整体市场价值规则，否则必须分摊销售额的专利价值。整体市场价值规则作为分摊学的例外而形成，[46]并且使分摊学说黯然失色。[47]所以分摊学现在作为整体市场价值规则的一个抗辩来使用。[48]

11.3　合理使用费

1915 年之前，美国法院通常拒绝使用合理使用费方法来计算专利损害赔偿。[49]例如，在 1889 年 *Rude v. Westcott* 案中，[50]最高法院认为：

> 为了让使用费作为一种可接受的对抗侵权者损害赔偿方法，其中该侵权者并非是被许可的相关方，在侵权遭控诉之前，其必须被支付或者受到保护；其必须由一些有机会使用该专利的人来支付以表明其默认合理性；并且其颁发许可的地点必须是一致的。

没有此证据，专利持有者被限制于名义上的损害赔偿。在 1915 年 *Dowagiac Manufacturing Co. v. Minnesota Moline Plow Co.*[51]案的判决中，最高法院最终允许使用合理使用费方法。Dowagiac 的判决被编入 1922 年的专利法中，至此合理使用费被授权作为专利侵权救济方法。

11.3.1　越来越普遍的合理使用费方法

专利诉讼方通常认为损失利润是理想的专利损害赔偿的救济方式，因为只有当不能证明损失利润时，才使用合理使用费作为替补方案。由于损失利润方法可以覆盖任何来自市场竞争者之外的市场力，所以最为常用。[52]然而，近来的实验数据表明，近来实施的损失利润方法并不如理论中那么流行。在 2010 年的报告中，PricewaterhouseCoopers 发现合理使用费方法已经成为专利侵权案件定损的主导方法。[53]在判定损害赔偿的侵权案件中，1995 ~ 2001 年，75% 的赔偿金都基于合理使用费方法，2002 ~ 2009 年，78% 基于合理使用费方法。[54]合理使用费方法日益占主导地位有以下几个原因：

- 很难提供用以获得损失利润要求的因果关系。
- 十分确定的计算损失利润非常困难。
- 为了获取损失利润，专利持有者需要通过以侵权产品向购买者出售的方式制作并且出售专利产品。而非实施实体（NPEs）（参见第 5 章）并不制作以及出售产品，所以非实施实体通常不能通过损失利润方法来获得补偿，[55]因为 NPEs 在专利侵权诉讼中占很大比例，所以合理使用费方法的增长并不稀奇。
- 法院对合理使用费方法的解释，使专利持有者对其有了更多了解（参见如下讨论）。

合理使用费方法的流行并不是一个暂时的趋势。相反，它呈现专利持有者处理侵权诉讼的方法系统的变化。

11.3.2　合理使用费方法从与损失利润方法不同的角度来计算补偿性损害赔偿

与损失利润一样，合理使用费想要补偿专利持有者的损失，并将其置于当侵权没有发生时专利持有者本该处于的同样的经济状况。损失利润方法与合理使用费方法这两种补偿方法的不同在于预期使用该方法的"理想化的专利持有者"（idealized patent holder）的不同。对于损失利润方法，理想化的专利持有者为实施该发明的制造者。对于合理使用费方法，理想化的专利持有者为NPE，理想化的专利持有者很大程度上改变了估值分析的关注点。Mark Lemley解释如下：

> 如果专利权人只对许可专利感兴趣，与如果专利权人对在于排除竞争和保持垄断感兴趣，在怎么做能"保持专利权人完整"上有很大不同。所以合理使用费判例法对市场应该为拥有此技术实际花费多少进行适当调查，牢记许可方也需要获利。相反，损失利润不仅可能，而且通常会超出被告从侵权中的获益。[56]

合理使用费试图确定一个金额，该金额是想要将发明作为商业目的实施的个人愿意支付的使用费，并且仍然可以产生合理利润。[57]实际上，调查需要确定专利给专利持有者和侵权者带来的价值，并且确定落在此范围内的使用费。得出的使用费也许是"一次性付款"（lump sum）形式的使用费，或者是更传统的销售额专利使用费率（见第 10 章）。[58]

美国专利法第 284 条提出了专利持有者的损失应该不少于合理使用费，但是它没有解释所述合理使用费是如何计算的。因此由法院来确定合理使用费的构成。通常法院应用两种方法：

（1）虚拟协商

（2）分析法

11.3.3 虚拟协商和 Georgia Pacific 因素

用于确定合理使用费最常见的技术是使用"虚拟协商"假定。法院可以通过"在侵权开始的时候，自愿的许可者和被许可者拟定一个虚拟协商"来计算合理使用费。[59]在 2009 年 *Lucent Technologies*，*Inc. v. Gateway*，*Inc.* 案中，美国联邦巡回上诉法院对虚拟协商做出如下解释：

> 虚拟协商尽可能地尝试再造预付款许可协商的情形，并且描述产生的协议。换句话说，如果没有发生侵权，自愿的当事人双方本该执行特定某一使用费支付方案的许可协议。[60]

1970 年 *Georgia-Pacific Corp. v. United States Plywood Corp.*[61]提出了用于确定虚拟协商结果最为常见的结构。当确定合理使用费时，*Georgia-Pacific* 案提供

了 15 个因素供法院考虑。

（1）诉讼中专利权人许可专利获得的使用费，证明或企图证明一个既定的使用费。

（2）被许可方支付的用于与诉讼中专利可比较的其他专利的费用。

（3）许可的性质和范围，例如独占或非独占，或如对地域有约束的或非约束的，或关于可以向哪些人群出售制造的产品。

（4）许可方的既定政策以及营销计划，通过不许可其他人使用该专利或者通过在保证垄断的条件下允许的许可，以维持他或她的专利垄断性。

（5）许可方与被许可方之间的商业关系，例如他们是否是同一行业中同一地区的竞争者，或者他们是否是发明人与出资人的关系。

（6）销售被许可方的其他产品的推销中的专利特性的影响，对许可方作为其非专利项目销售的产生者，该发明存在的价值，以及这种衍生或附属销售的程度。

（7）该专利及许可条款的期限。

（8）专利产品既定的盈利情况、其商业成就，以及其当前的受欢迎程度。

（9）相比用于产生相似的结果的旧模式及设备，存在的专利的实用性及优点。

（10）授权发明的性质，其被许可方拥有以及生产所体现出的商业特性，以及使用过该发明的人所获得的益处。

（11）侵权者已使用该发明的程度以及该使用带来价值的任何证据。

（12）在特定交易或类似交易中，使用该发明或相似发明通常获得的利润或销售价格的部分。

（13）与非专利因素、制造工艺、商业风险或重大特征或者侵权者增加的改进相区别的专利可实现利润的部分。

（14）具有资质的专家的意见证词。

（15）许可方（如专利权人）和被许可方（如侵权者）可接受关于是否双方合理并且自发地想要达成共识（在侵权开始阶段）的数目；即该数目是想要作为商业提议，得到制造以及销售一个具体物品（实体化该授权的发明）的许可的审慎的被许可方想要支付的使用费，还能产生合理利润，而且也是想要授权许可的审慎的专利权人可以接受的价位。

11.3.3.1 既定的使用费

一些评论者认为"既定的使用费"（established royalties）是一种除了损失利润和合理使用费方法以外，确定专利损害赔偿的第三种理论。[62]其他评论者将既定的使用费作为 Georgia-Pacific 因素（第一因素）之一，以及假定协商的一部分来建立合理使用费。无论将其如何分类，既定的使用费是其他被许可人为侵权的专利实际支付给专利持有者的费用。通常是侵权者想要说服法院执行既定的使用费。侵权者寻求使用既定的使用费来避免专利持有者获得高于市场中以前获得的合理使用费。[63]

说服法院判定以及使用既定的使用费是很具挑战性的。对用于证明既定的使用费的在先许可，它必须是："（1）在侵权开始之前是支付过并且受保护；（2）由足够数目的人来支付以表明费率的合理性；（3）数目是一致的；（4）不是在诉讼的威胁情况下或是在协商的和解中支付的；以及（5）专利的相关权益或事务。"[64]想要满足既定的使用费标准并不容易，"很少有法院判定为既定的使用费"。[65]当证明为既定的使用费，尽管法院可能决定判给专利持有者高于既定的使用费的合理使用费，[66]但是法院不可能判给专利持有者低于既定的费率的合理使用费。[67]

11.3.3.2　估计虚拟协商的结果

假设无法证明有明确的、既定的使用费，法院会作为最后的仲裁者来决定虚拟协商本该产生的结果。该假设的观点导致诸多哲学上的问题，而且屡遭批评，[68]但是在侵权开始之前，如果当事人双方想要成为许可方和被许可方，这项工作的潜在目标是接近当事人应该达成公平（arm's-length）协商的使用费。理论上，这意味着专利持有者和侵权者都应该从该许可协议中获益。

虽然 Georgia-Pacific 公司的 15 个因素不是确定虚拟协商结果的唯一方法，但是所述的 15 个因素较为流行。在具体的案件中，没有约束法院只用 Georgia-Pacific 因素或要求考虑全部因素。不是所有案件都依靠全部 15 个因素。[69]在 2002 年所做的一项 1990～2001 年 93 项合理使用费判决研究中，作为费率确定考虑，每个因素都被大量次数地引用（见图 11.4）。

执行 Georgia-Pacific 因素最突出的概念之一就是是否存在替代方案，即侵权者可用何种替代产品，并且专利持有者可有何种替代机会。[70]从侵权者（被许可方）的角度，有无相似的替代产品是其想要支付一个许可定价的首要决定因素。正如 Michael Keeley 解释的：

> 被许可方愿意为许可支付的最大金额是他通过比较位居第二位替代方案所能得到的收益。如果理想的替代方案不需要成本，那么被许可方不愿意支付，该专利是没有价值的。另一方面，如果替代方案不理想并且需要成本，那被许可方想要支付的最大金额是与第二位替代方案加上获取第二位技术的成本（如果存在）相比，他可以从销售该专利产品得到的增加

的利润。[71]

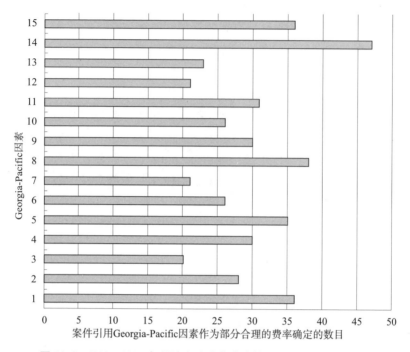

图 11. 4　1990～2001 年州地方法院裁决中的 Georgia-Pacific 因素

资料来源: Michele Riley, "A Review of Court-Awarded Royalty Rates in Patent Infringement Cases (1990 – 2001)," in *Intellectual Property*: *Valuation*, *Exploitation*, *and Infringement Damages*, eds. Gordon V. Smith and Russell L. Parr (2005), 712.

通过一些 Georgia-Pacific 因素，展示了替代产品的有效性：[72]

■ 因素 1：可用的替代方案应该降低专利持有者既定的使用费。

■ 因素 2：可用的替代方案应该降低侵权者为生产相似的专利产品而支付的现有的许可费用。

■ 因素 8：可用的替代方案将降低专利的市场能力，因此减少其盈利。

■ 因素 9 和因素 10：可用的替代方案将降低专利带来的特有优点和利润。

从专利持有者（许可者）的角度，应关注于除了对侵权者的许可，是否还存在替代机会。该替代的机会，更能确定专利持有者想要授权许可的价钱。假设专利持有者寻求利润最大化，应考虑授权一个具体许可的机会成本。[73] 根据专利持有者的具体情况，授权一个许可可以对其盈利情况在很多方面产生影响，包括以下内容：

■ 转移的实际销售额：被许可方可能会降低专利持有者或其他被许可方

的专利产品销售额。专利持有者想要收取使用费来平衡减少的销售额。

■ 价格侵蚀：从被许可方增加的竞争还可能导致专利产品的价格侵蚀（参见前述讨论）。为了减少价格侵蚀问题，专利持有者"可以收取被许可方一个客观的高额每单位使用费，以保证被许可方不会低于最适水准（the optimum level）定价［每单位使用费用增加了被许可方会导致其提高价格的边际成本（marginal cost）］"。[74] 如果侵权者没有收取最适每单位价格，应该考虑"数量积"效应（参见前述讨论）。

■ 增加的成本：转移的销售额导致专利持有者在不正常高成本结构下运行，这一点需要在使用费中考虑到（参见上述讨论）。

■ 转移的相关销售额：在前文中讨论的同样情况类型下，专利产品的被许可方的销售额还可转移专利持有者销售非专利产品的能力。同样地，专利持有者可以期待在与被许可方达成一致的使用费率中获得该经济效益。

许多 Georgia-Pacific 因素关注于专利持有者关心的机会成本。具体来说，因素 3、4、5、6、8、11 和 12 主要关注于专利持有者排他性的重要性，以及违反该排他性的侵权者的经济效益。

11.3.4 分析法

虚拟协商主要的替代方案是所谓的分析法。该方法试图估计侵权者在基于专利技术的侵权产品上所获得的额外利润，并在专利持有者和侵权者之间分配该额外利润。[75] 此方法有两个步骤：

（1）计算额外利润：

额外利润 = 侵权所获得的利润 – 侵权者通常的利润

（2）在专利持有者和侵权者之间分配该额外利润。

除了作为一个独立的技术使用，分析法还可以用来确定虚拟协商方法的结果。[76]

11.3.5 经验法则

在虚拟协商或分析法中，经验法则多次作为如何在专利持有者和侵权者之间分配额外利润的证据。最著名的经验法则是 25% 法则（参见第 10 章）。该法则在当事人之间就专利产生的营业利润进行分配。假设没有特殊因素表明一方应接受比较高的利润份额，25% 法则建议当事人应达成一个 25∶75 营业利润的划分，其中许可方占 25%，例如，在营业利润中，如果专利侵权者的使用产生了2 000万美元的收益，那么专利持有者应占有500万美元。

在 *Uniloc USA Inc. v. Microsoft Corp.* 案中，[77]联邦巡回上诉法院认为：

> 按照联邦巡回法律，25%经验法则是一个用来在虚拟协商中确定基线使用费率的基本的、但是有缺陷的工具。因此，在 Daubert 规则和联邦证据规则下，因为其不能将合理使用费基准与讨论中的案件的事实相关联，所以不能采纳基于25%经验法则的证据。[78]

所以，没有证据可支持其合法性，不再采纳25%法则的证据来分配专利持有者和侵权者之间的利润，其他潜在的经验法可能同样涉及此述问题。

11.3.6　分　摊

与采用损失利润赔偿金相同，分摊学说还应用于合理使用费赔偿。参见之前分摊学说的全面讨论。

11.3.7　扩展的合理使用费损害赔偿

从1978年Panduit❶判决开始，合理使用费判决已经扩展了救济方式，不只是简单地确定一个商业合理使用费。这些扩展内容增加了通过合理使用费方法中获得的损害赔偿金，并且增加了其在原告中的知名度。三个增加的方面包括：（1）Panduit kicker 规则，（2）将整体市场价格规律实施到合理使用费案件中，以及（3）拒绝侵权者产生利润的需求。

11.3.7.1　Panduit kicker

在"Panduit规则"中，法院解释，侵权后确定合理使用费并不等同于在专利持有者和被许可方的真实意愿之间的普通使用费协商。如果一概将合理使用费限定于纯粹商业费率上，有时，这种规则会激励侵权行为，合理使用费将会达到几倍。法院记载如下：

> 专利权人经过多年诉讼或许满足了证明损失利润要求的四项基本元素的沉重负担，除了此有限风险外，并且如果侵权者只需支付常规的非侵权者支付的使用费，那么没有什么可损失的，并且潜在收益巨大。侵权者可以处于"赢了我拿钱，输了你赔钱"的位置。[79]

在Panduit案之前，专利持有者在13年的诉讼中花费了40万美元的代理费，获得了44 709.60美元的判决裁定额。反之，侵权者能够产生1 788 384

---

❶　Panduit，泛达，美国一家网络电器公司。——译者注

美元的销售额。法院注意到这对专利持有者的不公平，陈述如下：

> 专利公开的那一天，没有在专利研究或发展上投资的竞争者，具有四个选项：（1）它可以制作并销售一个非侵权的替代产品，不制造、使用或销售包含该专利发明的产品；（2）如果专利持有者愿意协商许可，并支付一个合理的（经过协商的）使用费，它可以制造并销售该专利产品；（3）它完全可以使用该专利，承担接着发生的诉讼，并且认定专利有效并且判定为侵权的风险；或者（4）它可以在选项（2）的基础上取得一个许可，并且此后拒绝接受其合同，挑战专利的合法性。一旦选择了选项（3），不能与侵权者开始选择选项（2）一样地确定合理使用费，这样并非有失公平。[80]

审理 Panduit 案的法院撤销了庭审法院的赔偿方式，并说明允许增加赔偿金。Panduit 判决是预联邦巡回裁决，但是美国联邦巡回上诉法院因此正式采用 Panduit kicker 的判例来进行超过合理使用费的损害赔偿，从而就该侵权对专利持有者进行补偿。[81]专利损害赔偿主要的条约总结了 Panduit kicker 的情形和范围：

> 当故意侵权而产生的律师费用和增加的损失赔偿，这两个严格的标准没有被满足时，Panduit kicker 不应认为作为赔偿两者的方法……它在法院的自由裁量权内，以得到超出许可方和被许可方达成一致的假设意愿的合理使用费决定。然而，所述改进必须应用 Georgia-Pacific 和提及的其他因素。联邦巡回判例指明任何损害赔偿金的增加必须基于故意侵权或不诚实。[82]

11.3.7.2　整体市场价值规律

整体市场价值规律从损失利润学说到合理使用费学说的扩展已经成为专利损害赔偿金中极具争议的事项之一（见文本框 11.6）。规律的扩展可以追溯至 *Rite-Hite Corp. v. Kelley Co.* 案的法官意见陈述，当联邦巡回上诉法院提到"法院应用了一个被称为'整体市场价值规律'的规定来确定是否这些部分应当包括在损失估计中，是否为了合理使用费目的……或者是为了损失利润目的"。[83]因为 *Rite-Hite* 案引用了损失利润而不是合理使用费方法，所以所述陈述是法官意见。然而，*Rite-Hite* 案之后，联邦巡回上诉法院允许了使用整体市场价值规律来确定很多案件的合理使用费。[84]为了将整体市场价值规律应用于合理使用费方法，专利持有者必须与在损失利润案件中证明相同的部分，即专利持有者必须证明两个事情：

（1）专利及非专利部件包括在单一产品中或者与创造一个功能性部件极

其相关。

（2）专利特征是基于顾客的需求。

如果可以运用"整体市场价值规律"，专利持有者可根据具体情况，基于单个产品或功能性部件的整体价值来收取使用费。

文本框 11.6　增长的经济价值分析

整体市场价值规律是较具争议的专利损害赔偿学说之一，因为其蔓延到合理许可费方法而遭到了严厉的批评。所述批评的原因之一可能是此学说的大量"双重"特性。要么满足学说并且专利持有者可以从相关销售中获得损害赔偿，要么不满足学说并且专利持有者不允许获得相关销售的损害赔偿。

然而，一个双重方法并没有很好地以经济学理论为基础。以一个保护专利和非专利部件的单一产品为例，任何专利特征都可以与顾客对产品的需求中的潜在变化有关。如果专利特征是所述产品被顾客从供选方案中选出的唯一原因，那么增长的经济价值为100%。也就是说，没有专利特征，产品的需求将会为0。另一方面，专利特征不会增加顾客需求，这样的专利特征的增长经济价值为0。然而，可能的范围可为0到100%的任何点，大部分情况涉及高于0但是小于100%的增长的经济价值。

大部分通过定义允许基于整个市场价格规律计算其损害赔偿的专利持有者被过度补偿了。他们增长的经济价值极有可能小于100%，但是他们以100%的增长的经济价值获得了损害赔偿。另一方面，拒绝使用整体市场价值规律的专利持有者很有可能欠补偿，因为他们增长的经济价值很有可能大于0。如果专利损害赔偿精确地反映了专利产品增长的经济价值，一些何时以及如何实施整体经济价格规律的争论才可得以缓解。有人可能想知道作为双重规律的整体经济价格规律的发展是否起源于其"整体"经济价格规律的标签。如果该学说接受了一个适中的名字，例如"相关销售学说"（collateral sales doctrine），也许它会有不同。

11.3.7.3　不需要的侵权者利润

理论上，专利持有者的合理使用费赔偿金应由侵权者从假定协商中获取的利润这一要求来限定。在 *Georgia-Pacific* 案中，法院解释为："合理使用费准确的定义是，假设支付后，'侵权者将会留下一些利润。'"[85]然而，联邦巡回上诉法院拒绝了侵权者利润的要求，并且具体指出"没有规定使用费会不高于侵权者的净利润收益"。[86]

11.4 其他专利损害赔偿事项

在庭审级别,专利侵权诉讼中的损害赔偿金由陪审团或法官来确定。尽管在专利诉讼中上诉到更高法院非常常见,但关于低级法院做出的损害赔偿的上诉很难成功。损害赔偿数额是一个事实问题,而不是法律问题。

11.4.1 对专利损害赔偿金提出上诉

为了对事实问题进行上诉,诉讼当事人必须向上诉法院通过证据数量上的优势阐述下级法院法官判决的明显错误。[87]美国最高法院说过"尽管有证据支持,但基于整个证据的复审法院明确且坚定地认定错误已经犯下了,那么裁决仍是'明显的错误'"。[88]图 11.5 提供了一个专利诉讼复审审判标准的概要。由陪审团确定专利损害赔偿的情况中,要求更加严格。上诉诉讼必须证明陪审团的结论为联邦巡回上诉法院所说的"严重过度或者极度荒谬的,明显没有证据支持,或者仅仅基于推断或猜想的"。[89]

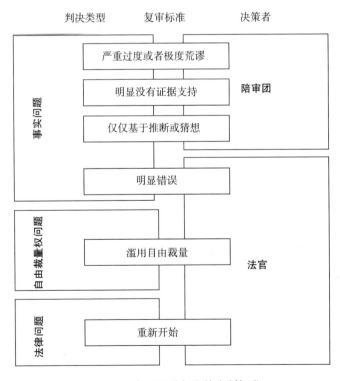

图 11.5 专利诉讼复审的审判标准

所述复审的高标准指的是，上诉法院将对庭审法院级别做出的损失赔偿判定给予很大的尊重，所以再上诉鲜有撤销或修改原判。因此诉讼当事人需要特别注意在庭审法院级别的损害赔偿事项。

11.4.2　判决前利息

美国专利法第 284 条允许原告获得判决前利息（prejudgrnent interest）。在 1983 年，美国最高法院澄清，应该作为专利持有者适当补偿的一部分来"正常判定"判决前利息。[90]法院已经执行的利率覆盖了从较低端的美国国库券利率到债券利率，或者甚至专利持有者在侵权期间支付的贷款利率等一系列可能性。

11.4.3　提高的损失赔偿

不论损失利润或合理使用费，专利损害赔偿以补偿专利持有者的损失为重点。美国专利法第 284 条允许法院"将损害赔偿增加到原确定或估定数额的三倍"。法院很大程度上限制增加的损害赔偿金只应用于"故意侵权"的案件，[91]这被描述为"公然无视专利权人的权利"。[92]故意侵权要求专利持有者出示相对高的证明。如果侵权者直到被起诉才知道该专利，或者如果侵权者有理由相信该专利已经无效，或者没有被侵权，那么法院未必认定发生故意侵权[93]。

11.4.4　律师费

诉讼成本是专利诉讼涉及的一项主要支出。所以，当诉讼判决时，补偿这些支出可能会是一个重要因素。表 11.2 提供了美国知识产权协会基于其经济调查报道的专利侵权案件的平均诉讼成本。所述总成本包括"外聘法律与律师法律业务、本地律师、合伙人、律师助理、差旅及生活支出、法院书记官、摄像师、信件业务、筹备展出、分析性测试、鉴定证人、翻译、调查、陪审团顾问的成本和费用，以及其他类似支出"[94]。

表 11.2　2011 年专利侵权诉讼的平均成本

	专利侵权案件		
	在风险中少于 100 万美元	在风险中 100 万～ 2 500 万美元	在风险中高于 2 500 万美元
诉讼的平均总成本	65 万美元	250 万美元	500 万美元

资料来源：Law Practice Management Committee of the American Intellectual Property Law Association，"Report of the Economic Survey 2011"（2011）。

美国专利法第 285 条提出"在特殊情况下，法院可以判给胜诉的当事人以合理的律师费"。尽管此条表面看来是对胜诉的原告和被告同等对待，但发展的判例法是对专利持有者有利。以第 285 条为基础，尽管故意侵权不会总是产生律师费的裁决，胜诉的专利持有者也可以通过陈述故意侵权来要求律师费。然而，对于胜诉的被告侵权者，获得律师费要求更多的陈述。当专利持有者行为可被描述为对不必要的诉讼进行的不公正的引导或追求，法院才会将律师费判给胜诉的被告侵权者。

11.5　回答诉讼还是协商的问题

遍及本书，基本的观点是决策者的观点。在专利诉讼的环境下，最重要的决策之一即是在法院外解决纷争还是继续审判。记载的绝大多数的诉讼案件都在庭审前解决，如果包括潜在、未声明的和解，那么此比例将会更高。第 4 章介绍的一项估值技术——决策树技术特别适用于此决策。所述技术涉及创建一个充分体现各种关于不确定因素和风险的估价的决策树，并将它们与相关可能的结果结合。

此技术的优点是它将复杂的问题分解成更可达成的因素——特别是风险和不确定因素——这会更容易估计。一旦进行了此步骤，用逻辑上一致的方法重新组装因素，这样可以基于各种投入和假设来计算决策。在诉讼的情况下，损害赔偿的计算并入了该决策，而且它还包括考虑其他重要因素，例如不确定性以及不包括在损害赔偿金内的其他潜在成本和利润。

11.5.1　专利持有方与 Apollo 假设

为了阐述如何分析诉讼还是和解（或者和解还是辩护）决策树，考虑一下下述假设示例。专利持有方持有一项在移动通信设备中应用的专利。制造并出售移动手机的 Apollo 公司收到了一封来自专利持有方的信件，该信件声称 Apollo 侵犯了专利持有方的一项专利。所述信件包括要求 Apollo 支付 10 万美元的一次性专利使用费用。Apollo 需要决定是否支付该专利使用费用。

利用上述事实与一些有关可能性的估计、潜在的损害赔偿以及预期成本，可以研究出一个基本的决策树来帮助 Apollo 做决策（见图 11.6）。该树状图充分体现了四个可能的不确定未来事项：

（1）即决审判结果

（2）庭审结果

（3）上诉的决定

（4）上诉的结果

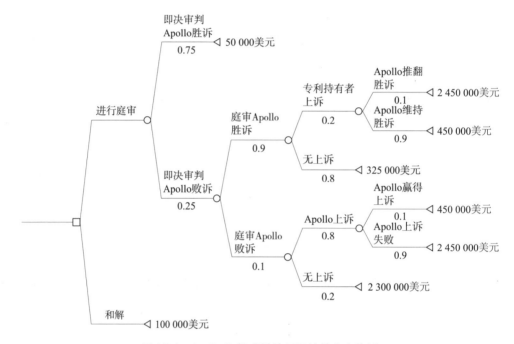

图 11.6 Apollo 和解或辩护问题的基本决策树

当然，可以构建更加详细的树状图，但是该基本的树状图已经说明了所述技术的作用。在该树状图构建过程中，做出关于不确定性的如下假设：

▓ 在即决审判中，Apollo 胜诉的可能性是 75%。

▓ 在庭审中，Apollo 胜诉的可能性是 90%。

▓ 专利持有方对不利庭审的结果上诉的可能性是 20%。

▓ Apollo 对不利庭审的结果上诉的可能性是 80%。

▓ 上诉法院会推翻该庭审法院结果的可能性是 10%。

▓ 还将 Apollo 确定的成本假设并入该树状图（为了说明的目的又一次简化）：提出即决审判诉讼的支出为 50 000 美元，提出庭审的诉讼另付 250 000 美元，如果专利持有方在庭审中胜诉需要支付 2 000 000 美元的损害赔偿，继续其他上诉需另外支付 150 000 美元。

已经谨慎简化了所述决策树方案来使问题更容易理解（在本书中也可更

好地显示树状图）。它是一个假设的决策树，决策的数量和不确定节点可以大量增加以更好地反映诉讼中情况的复杂性。然而，即使通过一个简化的决策树，也可以收集重要的线索来改进决策过程。

当回顾该树状图（见图 11.7），决策者可得知，进行庭审决策的预期货币价值为 181 750 美元。因为和解的支出为 100 000 美元，而 Apollo 想要降低支出，减少成本的理智决策是支付要求的 100 000 美元。

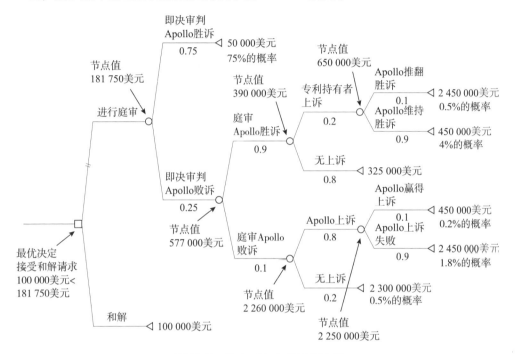

图 11.7 从 Apollo 角度回顾决策

那些被迫参与到现实世界中此类和解或辩护的人已经熟知的信息，由决策树使之变得更明显。即使有很高的机会会胜诉——75% 的可能性会在即决审判中胜诉，并且 90% 的可能性会在庭审中胜诉——但对于 Apollo 来说支付 100 000 美元的和解提议还是更具经济意义。

11.5.2 站到别人立场考虑问题的重要性

然而，在结束和解或辩护决定之前，Apollo 应该从专利持有方角度来分析决策。[95] 从另一方角度来分析决策能够提供给决策者非常宝贵的线索。图 11.8 示出了专利持有方的决定起诉 Apollo 侵权或与之和解的决策树。由于除了 Apollo 外，专利持有方还有很多有争议专利的被许可方（潜在的和实际上的），在 Apollo 侵权案中败诉对于专利持有方潜在成本方面意义重大。基于此，假设潜在的专利使用费及和解的损失本为 5 000 000 美元。树状图假设律师费用与 Apollo 支出的一样，那么不确定的可能性与之前决策树的一样。

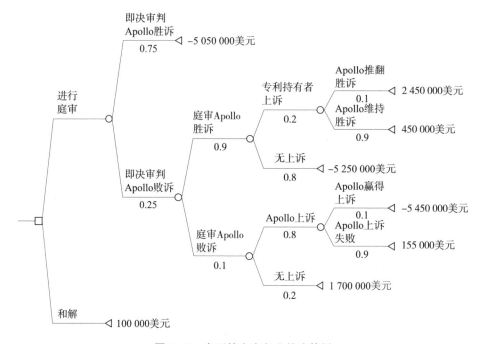

图 11.8 专利持有方角度的决策树

当回顾新的决策树（见图 11.9），出现了一些有趣的线索。如果败诉，专利持有方会比 Apollo 失去的更多。回顾决策树，以专利持有者角度来看和解要比可能失去多于 5 000 000 美元更好。因为 5 000 000 美元的大部分都是收入损失的形式，而不是实际的现付成本，这在专利持有方对 Apollo 会仅仅从其自身角度考虑的情况并且支付和解，以及其他公司也会如此作假设的商务策略点很有意义。然而，如果 Apollo 基于上述评估，现在就可以以强有力的动机去和解协商以迫使专利持有方降至仅为阻挠价值（nuisance value）解决支付。Apollo 应该认为专利持有者在虚张声势，并且阐述在诉讼上积极辩护的坚定决心。

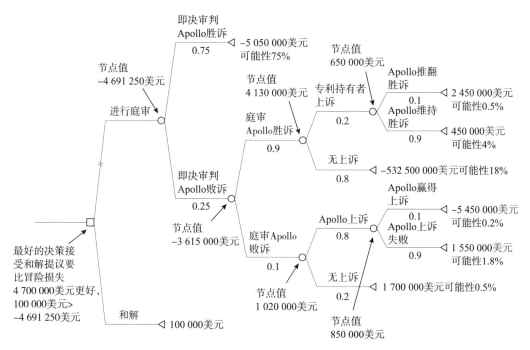

图 11.9　从专利持有方角度回顾的决策树

参考文献

［1］Abernathy，William，and Kenneth Wayne. Sept. – Oct. 1974. "Limits of the Learning Curve." *Harvard Business Review*.

［2］Butler，Bryan. 2011. *Patent Infringement Compensation and Damages*. New York：Law Journal Press. Cauley，Richard. 2009. *Winning the Patent Damages Case*. New York：Oxford University Press.

［3］C. K. Coughlin，Inc. 1973. HBS Case Study 9 – 174 – 083.

［4］Durie，Daralyn，and Mark Lemley. 2010. "A Structured Approach to Calculating Reasonable Royalties." *Lewis and Clark Law Review* 14：627.

［5］Freedman，David. Nov. – Dec. 1992. "Is Management Still a Science?" *Harvard Business Review*. Ghemawat，Pankaj. Mar. – Apr. 1985. "Building Strategy on the Learning Curve." *Harvard Business Review*.

［6］Hirschmann，Wilfred. Jan. – Feb. 1964. "Profit from the Learning Curve." *Harvard Business Review*.

［7］Janicke，Paul. 1993. "Contemporary Issues in Patent Damages." *American University Law Review* 42：691. Keeley，Michael. 1999. "Estimating Damages in Patent Infringement Cases：An Economic Perspective." www. cornerstone. com/pubs/xprPubResultsCornerstone. aspx?

xpST = PubRecent.

[8] Law Practice Management Committee of the American Intellectual Property Law Association. 2011. "Report of the Economic Survey 2011."

[9] Lemley, Mark. 2009. "Distinguishing Lost Profits from Reasonable Royalties." *William and Mary Law Review* 51: 655.

[10] Love, Brian. 2007. "Patentee Overcompensation and the Entire Market Value Rule." *Stanford Law Review* 60: 263.

[11] McCune, Connor. 2011. "IP Leveraging and Learning/Experience Curve Effects." Univ. of New Hampshire Law Student White Paper Series (copy on file with authors).

[12] Meuller, Janice. 2006. *An Introduction to Patent Law*. 2nd ed. New York: Aspen Law & Business. Morin, Michael. July – Aug. 2005. "Processing Grain: Lost Profits Damages and Some Practical Considerations for the Patent Litigator." *IP Litigator*.

[13] Opderbeck, David. 2009. "Patent Damages Reform and the Shape of Patent Law." *Boston University LawReview* 89: 127.

[14] Pincus, Laura. 1991. "The Computation of Damages in Patent Infringement Actions." *Harvard Journal of Law and Technology* 5: 95.

[15] Pretty, Laurence. 2011. *Patent Litigation*. New York: PLI Press.

[16] PricewaterhouseCoopers. 2010. "2010 Patent Litigation Study: The Continued Evolution of Patent Damages Law—Patent Litigation Trends 1995—2009 and the Impact of Recent Court Decisions on Damages."

[17] Riley, Michele. 2005. "A Review of Court – Awarded Royalty Rates in Patent Infringement Cases (1990 – 2001)." In *Intellectual Property: Valuation, Exploitation, and Infringement Damages*, edited by Gordon V. Smith and Russell L. Parr, 706 – 722. Hoboken, NJ: John Wiley & Sons.

[18] Schecter, Roger E., and John R. Thomas. 2004. *Principles of Patent Law, Concise Hornbook Series*. St. Paul, MN: West.

[19] Seaman, Christopher. 2010. "Reconsidering the Georgia-Pacific Standard for Reasonable Royalty Patent Damages." *Brigham Young University Law Review* 1661.

[20] Spence, A. Michael. 1981. "Competition, Entry, and Antitrust Policy." In *Strategy, Predation, and Antitrust Analysis*, edited by Steven Salop, 45 – 88. Report by the Federal Trade Commission Bureau of Economics and Bureau of Competition.

[21] Valenti, Paola Maria. 2011. "Economic Approaches to Patent Damages Analysis." In *The Economic Valuation of Patents: Methods and Applications*, edited by Federico Munari and Raffaele Oriani, 262 – 287. Cheltenham, UK: Edward Elgar.

[22] Werden, Gregory, Lucian Beavers, and Luke Froeb. 1999. "Quantity Accretion: Mirror Image of Price Erosion from Patent Infringement." *Journal of the Patent and Trademark Office Society* 81: 479.

[23] Werden, Gregory, Luke Froeb, and James Langenfeld. 2000. "Lost Profits from Patent Infringement: The Simulation Approach." *International Journal of the Economics of Business* 7: 213.

注　释

1. 注意，针对 Polaroid 的重大事件 8.73 亿美元的专利赔偿金发生在 1991 年，早于图 11.1 的 1995~2009 年的时间表。

2. PricewaterhouseCoopers, "2010 Patent Litigation Study: The Continued Evolution of Patent Damages Law—Patent Litigation Trends 1995—2009 and the Impact of Recent Court Decisions on Damages" (2010), 7.

3. 35 U. S. C. sec. 284.

4. 参见 *Panduit Corp. v. Stahlin Bros. Fibre Works*, *Inc.*, 575 F. 2d 1152, 1157 (6th Cir. 1978) ("When actual Damages, e. g., lost profits, cannot be proved, the patent owner is entitled to reasonable royalties.").

5. 377 U. S. 476 (1964).

6. 377 U. S. 476, 507 (1964).

7. 35 U. S. C. sec. 289.

8. 35 U. S. C. sec. 284.

9. 参见, e. g., *In re Seagate Tech.*, 497 F. 3d 1360 (Fed. Cir. 2007).

10. 35 U. S. C. sec. 154,

11. 该引文用于描述专利持有者可以使用禁令的威胁来提取从所谓被指控的侵权者获得的，否则专利持有者以其他方式不能获得的使用费的情况。*Odetics*, *Inc.* *v. Storage Tech. Corp.*, 185 F. 3d 1259, 1272 (CAFC 1999).

12. Mark Lemley, "Distinguishing Lost Profits from Reasonable Royalties," *William and Mary Law Review* 51 (2009): 657.

13. 35 U. S. C. sec. 253.

14. 547 U. S. 388 (2006).

15. 575 F. 2d 1152 (6th Cir. 1978).

16. 参见 Paul Janicke, "Contemporary Issues in Patent Damages," *American University Law Review* 42 (1993): 709.

17. Roger E. Schecter and John R. Thomas, *Principles of Patent Law*, *Concise Hornbook Series* (2004), 335; Janicke, 700.

18. *Gyromat Corp. v. Champion Spark Plug Co.*, 735 F. 2d 549, 552 (Fed. Cir. 1984) ("The substantial number of sales . . . of infringing products containing the patented features is compelling evidence of the demand for the product.").

19. *Standard Havens Prods.*, *Inc.* *v. Gencor Indus.*, *Inc.*, 953 F. 2d 1360, 1373 (Fed. Cir. 1991).

20. Paola Maria Valenti, "Economic Approaches to Patent Damages Analysis," in *The Economic Valuation of Patents*: *Methods and Applications*, ed. Federico Munari and Raffaele Oriani (2011), 363.

21. 883 F. 2d 1573 (Fed. Cir. 1989).

22. Janicke, 704.

23. 参见 *Bio - Rad Lab v. Nicolet Instrument Corp.*, 739 F. 2d 604 (Fed. Cir. 1984).

24. *Bio - Rad Lab v. Nicolet Instrument Corp.*, 739 F. 2d 604, 616 (Fed. Cir. 1984).

25. *Paper Converting Machine Co. v. Magna - Graphics Corp.*, 745 F. 2d 11 (Fed. Cir. 1984).

26. *Paper Converting Machine Co. v. Magna - Graphics Corp.*, 745 F. 2d 11, 22 (Fed. Cir. 1984).

27. Bryan Butler, *Patent Infringement Compensation and Damages* (2011), 5 - 21.

28. 参见 *Del Mar Avionics*, *Inc. v. Quinton Instrument Co.*, 836 F. 2d 1320 (Fed. Cir. 1987).

29. *Bic Leisure Products*, *Inc. v. Windsurfing International*, *Inc.*, 1 F. 3d 1214 (Fed. Cir. 1993).

30. *Haemonetics Corp. v. Baxter Healthcare Corp.*, 593 F. Supp. 2d 303, 306 (D. Mass. 2009).

31. 883 F. 2d 1573, 1578 (Fed. Cir. 1989).

32. *Grain Processing Corp. v. Am. Maize - Prods. Co.*, 185 F. 3d 1341, 1350 (Fed. Cir. 1999); 还可参见 *Ericsson*, *Inc. v. Harris Corp.*, 352 F. 3d 1369, 1377 - 1378 (Fed. Cir. 2003).

33. 参见 e. g., *In the Matter of Mahurkar Double Lumen Hemodialysis Catheter Patent Litigation*, 831 F. Supp. 1354 (N. D. Ill. 1993).

34. Gregory Werden, Lucian Beavers, and Luke Froeb, "Quantity Accretion: Mirror Image of Price Erosion from Patent Infringement," *Journal of the Patent and Trademark Office Society* 81 (1999): 479.

35. Pankaj Ghemawat, "Building Strategy on the Learning Curve," *Harvard Business Review* (Mar. - Apr. 1985).

36. 更完整的讨论参见 William Abernathy and Kenneth Wayne, "Limits of the Learning Curve," *Harvard Business Review* (Sept. - Oct. 1974).

37. Wilfred Hirschmann, "Profit from the Learning Curve," *Harvard Business Review* (Jan. - Feb. 1964).

38. 这些产业的范围从面巾纸到计算机芯片；参见 Ghemawat.

39. A. Michael Spence "Competition, Entry, and Antitrust Policy," in *Strategy*, *Predation*, *and Antitrust Analysis*, *Federal Trade Commission*, edited by Steven Salop (1981). 总结学习曲线效应的一个方法是实践出真知。在信息时代工业，存在复杂性和意愿的改变，学习曲线

效应的优点很明显，另外，有些人表明，任务越复杂，学习效率越高；参见 Hirschmann。因此，在高风险、高收益、胜者为王的市场环境下，任何增加的收益，例如从学习曲线效应中获取的，对于确定胜利者都是具有重大意义的。其他作者宣称"自组织系统是学习系统"。David Freedman, "Is Management Still a Science?" *Harvard Business Review*（Nov. – Dec. 1992）。

40. Abernathy 与 Wayne 做出的学习曲线分析在 T 型和 A 型汽车生产中的应用。作者还讨论了依据学习曲线效应策略的风险。

41. Valenti, 268 – 269.

42. Lemley, 660.

43. *Rite-Hite Corp. v. Kelley Company*, 56 F. 3d 1538, 1550（Fed. Cir. 1995）：非专利部件必须以某种形式与专利部件一起运行，以产生期望的最终产品或结果。所有的组件必须同时与一个单独组合件的部件或整个机器的部分相似，或者它们必须组成一个功能单位。我们的范例没有责任扩展到包括具有本质上与专利发明功能性没有关系并且具有由于方便或经营优势的问题与侵权产品一起出售的产品。

44. 382 F. 3d 1367（Fed. Cir. 2004）.

45. 382 F. 3d 1367, 1372 – 1373（Fed. Cir. 2004）.

46. 参见，例如，*Velo-Bind, Inc. v. Minn. Mining & Mfg. Co.*, 647 F. 2d 965（9th Cir. 1981）.

47. 参见 Brian Love, "Patentee Overcompensation and the Entire Market Value Rule," *Stanford Law Review* 60：（2007）：269.

48. Bryan Butler, *Patent Infringement Compensation and Damages*（2011）, 2 – 28.

49. Christopher Seaman, "Reconsidering the *Georgia-Pacific* Standard for Reasonable Royalty Patent Damages," *Brigham Young University Law Review*（2010）：1668.

50. 130 U. S. 152（1889）.

51. 235 U. S. 641（1915）.

52. Lemley, 655.

53. PricewaterhouseCoopers, 12.

54. 同上。

55. Seaman, 1675.

56. Lemley, 661.

57. *Panduit Corp. v. Stahlin Bros. Fibre Works, Inc.*, 575 F. 2d 1152, 1157 – 1158（6th Cir. 1978）.

58. *Uniloc United States v. Microsoft Corp*, 2009 WL 691204（D. R. I. March 16, 2010）.

59. *Minco, Inc. v. Combustion Engineering, Inc.*, 95 F. 3d 1109, 1119（Fed. Cir. 1996）.

60. 580 F. 3d 1301, 1325（Fed. Cir. 2009）.

61. 318 F. Supp 1116（S. D. N. Y. 1970）.

62. 参见，e. g. , Butler, chap. 3.

63. Richard Cauley, *Winning the Patent Damages Case* (2009)，39.

64. Butler, 3 – 4.

65. 同上。

66. *Nickson Industries Inc. v. Rol Manufacturing Co.* , 847 F. 2d 795（Fed. Cir. 1988）.

67. Butler, 3 – 8.

68. 例如，一些人指出 *Georgia-Pacific* 提供了太多可以考虑平衡的因素，以使测试为对陪审团几乎没有实际的指导。Daralyn Durie and Mark Lemley, "A Structured Approach to Calculating Reasonable Royalties," *Lewis and Clark Law Review* 14（2010）：631. 其他常见批评集中在虚拟协商的假设上，即：（1）双方当事人可以达到许可协议的平衡点，然而实际上可能根本达不到，（2）当事人双方在协商时刻具有完整信息，包括有关未来的信息。

69. *Dragan v. L. D. Caulk Co.* , 1989 WL 1333536, ＊9（D. Del. Apr. 21 1989），aff'd, 897 F. 2d 538（Fed. Cir. 1990）.

70. 参见 Michael Keeley, "Estimating Damages in Patent Infringement Cases：An Economic Perspective"（1999），http：//www. cornerstone. com/pubs/xprPubResultsCornerstone. aspx？xpST = PubRecent10.

71. 同上。

72. 同上。

73. 同上。

74. 同上。

75. 参见 *Lucent Technologies*, *Inc. v. Gateway, Inc.* , 580 F. 3d 1301, 1324（Fed. Cir. 2009）.

76. Butler, 4 – 28.

77. 632 F. 3d 1292（Fed. Cir. 2011）.

78. 632 F. 3d 1292, 1315（Fed. Cir. 2011）.

79. *Panduit Corp. v, Stahlin Bros. Fibre Works, Inc.* , 575 F. 2d 1152（Fed. Cir. 1978）.

80. 575 F. 2d 1152, 1158 – 1159（Fed. Cir. 1978）.

81. *Mahurkar v. C. R. Bard, Inc.* , 79 F. 3d 1572, 1580 – 1581（Fed. Cir. 1996）；*Maxwell v. J. Baker, Inc.* , 86 F. 3d 1098, 1110（Fed. Cir. 1996）.

82. Butler, 4 – 35 – 4 – 36.

83. 56 F. 3d 1538, 1549（Fed. Cir. 1995）. Mark Lemley 解释了在 *Rite-Hite* 案判决之前，联邦巡回法院曾使用整体市场价值规则来确定合理使用费案件是不明确的。Lemley, 662.

84. 参见，e. g. , *Bose Corporation v. JBL, Inc.* , 274 F. 3d 1354（Fed. Cir. 2001）.

85. *Georgia-Pacific Corp. v. United States Plywood Corp.* , 318 F. Supp 1116, 1122（S. D. N. Y. 1970）.

86. *State Indus. , Inc. v. Mor-Flo Indus. , Inc.* , 883 F. 3d 1573, 1580（Fed. Cir. 1989）；还可参见 *Mars, Inc. v. Coin Acceptors, Inc.* , 527 F. 3d 1359, 1374（Fed. Cir. 2008（我们不

同意 Coinco 关于合理使用费从来不会导致亏损的侵权操作的论据）。

87. Fed. R. Civ. P. 52（a）.

88. *United States v. United States Gypsum Co.*，333 U. S. 364，395（1948）.

89. *Brooktree Corp. v. Advanced Micro Devices，Inc.*，977 F. 2d 1555，1580（Fed. Cir. 1993）.

90. *General Motors Corp. v. Devex Corp. et al.*，461 U. S. 648（1983）.

91. 参见，e. g.，*In re Seagate Tech.*，497 F. 3d 1360（Fed. Cir. 2007）.

92. Schecter and Thomas，344.

93. Schecter and Thomas，344 – 345.

94. Law Practice Management Committee of the American Intellectual Property Law Association "Report of the Economic Survey 2011"（2011），35.

95. A classic Harvard Business School case study（C. K. Coughlin, Inc. HBS Case Study 9 – 174 – 083［1973］）174 – 083［1973］）阐述了从另一方观点上执行判决分析的重要性。此项研究是最早说明决策树方法在专利诉讼决策中具有实用性的一个。

第*12*章
开启专利中的潜在价值

在相对较短的时间内，从基于商品的工业经济到基于知识的企业经济的转型已经重塑了全球经济的结构。土地、建筑物和机器正在被这种新经济中最具影响力的资产即知识产权尤其是专利所取代。如同任何快速的系统性变革，这种经济重心的转移创造了大量新的机遇。例如，企业家、公司和投资人已经认识到可以将专利作为一项重要的商业资产，这一进一步认识已经引领他们寻求从专利中提取价值的可选方法。这些新兴操作有助于为专利创造新的经济潜力。

包括专利在内的有价值的资产都具有所谓的潜在价值[1]。潜在价值是一种存在于特定资产中并且可以从资产中让渡而不让渡资产本身的尚未开发的产生资本的潜力。更清楚地说，人们认为资产具有两种特性：

（1）内在特性：资产的基本特性是其内在特性。对于商业资产来说，正是基本特性允许其产生未来经济效益流。以商业建筑物为例，它通过许多内在功能，例如为所有人提供办公空间、从租户赚取租金以及出售建筑物的侧面广告空间，来为建筑物所有人产生未来经济效益流。专利具有产生未来经济效益流的内在特性。第 5 章概述了这些内在特性，这些内在特性围绕着排除他人实施本专利所覆盖的发明的能力。

（2）产生资本的特性：大多数有价值的资产还具有一种产生资本的潜藏能力，这种潜藏能力与内在特性不相关。不是利用资产的内在特性来产生未来经济效益，而是仅仅拥有资产就可为其带来产生投资资本的能力而无须实际出售资产。

担保融资是一个最常见的能体现资产中的潜在价值的示例。资产所有人能够利用资产作为担保品，以比没有担保品可获得更优惠的贷款条件来杠杆式利用其资产的价值。土地、建筑物及机器很早就被用作贷款的担保品，它们能够帮助提高债务市场的效率，并已显著拓展了投资资本的可利用性。经济学家 Henry de Soto 已经撰写了大量有关资产中的潜在价值的著作。为了阐明这一概念，de Soto 利用了高山湖泊和其潜在能量的比喻。

> 我们可以考虑在自然环境中的湖泊，会发现它的一些主要用途，例如划船和捕鱼。但工程师会关注该湖产生能量的能力，该能力是作为超出该湖作为水体的自然状态的一种附加价值；当像工程师那样来考虑这个湖时，我们会突然意识到由于湖泊的较高位置而产生的潜能。对工程师的挑战在于找到他如何能够创建一个过程，这个过程允许他将这种潜能转化并且固定成为一种可以用来进行其他工作的形式。就较高位置的湖泊来说，这一过程包含在水电站中，利用重力使湖水快速向下流动，从而将平静的湖的潜在能量转化为湖水翻滚的动能。然后，这种新的动能可带动涡轮机旋转，产生机械能，这种机械能可用于旋转电磁铁，电磁铁进一步将其转换成电能……如此，表面上平静的湖可以用来为你的房间照明以及为工厂的机器供电。[2]

来自高山湖泊的潜在能量与资产中存在的潜在价值十分相似。潜在能量或潜在价值不是简单地源于高山湖泊或资产的内在特性，而是主要源于开启它潜藏的其他效益的外在过程。资产潜在价值的商业开发需要在一个很复杂的环境中进行，它需要人为设立大量的法律和金融制度且法律和金融制度运行顺畅。这些制度的质量将会在从特定资产中提取的潜在价值方面起到重要的作用。回到上述高山湖泊的比喻，我们需要人造设备和过程来捕获高山湖泊的潜在能量。此外，使用不同的设备或过程可显著地改变能量输出——例如更高效的水电涡轮机将产生更多电力——尽管高山湖泊本身保持不变。同样的原则也适用于资产和潜在价值。不同的法律和金融制度可能会从几乎相同的资产中产生极为不同的潜在价值。

对于当今的商业来说，专利往往比传统的土地、建筑物、机器资产更为重要、更有价值。理论上，专利应当是潜在价值和投资资本最丰富的来源之一；当人们认为具有很有价值的专利资产的公司应属于最为创新的公司时，专利尤为重要。正如经济学家 Joseph Schumpeter 在半个多世纪以前指出，健康的经济是一个时时处于变化和更新状态的动态有机体。Schumpeter 将这一过程描述为一种"创造性的破坏"，竞争和创新借此不断使经济彻底变革——"不断破坏旧的经济，不断创造新的经济"。[3]创新型公司通过追求创新来淘汰其竞争对手，创造新的产品、市场、商业方法，甚至新行业。知名的竞争对手乃至整个行业，如果不能与创新保持同步并且提高竞争力，也会被淘汰，从而促使经济不断更新。简言之，创新型公司的持续创建和发展是经济成功最重要的因素之一。

获得投资资本是创新型公司创建和发展的关键。因此，理想的是创新型公司能够有效地开启专利的潜在价值来获得投资资本以发展其业务。总的来说，知识和创新的速度正在加快。矛盾的是，尽管新经济是以知识为基础的，但是其变化速度如此之快，意味着这些知识的价值对其所有人来说可能是短暂的。在一些行业，产品的生命周期从几年缩短到几个月。如果专利的持有人想谋取商业回报，就必须越来越快速地开发利用这些专利。然而，利用这样机会的能力可能取决于能否及时筹集足够的投资资本。

令人遗憾的是，专利中的潜在价值仍然是基本尚未开发的资源。这种情况正在慢慢开始改变。特别是，有两种帮助专利所有人开发其专利潜在价值的操作正在兴起。这两种新兴操作是利用专利作为担保品来担保贷款以及将专利证券化。

在本章中，我们将：

■ 解释在开启专利的潜在价值过程中制度和法律所起的重要作用。
■ 分析从专利中提取潜在价值的新兴方法。
■ 解释传统的估值分析和新兴操作之间的交集。

12.1 保持与经济变化同步

历史上有很多展现法律制度是如何演变以适应经济活动变化的示例。几千年前，我们的祖先实现了从以渔猎采集为基础的文化和经济体系到以驯养家畜和计划农业为基础的文化和经济体系的飞跃。在农业社会中，土地的控制和使用成为创造财富的主要来源。随着时间的流逝，社会制度逐渐发展，以承认土地的卓越地位。例如，法律为这一重要资产制定了所有权的规则和转移的规则。为了响应这种新的固农经济（fixed-agricultural economy），社会制定了制度，而且制定了新制度的社会以与在其之前的渔猎采集经济中不可能存在的方式繁荣发展。

另一次重大转型开始于距今不到 300 年前，工业革命席卷了英格兰，最终覆盖了全球。创造财富的资产转变为生产资料。财富不是取决于一个人拥有多少土地，而是取决于大规模有形商品生产资料的所有权和供给工业机器的必要资源的所有权。制度再次发展，以适应新的社会。建立了公司法以限定投资人的责任并且将公司的管理权与其所有权分离。制定了劳动法以解决新的工人阶层的需求，而消费者保护法有助于增强消费者信心并且促进公平商品市场的发展。随着公司变得更加强大，完成了竞争法以制定市场行为的允许规则。

如今，我们处于另一次转型之中，现存的服务于工业时代的需要而制定的制度正经受着检验。信息时代和日益重要的知识资产例如专利，为传统领域的法律带来了新的挑战并产生了新的问题。正如我们将在本章中解释的，制度和法律解决方案的发展对于专利所有人从其专利中提取潜在价值是至关重要的。

12.2　专利作为担保贷款的担保品

担保贷款是从非流动资产中提取价值的最古老的方法。楔形文字记录表明，信贷协定是常见的，可以追溯到古代美索不达米亚为了帮助底格里斯河和幼发拉底河流域增长迅速的农业经济而进行的融资。四千年后，剧作家莎士比亚的著作《威尼斯商人》的核心情节就是为了担保贷款而做出了"一磅肉"的承诺。

担保贷款中的借出款项，其偿还是由借款人所拥有的资产作为支持的。担保协议是推动担保贷款的机制。在担保协议中，债务人将作为担保品的资产中的担保权益授予债权人。如果债务人拖欠贷款，债权人能够获得担保资产的所有权。虽然担保权益可以在协议方之间实施，但是如果债权人想要抵御第三方权益的竞争，必须将他们在债务人的担保品中的担保权益告知公众。在美国，按照统一商法典（UCC）第 9 条的制度，债权人的公示被称为"完善"。经完善的担保权益可确保债权人对担保品具有优于后续第三方索赔的优先受偿权。

担保贷款的担保方面有助于显著地增加贷款过程的经济效益（见图12.1）。贷款功能的一个最大挑战围绕着债务人偿还贷款的能力。随着债务人违约风险的增加，由债权人收取的利率需要相应地增加，以补偿债务人无法偿还债权人的可能。因此，如果债务人可以减少或消除债权人对债务人无法偿还的疑虑，就可以大幅降低债务人的资本成本。为确保贷款的安全而提供担保品，这为债务人提供了理想的解决方案。与此同时，担保贷款过程允许债务人保留这些担保品资产的所有权并且将这些担保品资产的价值最大化。总而言之，担保贷款过程允许投资资本的成本较低，同时使最有能力的开发资产价值方拥有资产的所有权。

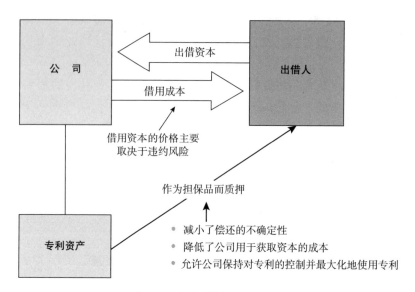

图 12.1 担保贷款过程的效率

为了使担保贷款过程运转起来，债务人必须能够以资产作担保。历史上，担保品的形式为有形资产，例如土地、建筑物和机器。已经完善地制定了州法律和程序来管理农业和工业时代的资产中的债权人权益。债权人在对传统的有形资产进行估值、起草包含这些资产的抵押和担保协议以及正确地完善所形成的担保权益的方面有一定的经验。对于在同一有形资产中都拥有担保权益的多个债权人的纠纷，司法处理相对清晰并且统一。因此，大多数债权人对用来担保由有形资产支持的贷款的担保协议的确定性非常满意。

当专利作为担保贷款的担保品时，担保协议的确定性及其保护债权人的金融权益的能力大大降低。任何一个担保贷款体系都会提出债权人的两个重要关切：（1）谁拥有担保品（或对其具有所有权主张），和（2）担保品的价值是多少？就这两个关切，专利提出了具体的问题。

12.2.1 所有权关切：谁拥有专利？

如果债权人想要获得一项专利中的担保品权益，将希望确保债务人拥有这项专利。所有权关切包含两个不同部分：

（1）债权人必须有一定把握性地确定债务人是正用作担保品的专利的实际所有人。

（2）债权人需要确定专利是否有在先的担保或转移；在违约发生时，这些在先的担保或转移会妨碍债权人对担保品的控制。

土地的所有权问题通过契据正式登记的发展得到解决；契据正式登记可提供所有权的公共文档和公告以及对所有权的潜在未来要求。而法律体系通过定义各种登记活动产生什么样的权利和义务来使该制度具有效力。UCC 制度——特别是第 9 条旨在规定一种以有形商品作担保来贷款的类似功能。对于专利及其他形式的知识产权，法律和金融体系仍致力于开发可靠的方法来解决对所有权的关切。

12.2.1.1　原始所有权及转让

确定专利的原始所有权并不是特别困难，因为政府通过完整记载的授权建立了财产权（见第 5 章）。然而，跟踪转让可能稍微具有挑战性。转让是用于专利出售的专利用语（见第 2 章）。我们需要跟踪每次转让以确定当前的专利持有人是否具有本专利的正当所有权。当前持有人需要构建一条所有权链，以显示从原始专利所有权到当前所有权的每次转让（见第 5 章）。

每次转让都应当由专利局进行记录，因此很容易证明。然而，在美国，这种记录是可选的并且不是强制性的。此外，美国专利商标局（USPTO）并不证实转让的准确性，因此不准确的转让也可能被记录。然而，受让人的确具有相当大的、正确的记录转让的动机，因为美国专利法规定："对于任何随后的购买人或质权人，转让、赠予或让与应当无效，不能作为有值对价，对此不作另行通知，除非在这样的购买或质押之日之前或之后三个月内在专利商标局进行了记载。"[4]

12.2.1.2　质押和留置权

跟踪关于专利的质押和留置权可能比确定原始所有权更加困难。1992 年，美国律师协会（American Bar Association）成立了专责小组来研究知识产权中的担保权益。该专责小组评论说：

> 支配知识产权中担保权益的法律的现状是不能令人满意的。关于在哪里备案、如何备案、担保权益的公告组成是什么、谁具有优先权以及担保权益覆盖了哪些财产，还有一些不确定性。联邦法和州法对这些问题造成的影响使这一领域的法律更加复杂。[5]

虽然在少数案例帮助下，已为专利的这种情况增加了些许秩序，但是上述总体评论今天听上去仍然是真实的。

为了保护债权人在担保品中的权益，债权人需要建立优先于其他潜在要求者的、对担保品的具有法律效力的要求。为此，资产负担系统需要具有公告制度；这样，出借人就可以确定财产是否有在先的质押；在违约发生时，这些在先的质押会妨碍出借人对质押品的控制。同样，取得债务人资产中的担保权益的债权人必须公告该资产现在负担有担保权益，从而确保该权益对于后来的第三方的优先权。第 5 章介绍了美国法律关于专利中的担保权益的基本概况。简言之，关于在哪里、如何备案负担公告、公告组成是什么、谁具有优先权以及担保权益覆盖哪些财产，还有一些不确定性。

12. 2. 1. 3　跟踪转让、质押和留置权

尽管法律中有些混乱，但是债权人解决专利所有权问题的一个最大障碍源于一个非常简单的问题。机械地说，就是债权人怎样跟踪在违约的情况下将削弱债权人对专利的权利的专利转让、质押和留置权？在对专利的各种转让、质押和留置权进行的必要分析中发现的难题已经引发一些创新性解决方案的产生。在文本框 12.1 中描述了一种创新性解决方案。

文本框 12.1　知识产权门户

1999 年，新罕布什尔大学（University of New Hampshire）的怀特莫尔商业和经济学院（Whittemore School of Business and Economics）、新罕布什尔大学法学院（University of New Hampshire School of Law）［后来称为富兰克林皮尔斯法律中心（Franklin Pierce Law Center）］和缅因大学法学院（University of Maine School of Law）接受了 USPTO 的资助来探究现存的阻碍提高美国担保交易中知识产权价值的结构性障碍。该研究团队发现，便于确定无形资产的所有权和无形资产中任何先前存在的担保权益的全国范围体系的缺乏，增加了关于专利（和其他知识产权资产）作为担保品的不确定性。这种不确定性增加了投资人的风险，这对于企业家和小型企业来说转化成了较高的资本成本。[6]

团队给出了建议：通过网络可访问的一站式的搜索页面"门户"将是一种重大的进步，"门户"可以访问各州的 UCC 备案系统以及由 USPTO 和版权局（Copyright Office）维护的联邦转让数据库。这种集中且一体化的担保—权益信息完善系统将利用与每个州的 UCC 备案系统和联邦知识产权转让数据库的数据库引擎交互的自定义通用网关接口、CGI 或脚本程序，利用集中的网络服务器来提供搜索条件并接收搜索结果。该门户或网关方法允许每个（州或联邦）数据库保持独立并且维护自身信息的主权。

　　2001 年，该团队承担了与 USPTO 的后续合作协议，作为一个概念验证项目，开始将所建议的系统付诸实施。该项目将包括由 PTO 维护的联邦专利转让数据库和新罕布什尔、缅因和马萨诸塞三个州的州 UCC Article 9 数据库系统。该项目已圆满完成，现在正在由新罕布什尔州办公室作为由州维护的 UCC 系统的一部分，介绍给实际的 UCC 数据库用户。这个持续进行的项目的短期目标是获得来自金融和法律领域的实际用户的反馈以改进该门户，增加对其他州 UCC Article 9 数据库的访问，并最终将由联邦政府维护的商标数据库和版权转让数据库加入进来。

　　PIPR 系统的一个创新就是开发出了快速并且轻松地确认专利所有权的 RightsCheck™ 软件特征。RightsCheck™ 是唯一一款分析专利所有权转移的相关风险的软件产品。目前，其中的两个 RightsCheck 模块可用：专利权检索（Patent Rights Search）——在联邦专利转让数据库中进行检索；以及担保权益检索（Security Interest Search）——允许用户在参与州的 UCC Article 9 电子数据库公告系统中进行检索。图 12.2 提供了 RightsCheck 进行专利检索的一个示例。

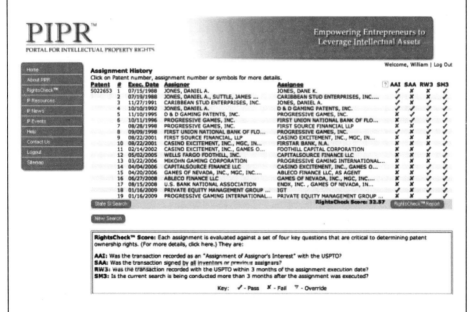

图 12.2　RightsCheck™ 的示例

12.2.2 估值关切：专利价值是多少？

假设债权人能够轻松解决专利所有权的问题，那么之后债权人必须面对的就是估值问题。专利的价值是多少？在债务人违约的情况下，专利权是否值足够的价钱来支付全部未偿还金额？

12.2.2.1 估值技术

这里的估值技术与贯穿本书所讨论的估值技术没有区别。估值师需要为估值进行适当的准备（见第 5 章），以了解正在被估值的专利的法定权利组成：

- 确切地说，正在被估值的是什么：发明、专利权或两者皆有？
- 正在被估值的专利权的具体法律特征是什么？
- 将如何使用专利权（对于专利，不同的用法可产生迥然不同的价值）？

一旦完成准备工作，估值师可以采用先前在第 6 章到第 9 章中讨论的一种或多种估值方法进行估值。根据将被估值的专利权的具体情况，估值师可以采用收益法、市场法或成本法中的一种或多种方法。以担保品为中心的估值可能与其他更标准的估值存在一些差别。两个较大的差别是：（1）在以担保品为中心的估值中，精确性可能不太重要；（2）需要随着时间的波动管理估值。

精确性的问题是因为债权人不需要专利权的准确价值。相反，债权人只需知道，如果债务人拖欠贷款，专利权的价值足以抵补全部未还金额（见图 12.3）。例如，我们假设：

- 债权人需要抵补 5 万美元贷款的担保品，而债务人质押了一项特定的专利。
- 债权人的估值师对这项专利进行分析。估值师肯定这项专利价值"至少"为 15 万美元，甚至其价值可能高达 50 万美元。

在这种情况下，债权人不需要承担为了尽量更精确地分析这项专利的价值是否超过 15 万美元而产生的进一步的估值分析的成本。取决于进一步分析的成本和超额价值对于债权人对债务人进行风险分析的重要性，这样的附加分析可能不是必要的。

专利估值随时间波动的问题更加复杂。与许多通常作为担保品而被债权人接受的资产类别相比，例如房地产，专利通常具有波动较大的估值曲线。更具体地说，许多专利估值降低的风险较高，其中包括估值极为快速地降低。估值降低的风险源于若干因素：

- 新技术的"保鲜期"可能非常短。
- 专利的有效期给专利权价值归零设置了明确的时限。

■ 许多专利被可能无效的风险笼罩着。

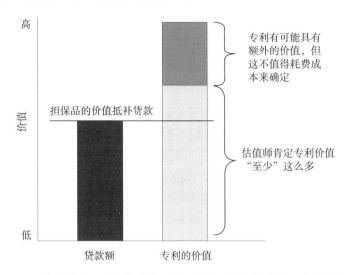

图 12.3 精确性在以担保品为中心的估值中没有在标准估值中那么重要

如果债权人想要接受专利作为担保品，需要以在整个贷款期限内跟踪估值的方式对专利进行估值。因为即使专利的价值超过了在贷款当天的贷款金额，也不意味着它的价值将超过五年后违约时需要偿还的金额。图 12.4 显示了债权人需要如何随着贷款偿还金额的降低来跟踪专利资产的潜在价值降低。虽然图 12.4 中专利估值波动较大，但是估值一直超过贷款偿还金额，因此情况良好。

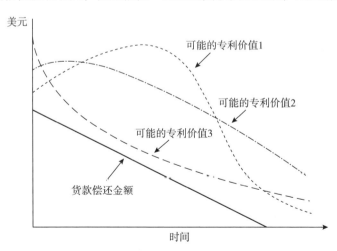

图 12.4 降低的专利价值及其对贷款担保品的影响

12.2.2.2 管理价值降低的风险

债权人对于价值降低的风险不是全然束手无策。事实上，债权人的手上具有一些能够积极化解风险的工具。一种可行的工具是专利有效性保险。专利有效性保险最先由 Swiss Re New Markets 在 1999 年推出，专利有效性保险可以为担保贷款的债权人提供一定程度的跌价风险保护。如果后来专利被无效，专利有效性保险条款会赔偿保险条款指定受益人损失金额。专利有效性保险的具体保险范围各不相同，但是一些与债权人相关的保险保障要素包括以下内容：

- 为对抗专利侵权索赔所支出的诉讼费用。
- 提起未侵权声明之诉讼所支出的诉讼费用。
- 在专利被宣告无效的情况下，一次性支付的自主选定的保险总额。

虽然专利有效性保险似乎具有潜力，但是这种保险产品的市场仍然弱小[7]。在针对专利诉讼风险的预设保险方案的可行性研究中，欧盟委员会（European Commission）发现，（至少在目前的保险费水平上）对专利有效性的保险的需求不多，而且基于当前需求对提供这种保险产品感兴趣的保险公司寥寥无几[8]。

12.3 使专利证券化

将专利资产转化为投资资本的另一个新兴方法是通过以资产作为支持的证券化技术。以资产作为支持的证券化是一种经常被用来从非流动资产中分离并再分配现金流的金融工具。以资产作为支持的证券化机构可以追溯到 20 世纪 60 年代，当时它们常常将信用卡应收账款货币化。在 20 世纪 80 年代出现了以抵押作为支持的证券化机构，并且在 20 世纪 90 年代出现了第一个以知识产权作为支持的证券化机构。

尽管以资产作为支持的证券已经对金融世界产生了深远的影响，但是这一日益重要的过程并没有得到广泛理解。证券化这个概念描述简单，但是执行起来非常艰难。产生现金流的任何资产都可以构成证券化过程的基础。以这种方式使用的最常见的资产是住房抵押，其证券化已经改变了房地产融资。获得抵押贷款曾经是一个地理分散的过程，其涉及当地的贷款银行和同样来自当地的借款房主[9]。以抵押作为支持的证券的出现降低了借贷风险，并使住房贷款成为全国性产业而不仅仅是地方产业。抵押贷款的较低风险和标准化降低了借款成本，这使得更多的公众可以拥有住房。

资产证券化是将与现金流相关的资产汇集起来并转换成在资本市场中可以更自由提供和出售的工具（证券）的过程。典型的证券化交易涉及三个主要行为人：

（1）"发起人"是产生现金流的资产在交易前的所有人。发起人将这些资产出售给特殊目的机构。

（2）"特殊目的机构"（SPV）向发起人购买产生现金流的资产。为了支付这些资产，SPV 向投资人出售担保权益（通常是债券）。然后来自资产的现金流（加上来自资产出售的可能收益）用于偿还债券。如果结构安排得当，即使 SPV 无法偿还债券，SPV 结构也将使发起人免受债务的影响。

（3）"投资人"是 SPV 发行的债券（或其他担保权益）的购买者。

图 12.5 提供了基本过程。

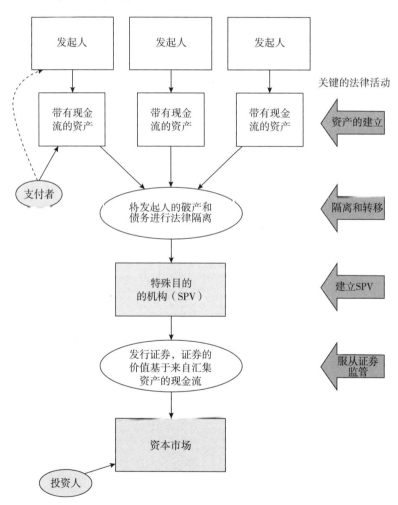

图 12.5　基本的资产证券化过程

产生的以资产作为支持的证券应当比基础资产更具有流动性。因为产生的证券是合同形式，所以它们可以用几乎不计其数的方式来定制。这种定制允许证券化结构隔离特定的利益和风险。例如，某些投资人可能只想为特定的专利技术进行投资，并避免为拥有该专利技术的整个公司进行投资。资产证券化还有另一大优点：资产证券化更易于多元化经营，从而降低投资人的风险。通过整合许多资产的现金流应收账款，无力支付的风险变得更容易预测。例如，将信用卡应收账款通过所谓的金融包装进行合并、捆绑时，信用卡应收账款的风险变得更小。

12.3.1 知识产权资产证券化的出现

知识产权作为一种可证券化的资产类别并没有逃过知识产权持有人或资本市场的关注。一方面，知识产权资产对于证券化过程来说是理想的。许多知识产权资产具有以下共性：

■ 它们流动性不足。

■ 它们可以为现金流提供丰富的来源，通常是从许可费用中。

■ 它们可以从资产证券化的风险隔离方面获益，因为不同的投资人可能对知识产权资产的不同元素感兴趣。

■ 它们可以通过资产池降低风险而受益。

另一方面，对于所有权的不确定性（特别是潜在的留置权债权人）和在做出估值决定时的复杂情况，造成资本市场对知识产权资产证券化产品的处置十分谨慎。

存在两种途径可以将知识产权转化成适合证券化的金融资产（见图12.6）。第一种可能的途径是以知识产权作为担保品为知识产权所有人贷款。这种方法对于完善知识产权中的担保权益来说会产生前面讨论的复杂情况。这种方法的吸引力在于投资人（或者更准确地说，为投资人所建立的SPV）不需要持有和管理知识产权资产，而是仅仅持有和管理收集现金流的权利。第二种可能的途径是将知识产权转移给SPV，但是这条途径也会涉及面临提起诉讼和恢复损失利润的潜在的复杂情况。

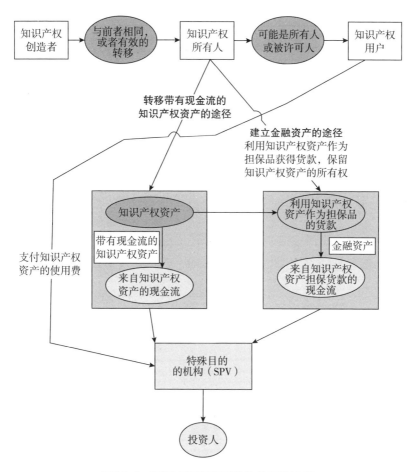

图 12.6　知识产权资产证券化的两种途径

12.3.2　知识产权和专利证券化交易的示例

在 20 世纪 90 年代初期，尽管一些电影制片厂已经将其电影版权的未来现金流证券化，还有一些公司已经将其商标证券化，但是 1997 年的 Bowie Bond 交易常被视为知识产权资产证券化的真正开始[10]。Bowie Bond 发行，卖了 5 500万美元，年回报率为 7.9%；Bowie Bond 的发行是由 287 首 David Bowie 歌曲的出版权和录制权来支持的。这些歌曲的版权使用费提供现金流来支付债券的本金和利息。Bowie Bond 之后，紧接着出现了许多模仿 Bowie Bond 交易结构的版权证券化交易（见表 12.1）。

表 12.1 精选的早期音乐版权证券化交易

年份	发行	金额（美元）	证券化的版权资产
1997	Bowie Bonds	5 500 万	287 首 David Bowie 歌曲的出版权和录制权
1998	Motown Hit Machine Bonds	3 000 万	作曲家 Edward Holland、Brain Holland 和 Lamont Dozier 共同持有 312 首歌曲的出版权
1999	James Brown Bonds	3 000 万	750 首 James Brown 歌曲的出版权、录制权和演出版税

资料来源：Duff & Phelps Credit Rating Co.，Asset-Backed Securities—DCR Comments on Music Royalty Securitizations（1999 年 9 月）；Pullman Group LLC 的网站。

从那时起，知识产权资产证券化交易已经超过版权交易，发展为包括一些专利证券化的交易（见表 12.2）。下面是四个知名的专利证券化交易的总结。

表 12.2 精选的专利证券化交易

年份	原始的专利所有人	金额（美元）	专利
2000	耶鲁大学	1 亿	HIV 治疗药物的单个专利
2003	多个制药公司	2.25 亿	13 种药物的专利组合
2004	摩托罗拉	5 000 万	运动图像专家组专利
2005	埃默里大学	5.25 亿	HIV 治疗药物的单个专利

12.3.2.1 Zerit 交易

第一次有记录的专利证券化交易发生在 2000 年，当时 Royalty Pharma AG 将一种名为"Zerit®"的药物的专利使用费证券化。耶鲁大学在 1995 年获得了治疗 HIV 的技术的专利。耶鲁大学和 Bristol-Myers Squibb 公司（简称 BMS）签订了专利独占许可协议，将专利转移给了 BMS，BMS 利用这项技术作为 Zerit 的研制基础。作为独占许可的交换，BMS 同意根据 Zerit 的商业成功向耶鲁大学支付运营使用费（见第 10 章）。2000 年，耶鲁大学以 1 亿美元将其专利权（包括未来 Zerit 专利使用费的权利）转让给了由 Royalty Pharma 公司成立的 SPV。为了支付 1 亿美元，SPV 发行了 1.15 亿美元的债务证券和股票。该交易结构还包括了除了这项专利以外的担保品，并且 SPV 购买了保险以防 Zerit 的使用费低于预期。结果是，专利使用费明显低于预期：Zerit 从 2001 年到 2003 年的销售额大约为 850 万美元，低于分析师的预测。2002 年，在"连续三个报告周期违反契约"之后，SPV 被要求提前偿付债务证券[11]。

12.3.2.2　Royalty Pharma 公司 2.25 亿美元的制药专利池

2003 年，Royalty Pharma 将第二个重大的专利证券化交易投放市场。对于这次交易，SPV 持有 13 种药物的专利使用费收益权：Genentech 和 Biogen Idec 的 Rituxan®，Celegen 的 Thalomid®，Eli Lilly 和 Johnson & Johnson/Centocor 的 ReoPro®，Centocor 的 Retavase，Chiron 的 TOBI®，Novartis 的 Simulect®，Roche 的 Zenapax®，Ligand 的 Targretin Capsules®，Memorial Sloan Kettering 的 Neuprogen/Neulasta，Organon 的 Variza®，GSK 和 Adolor 的 Entereg®，Pfizer 的拉索昔芬（lasofoxifenev）以及 Wyeth 的苯卓昔芬（bazedoxifene）[12]。

Royalty Pharma 判断 Zerit 交易的问题之一是交易的单一专利结构。所以 Royalty Pharma 有目的地将下一个交易打造为涉及药物的专利组合。对于第二个交易，SPV 发行了 2.25 亿美元的可转期投资债券；"由于 MBLA 保险公司为本次交易提供保险，Moody 和 Standard & Poor 两家评级机构将此次证券化发行评为 AAA 级"[13]。有趣的是，当交易的时候，13 种药物中的 4 种药物仍然是处于 FDA 批准的最后阶段的候选产品，而且没有既定专利使用费的跟踪记录。

12.3.2.3　摩托罗拉/GE Capital 交易

2004 年 6 月，摩托罗拉以 5 000 万美元的先期费用向 GE Commercial Finance 转移了非核心专利的组合[14]。GE 创建了一个特殊目的实体以持有和服务这个组合，包括两个 GE 实体：提供货币的 GE Capital 和提供专业知识并且进行结构化工作的 GE Licensing。GE 特殊目的实体在未来几年收取的专利使用费比例尚未公开。因为摩托罗拉需要继续使用多项已转移的专利，所以这次交易的结构为销售额/回馈许可（sale/license – back）的交易。对于组合中的那些更具投机性的专利，即那些没有当前现金流的专利，GE 和摩托罗拉同意平等地分配可能由这些专利产生的专利使用费[15]。

12.3.2.4　埃默里大学的交易

涉及著名研究型大学的另一次交易说明了专利证券化这个概念是如何传播的。2005 年 7 月，Royalty Pharma 和 Gilead Sciences 完成了与埃默里大学的交易，购买了在万维网上销售 HIV 药物恩曲他滨，也称为 Emtriva® 的专利使用费。埃默里大学收到了一次性付款 5.25 亿美元。

12.3.3　专利证券化交易的未来

不难想象专利证券化在未来将成为一种更重要的金融产品。虽然以专利作为支持的交易还远远排在以版权和商标作为支持的交易之后，名列第三，但是我们有理由相信以专利作为支持的交易的市场将随着时间不断增长。关于以专利作为支持的交易市场的有限性有很多标准解释。比较常见的解释之一是构建以专利作为支持的交易所需的"显著的资产复杂性和高昂的前期成本"[16]。我们对于以复杂性或成本原因来作为对以专利作为支持的交易缺乏的真实合理性解释持怀疑态度。这种解释很可能在当时正在构建第一次交易的 21 世纪初时有效，而现在构建这些交易的技术已不再是未知的。相对于简单的信用卡应收账款证券化的交易，这种交易的构建可能更复杂和昂贵，但是对于其复杂昂贵到可以解释目前交易量的低迷，我们持怀疑态度。

对于缺乏交易的一个可能解释是估值困难。随着企业和投资人对专利估值技术的驾轻就熟，以专利作为支持的证券化交易也应当随之大幅增长。请注意我们并没有说问题在于无法对基础专利资产进行估值。牢记估值（不论对于专利还是其他）的质量始终与这三点密切相关是很有用的：（1）选择估值方法的智慧；（2）能够提供给所述估值方法的数据的质量；（3）估值师解读估值结果的能力。

现在我们对于专利估值的基本技术有了相当的了解（参见第 6 章至第 9章）。很可能将会出现更好的用于确定特定方面的专利的估值技术（例如包含在特定专利中的实物期权价值；参见第 7 章）。然而，在大多数情况下，完全适合用于对专利进行估值的方法是已知的。对专利进行估值的挑战不是方法的问题，而是开发足够准确的输入以满足方法的需要并且解读运行结果的问题。当前由经济学家和金融家引导的大多数关于专利估值的研究都是主要关注从方法上研究专利估值公式。在某种情况下，专利持有人和投资人会明白这种追求会导致收益递减。更多的精力应该投入到更精确地预测现金流和开发更透明的市场中，这才是投资人和其他类型资产所有人最应该做的。

Voltaire 曾经写道："要做好一件事情不要过度追求完美"（Perfect is the enemy of the good）[17]。永远不会存在对可能是证券化交易对象的专利资产进行完美估值的能力，这与无法对信用卡应收账款或住房抵押贷款（通常作为证券化交易的资产）进行完美估值没有差别。对专利资产进行估值的能力，与对信用卡应收账款或住房抵押贷款进行估值的能力相比，差别只是程度的不同。它们都可以被估值，但是与专利相比，对信用卡应收账款和住房抵押贷款的现金流的准确预测没有那么复杂，也更容易预测。这只是两者之间确定的差异。专利资产估值的确定性小一些。当构架合理时，市场知道如何处理不确定性。不确定性被视为一种成本，投资人根据不确定性的等级来降低他们将支付的资产的价格。不确定性越大，投资人将支付的价格越低。

然而，关于专利产生现金流的能力，并非所有的专利都具有相同等级的不确定性。一些专利具有相对确定的现金流，例如竞争极小的成功的制药专利，而另一些则具有非常不确定的现金流。在某种程度上，关于未来现金流的不确定性是可以识别的，在市场上投资人可以评估风险并以这种风险换取一定水平的补偿。我们认为当专利证券化可以产生额外价值，并且专利证券化变得越来越普遍时，存在两个明显的机会。首先，具有高度确定性的未来现金流的专利是专利证券化交易的源泉，而且专利证券化与其他确定的现金流资产用于证券化的方式类似。在这种背景下，决定证券化其专利的专利所有人可以获得与其他建立证券化结构的资产所有人相同类型的收益。也就是说，专利所有人可以把非流动资产转化为流动资产，获得资产负债表的改善以及多样化其风险专利组合。这些收益可能是一大笔钱，可以用于为证券化投资人提供更优惠的价格。在这其中市场扮演着促进各方之间交流以及分配风险和报酬的重要角色。

第二个机会是针对具有高度不确定性的未来现金流的专利。例如，需要现金的创业公司或设备简陋的大学，由于对其专利进行评估的不确定性，可能使他们成为专利证券化交易的理想候选者大打折扣。只要识别到了不确定性，那么它是可以被接受的。市场和投资人不喜欢的是不现实的期望：盲目乐观的现金流、高估了来源于专利资产的竞争优势或不切实际的销售和收益预期。

最后一个有助于促进专利证券化交易增长的因素是帮助专利证券化交易的信息收集和分析以及监测的市场中介机构的涌现。公共证券市场成功的一个原因是众多市场中介机构的发展，例如研究分析师、机构投资人、评级机构和公共审计人员。当这样的中介机构在专利证券化市场开始发展，这是市场成熟及其释放专利资产的内在潜在价值的能力成熟的明确迹象。

参考文献

[1] Business Wire. Apr. 22, 1999. "Swiss Re Develops Patent Validity Insurance for the Patent and License Exchange." www. allbusiness. com/company-activities-management/company-structures/6678581-1. html#ixzz1WeX0HHI5.

[2] CJA Consultants Ltd. June 2006. *Patent Litigation Insurance: A Study for the European Commission on the Feasibility of Possible Insurance Schemes against Patent Litigation Risks—Final Report*.

[3] Comptroller of the Currency-Administrator of National Banks. Nov. 1997. *Asset Securitization, Comptrollers Handbook*.

[4] Damron, James, and Joseph Labbadia. 1999. "Asset-Backed Securities—DCR Comments on Music Royalty Securitizations." Duff & Phelps Credit Rating Co.

[5] de Soto, Hernando. 2000. *The Mystery of Capital—Why Capitalism Triumphs in the West and Fails Everywhere Else*. New York: Basic Books.

[6] Edwards, David. No date. "Patent Backed Securitization: Blueprint For a New Asset

Class. " Internet whitepaper. www. securitization. net/pdf/gerling_new_0302. pdf.

[7] Geithner, Timothy, François Gianviti, Gerd Haeusler, and Teresa Ter-Minassian. June 2003. "Assessing Public Sector Borrowing Collateralized on Future Flow Receivables. " *International Monetary Fund Report*.

[8] Gollin, Michael. 2008. *Driving Innovation: Intellectual Property Strategies for a Dynamic World*. New York: Cambridge University Press.

[9] Hillery, John. June 2004. "Securitization of Intellectual Property: Recent Trends from the United States. " *Washington | CORE LLC*.

[10] Janger, Edward. 2004. "Threats to Secured Lending and Asset Securitization: Panel 1: Asset Securitization and Secured Lending: The Death of Secured Lending. " *Cardozo Law Review* 25: 1759.

[11] Jarboe, Kenan, and Roland Furrow. 2008. "Intangible Asset Monetization: The Promise and the Reality. " Athena Alliance Working Paper no. 3.

[12] Munari, Federico, Maria Odasso, and Laura Toschi. 2011. "Patent-Backed Finance. " In *The Economic Valuation of Patents: Methods and Applications*, edited by Federico Munari and Raffaele Oriani, 309 – 336. Cheltenham, UK: Edward Elgar.

[13] Murphy, William. 2002. "Proposal for a Centralized and Integrated Registry for Security Interests in Intellectual Property. " *IDEA* 41: 297.

[14] Nikolic, Aleksandar. 2009. "Securitization of Patents and its Continued Viability in Light of Current Economic Conditions. " *Albany Law Journal of Science and Technology* 19: 393.

[15] Odasso, Christina, and Mario Calderini. 2009. "Intellectual Property Portfolio Securitization: An Evidence Based Analysis. " Paper presented at Copenhagen Business School 2009 Summer Conference.

[16] Ruder, David. 2008. *Strategies for Investing in Intellectual Property*. Washington, DC: Beard Books.

[17] Schumpeter, Joseph. 1950 (republished in 1976). *Capitalism, Socialism, and Democracy*. 3rd ed. New York: Harper Perennial.

[18] Task Forceon Security Interests in Intellectual Property, American Bar Association Business Law Section. June 1, 1992. *Preliminary Report*.

[19] Ward, Thomas. 2001. "The Perfection and Priority Rules for Security Interests in Copyrights, Patents, and Trademarks: The Current Structural Dissonance and Proposed Legislative Cures. " *Maine Law Review* 53: 391.

[20] Ward, Thomas. 2009. *Intellectual Property in Commerce*. 9th ed. St. Paul, MN: West.

注　释

1. 潜在价值的讨论出自经济学家 Hernando de Soto 在 2000 年出版的书 *The Mystery of Capital—Why Capitalism Triumphs in the West and Fails Everywhere Else* 中关于潜在价值的讨论

部分。

2. de Soto，44 – 45.

3. Joseph Schumpeter，*Capitalism，Socialism，and Democracy*，3rd ed.（1950），83.

4. 35 U. S. C. sec. 261.

5. Task Force on Security Interests in Intellectual Property，American Bar Association Business Law Section，*Preliminary Report*（June 1，1992），1.

6. 原始报告引自 William Murphy，"Proposal for a Centralized and Integrated Registry for Security Interests in Intellectual Property，" *IDEA* 41（2002）：297.

7. CJA Consultants Ltd.，*Patent Litigation Insurance：A Study for the European Commission on the Feasibility of Possible Insurance Schemes Against Patent Litigation Risks—Final Report*（June 2006），14.

8. CJA Consultants Ltd（June 2006），14-15.

9. 在经典电影 "*It's A Wonderful Life*" 中，Jimmy Stewart 所饰演的 George Bailey 是旧抵押体系的缩影。从一个侧面说明，这部电影是一部在美国的 "圣诞颂歌"，这主要是源于未能保护其知识产权。1974 年，电影没有续约 1946 年的版权，版权已经失效的电影被允许在电视上反复播放。20 年后，在 1994 年，在这部电影已经成为热门商品后，NBC 成功争取到了电影的独家代理权。

10. Bowie Bonds 与知识产权资产证券化的结合可能是不成功的，因为这些债券最终沦落为低档债券。

11. John Hillery，"Securitization of Intellectual Property：Recent Trends from the United States，" *Washington* | *CORE LLC*（June 2004）：28.

12. Hillery，31 – 32.

13. Ibid.，31.

14. 专利组合中的一些专利涉及 Moving Picture Experts Group 技术基础标准。

15. 基于对前新罕布什尔大学法学院的学生、研究助理 Julia Siripurapu 和 GE Licensing 的总顾问 Leo Cook 的访谈。访谈在 2006 年 1 月 4 日进行。

16. Federico Munari，Maria Odasso，and Laura Toschi，"Patent-Backed Finance，" in *The Economic Valuation of Patents：Methods and Applications*，eds. Federico Munari and Raffaele Oriani（2011），328.

17. "Dans ses écrits，un sage Italien / *Dit que le mieux est l'ennemi du bien.*" Voltaire in *La Bégueule.*

第*13*章
以专利为基础的税务规划策略中的估值

税务规划策略能够为企业带来显著的竞争优势。有效降低企业税务负担成本能够增强企业的盈利能力，从而为企业提供更多的净资源，使企业实现商业战略或者为企业所有者带来回报。毫不奇怪，在很多情况下，税务负担的结果影响企业做出决策。企业管理者一直在寻求有助于使企业整体税务负担最小化的税务策略。采取以专利为基础的减税策略需要企业做出众多决策，在每项决策中，专利估值扮演着重要的角色。专利估值有助于确定潜在的减税策略、评估策略的成本和收益，以及选择竞争战略。对于这些战略来说，适当地对专利权进行估值也是必要的合规性因素。最后，如果为一组专利正确地构建减税策略，那么降低这些专利产生的利润所涉及的税务负担将会增加总的专利价值。

在减税策略中，知识产权资产，包括专利，已经日益受到普遍关注。在研究制定这些策略时，与诸如载满有形产品的土地、工厂、车辆或者仓库的有形资产相比，专利具有如下三个主要优势：

（1）对税务机关来说，专利转让在很大程度上是隐蔽的。如果微软公司决定将公司总部从华盛顿州的 Redmond 搬迁到某个新地方，是公开而明确的事件。每个相关的税务机关将会注意到这一事件并且确定该项交易的相关税务事项。如果税务机关不认可微软公司对该项交易的税务说明，则可能对这一税务说明提出异议，而且可能征收更高的税款。如果微软公司决定转让数十亿美元的知识产权权利而只缴纳较低的税款——发生过这样的事，如本章后面将要讨论的——这样的交易可能不易被税务机关察觉。由于减税策略频繁地在允许的灰色范围内操作，因此，对税务策划师来说，专利的相对隐蔽性是一个非常有吸引力的特征。

（2）政府会以减税的方式来吸引投资，而对于每项政策来说，专利都是极具吸引力的目标。政府长期利用税收政策吸引投资，这通常称为"税收竞争"，税务机关会降低特定类型的投资或者经济行为的有效税率来吸引更多这样的经济行为进入所属司法管辖区。例如，政府长期利用税收优惠来鼓励企业投资所属司法管辖区内提供高就业率的工厂。随着政府日益认识到创新型科技公司在促进经济持续成功中起到关键作用，推出税收激励政策来吸引这些公司的动力也随之增加。拥有更多专利资产的公司，往往更具有创新性并且更可能成功，因此，如果政府的税收政策聚焦在吸引专利进入自己的司法管辖区，并不让人感到意外。

（3）转移专利是件容易的事。政府利用优惠的税收待遇来竞争资本，这样的资本必须具有相对流动性。资本的流动性越好，越有可能的是税收待遇将决定企业在哪里投入该资本。专利是具有极好流动性的资产，眨眼之间就能够从一个司法管辖区转移到另一个司法管辖区，并且成本低廉。如果另一个地方为企业因专利资产产生的收入提供更具吸引力的税收待遇，那么将专利资产转移到这个税收待遇更具吸引力的地方是相对容易的。

在本章中，我们将：

> ■ 提供以专利为基础的减税策略的例子来说明这一观点。
> ■ 说明转让定价及其在构建减税策略中的作用。
> ■ 说明如何确定专利权的转让价格。

13.1　以专利为基础的减税策略的例子

1993 年，跨国制药公司 Merck 进行了一系列复杂的交易，涉及两个重磅降胆固醇药物的专利。本节中，我们将审视这些交易，并且回顾这类以专利为基础的减税策略的发展历程。

13.1.1　Merck 公司针对其两项专利的减税策略

我们关于 1993 年 Merck 公司针对其两项专利的策略的综述在很大程度上是根据 2006 年《华尔街日报》（*Wall Street Journal*）关于此事的调查报告，[1] 以及几个新闻发布和新闻报道（press releases and news stories）。我们没有过多详细分析该减税策略的架构，也没权翻阅该公司的内部文件。像众多的税务规划策略一样，这个事件仍然是公司的商业秘密，永远不会全部公开。

Merck 公司需要基金来完成对处方药收益管理公司 Medco 的 60 亿美元的收购。为协助基金交易，也为极大地节省税款，Merck 公司的投资银行家和律师研究制定了将 Merck 公司非常成功的降胆固醇药物 Zocor® 和 Mevacor® 的专利转让给受 Merck 公司控制的表外百慕大群岛的有限合伙企业的策略。百慕大群岛的合伙企业将这些专利再许可给 Merck 公司用于支付特许权使用费。特许权使用费降低了 Merck 公司在美国的收入（以及税务负担），并且将收入转移到了百慕大群岛和受 Merck 公司控制的合伙企业。该策略的关键是找到能够吸纳应纳税所得额的外部合伙企业。Merck 公司找到了一家中等规模的英国银行为其提供数亿美元的现金用来购买百慕大群岛合伙企业的少数股东权益。通过贷款给其他的 Merck 子公司，这一款项以及大部分的特许权使用费，找到了回到 Merck 公司的途径。

这种结构化的交易，涉及众多子公司和复杂的合同安排，帮助 Merck 公司在 1993 年至 2001 年节省了可观的税款，这是因为该结构化的交易将 Zocor 和 Mevacor 的利润转移出美国并且不在 Merck 的账簿中。《华尔街日报》在 2006 年的一份报告中估计该节约款项为 15 亿美元左右的美国联邦税。[2] 然而，有时一项利润丰厚的商业安排会引起意外的关注。2004 年，美国国税局（IRS）通知 Merck 公司（以及使用类似交易和安排的其他公司），调查该项减税策略。IRS 声称，该安排不是合法的合作伙伴关系，而是一项借款协议，并且没有资格获得 Merck 公司声称的收入转移或费用冲销。2007 年 2 月，Merck 公司同意与 IRS 就一些税务纠纷达成和解，包括 Zocor/Mevacor 安排，其结果是向政府支付总额为"大约 23 亿美元的联邦税、净利息和罚金"。[3]

Merck 公司与 IRS 的 23 亿美元的和解似乎对 Merck 公司和其他公司在未来继续推行这种类型的具有挑衅性的税务策略起到了很强的抑制作用。然而，事实证明，即使考虑到代价可观的 IRS 和解，Zocor/Mevacor 安排对 Merck 来说，可能仍然是有利可图的（见文本框 13.1）。在把 IRS 成功调查这类减税策略的不确定性因素考虑进去的情况下，追求这类减税策略会显示出明显的有利之处。

文本框 13.1　Zocor/Mevacor 安排值得吗？

企业每天都在做关于风险与收益的计算与决策。在一个人审视 Merck 公司与 IRS 关于 Zocor/Mevacor 安排的纠纷时会认为，尽管支付了高达 23 亿美元的和解费，采用受到调查的体系和交易的商业决策仍然是有利可图的。在继续分析之前，我们需要强调的是，下面的估值分析是根据粗略估算的数据进行的。据估算，Zocor/Mevacor 安排为 Merck 公司节省了 15 亿美元。我们不能够证实这个数值的准确性。另外，Merck 公司与 IRS 的 23 亿美元的和解费包括除了 Zocor/Mevacor 安排以外的一些纠纷的和解费。IRS

或 Merck 公司都未曾公开 Zocor/Mevacor 安排所涉和解费的百分比。尽管认识到这些信息的局限性，我们仍然可以对该安排进行有价值的估值分析（参见第 3 章）。为了进行分析，我们做出如下假设：

▪ Merck 公司节省了 15 亿美元。

▪ 从 1993 年到 2004 年，这 15 亿美元均匀分布。

▪ 贴现率为 7%。

根据这些假设，即使和解费高达 23 亿美元，Merck 公司还是产生了可观的净现值收益（见表 13.1）。

表 13.1 Merck 公司的净现值收益❶

年　份	该年节省税款（美元）	所节省税款的净现值（美元）
1993	125 000 000	301 859 273
1994	125 000 000	283 435 937
1995	125 000 000	266 137 030
1996	125 000 000	249 893 925
1997	125 000 000	234 642 183
1998	125 000 000	220 321 299
1999	125 000 000	206 874 459
2000	125 000 000	194 248 318
2001	125 000 000	182 392 787
2002	125 000 000	171 260 833
2003	125 000 000	160 808 294
2004	125 000 000	150 993 703
2005	0	0
2006	0	0
Merck 公司总计 节省金额（美元）		2 622 868 041

如果我们的假设没错的话，那么即使将 23 亿美元的和解费包括在内，Merck 公司仍然因 Zocor/Mevacor 安排获得了超过 3 亿美元的盈利。表 13.1 显示了根据上述假设得出的正净值。假设 IRS 调查该项安排的可能性为 100%，

---

❶ 原书无此表题，系译者后加。——译者注

并且产生可观的和解费。如果更进一步，并且使用决策树来评估包括对调查的可能性的估计小于100%的情形，那么该项决策的价值变得更加有利于 Merck 公司。在图 13.1 的决策树中，我们插入该项安排受到 IRS 调查的可能性为75%，并且最终和解。当然，这个假设是任意的，但是它说明了上述观点，更低的可能性会使最初的决策更具价值。

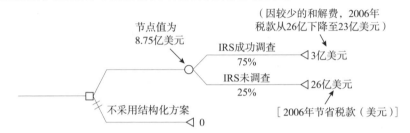

图 13.1　Zocor/Mevacor 安排的决策树分析

在这个简单的决策树中，上面的分支的值是 3 亿美元，这与净现值表中计算的数值相同。下面的分支的值是节省税款为 26 亿美元的净现值，这是在该方案的生命期内，Merck 公司所报告的盈利。通过这个初步估算并且假设该方案受到 IRS 成功调查的可能性为75%，决定采用该方案使节税额增加到大约 8.75 亿美元。如果受到 IRS 成功调查的可能性增加到90%，那么该决策所获得的净现值仍然会达到大约 5.3 亿美元。

显然，即使假设花费可观的和解费，并且被 IRS 成功调查的可能性非常高，Merck 的商业决策仍是成功的。

13.1.2　以知识产权为基础的减税策略并未减缓

Merck 公司绝不是唯一一家以这种类型的知识产权权利和义务的策略体系来减少所得税的企业。在 Merck 公司与 IRS 解决纠纷的同时，据报道，像 Dow Chemical、GE 和 GlaxoSmithKline 这样的公司也有类似的关于重要专利的安排。而且，IRS 与 Merck 公司之间广为人知的和解似乎并未使以知识产权为基础的减税策略减缓。更可能的是，这样的策略只是变得更加复杂巧妙并且利润可能更加丰厚。

以知识产权为基础的减税策略的发展并未逃过 IRS 的注意，即使有一些成功解决（从 IRS 的角度来看）。2006 年，IRS 局长 Mark Everson 指出，"对我们来说，向美国之外转移无形资产的相关税收问题一直是违法的高发区，并且近年来显著增多。纳税人，尤其是高新技术和制药行业，正在将利润转移到海外。"[4]

这些减税策略并不局限于利用国家之间的所得税差异。这些策略也可以利用各州之间的所得税差异。微软公司提供了一个这方面的例子，据说微软公司布局知识产权组合来实现国内和国际的税务利益。在国内，微软公司于 2001 年在内华达州设立了知识产权控股公司，称为 Round Island, LLC，从内华达州有利的知识产权税收待遇中获益。内华达州不对知识产权的特许权使用费收入征税。微软公司将重要的知识产权资产，包括众多专利权，转让给这家内华达州的知识产权控股公司，然后该公司对微软公司在其他州的经营收取特许权使用费。于是这些特许权使用费可以列支，从而减少了微软公司的其他业务所在州的利润（以及州的所得税）。从这些其他业务减少的利润贡献给了 Round Island, LLC，在内华达州，由于是知识产权特许权使用费收入，因而 Round Island, LLC 不需要纳税。微软公司于 2009 年 11 月合并了 Round Island, LLC，并且很可能提出了一个新计划来管理它在国内的税务工作。

微软公司也利用国际的知识产权控股公司策略来减少纳税责任。据报道，微软公司通过利用在欧洲、中东和非洲授权微软公司软件的两个爱尔兰子公司，[5]Round Island One 和 Flat Island，节省了数十亿美元的税款，包括从 2005 年的税单中节省的大约 5 亿美元。根据《华尔街日报》的一篇报告，Round Island One 控制着"超过 160 亿美元的微软公司资产……［产生］近 90 亿美元的毛利润（2004 年）"。[6]该报告继续披露 Round Island One❶ 缴纳的税额少于 1 700 万美元。2004 年，Flat Island 报告了 8 亿美元的利润并且未纳税。总之，微软公司称其全球有效税率从 33% 下降到 26%，该降幅中大约有一半来自"以较低税率纳税的国外收入。"[7]2006 年，微软公司让爱尔兰的公司将 Round Island One 和 Flat Island 两个子公司重新注册为无限责任公司。在爱尔兰，无限责任公司没有义务公开披露账目，关于这些运作从税款中获得的潜在利润的任何进一步的信息现在仍未进入公众视野。

最近，据报道，谷歌公司（Google）在 2007 年至 2010 年 3 年间未缴纳的美国联邦税达 31 亿美元。Google 首先将某些知识产权资产转移到爱尔兰和荷兰，然后，它首先通过一家爱尔兰公司（Google Ireland Holdings），接着通过一家荷兰公司转移从全球化经营中获得的利润，最终转移到税收友好的百慕大群岛的一家控股公司。

---

　❶　原文中为 Round Island，为避免与上面的 Round Island 混淆，译者写为 Round Island One。——译者注

13.2 转让定价

一个复杂的（并且昂贵的）多国和多个实体体系不是一直有必要采取上面讨论的税收优惠类型。在不同的税制情况下，由两个实体构成的简单体系可以提供税收减免。关键是利用转让定价的力量来转移收入。所有这些节省税额的体系和交易的一个共同点是，它们涉及转让定价。随着经济的日益全球化以及公司和个人进行跨越不同税制边界的贸易，转让定价对各参与者的潜在影响在增强。联合国专家组的研究显示，转让定价"可能是世界上最重要的税务问题"。[8]

转让定价，顾名思义，是指资产或服务在组织内部或者在相关的组织与个人之间转让的价格。它不同于真正的市场定价，这是因为转让定价，由其定义可知，不涉及公平交易中的独立参与者。因此，转让定价被买卖双方老练地操控。因此，制定合理的转让价格往往是以专利为基础的减税策略取得总体成功的最重要的决定性因素之一。正确地进行转让价格估值可以产生有效且合法的安排，而不当或过于激进的估值可能导致税务机关的调查，并且代价高昂。

13.2.1 转让定价是如何降低税额的

转让定价方案的主要目的是将企业组织的收入从较高税率司法管辖区转移到较低税率司法管辖区。这种转移通常由母公司的子公司完成（见图13.2）。在较低税率司法管辖区的子公司将一些资产或服务销售（或许可）给在较高税率司法管辖区的母公司的子公司。这种安排的结果增加了在较高税率司法管辖区的子公司的额外费用，但反过来降低了在这些司法管辖区的应纳税所得额。相应地，较低税率司法管辖区的实体从这种转移中获得了收入，增加了在较低税率司法管辖区的应纳税所得额。由于收入已经从较高税率司法管辖区转移到较低税率司法管辖区，实际影响是降低了综合性商业组织的总的纳税义务。

13.2.2 构建以专利为基础的转让定价体系

知识产权资产，包括专利，特别适合于转让定价体系。其构思是将商业组织大部分有价值的知识产权资产转让给位于较低税率司法管辖区的子公司（知识产权控股公司）（见图13.3）。然后知识产权控股公司将知识产权资产许可给该组织的经营子公司，由此将经营子公司的应纳税所得额的一部分转移到知识产权控股公司所在的较低税率司法管辖区。

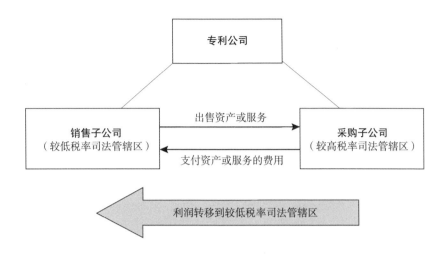

图 13.2　基本的转让定价体系

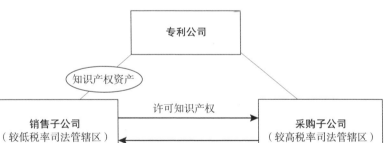

图 13.3　基本的以知识产权为基础的转让定价体系

一旦构建了基本的以知识产权为基础的转让定价体系，其减税的角色不仅仅局限于转让定价。知识产权控股公司还可以向母公司所在的司法管辖区以外的第三方客户许可本组织的知识产权，使本组织在较低税率司法管辖区内赚取应纳税所得额（见图 13.4）。实际体系通常比我们在图 13.4 中给出的体系更加复杂。实际体系经常涉及实现知识产权控股公司的基本职能的多家子公司，并且这些子公司可以位于世界各地的多个税务司法管辖区。然后在基本体系的基础上对贷款和股息支付进行层次化，在整个商业组织内转移资金。大多数这类增加了复杂性的体系受到将税后利润返回到组织实体内能够最好地使用这项额外资金的想法所驱动，但不产生实质的新的纳税义务。大多数这类增加了复杂性的体系受到如下想法的驱动，即，将税后利润返回到组织内能够最好地利用这项额外资金而不产生实质的新的纳税义务的实体。

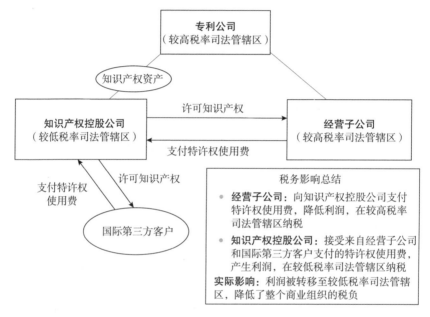

图 13.4　较为详细的基本的以知识产权为基础的转让定价体系

13.2.3　以知识产权为基础的转让定价体系的早期历史

国际上首次广泛采用以知识产权为基础的转让定价体系来减少税务负担的做法可以追溯到 20 世纪 70 年代，当时，一些公司将各种知识产权权利转让给在波多黎各的子公司，同时利用美国和波多黎各的税法。这种转让可以是结构化的，从而，随后从特许权使用费取得的收入无论在美国还是波多黎各都不纳税。[9]

这种早期的波多黎各策略广为人知的例子是制药公司 Eli Lilly 及其药物 Darvon 的专利。Darvon，盐酸丙氧芬的商标名称，因潜在的心脏毒性已经退出了美国市场，而在当时被视为有前途的一类新的可能无上瘾性的合成镇痛药，广泛用于缓解疼痛。Eli Lilly 公司在美国开发的 Darvon，并且将相关的研发费用在其美国联邦所得税申报表中作为商业费用。Eli Lilly 公司将 Darvon 的专利（美国专利 2 728 779 和后来的生产 Darvon-N 的改进专利）转让给了它在波多黎各的一家也生产在全球范围内销售的药物的子公司。Eli Lilly 公司利用 Darvon 专利有效地排除了与其竞争的医药产品，并从 Darvon 的销售中获得了可观的利润。利用在波多黎各的子公司把这些利润中的一部分从较高税率的美国转移到较低税率的波多黎各，最终导致 Eli Lilly 公司和 IRS 之间的诉讼。[10]

美国税务法院（US Tax Court）在其 1985 年的一份超过 200 页的意见书中认为，专利转让是允许的，但 Eli Lilly 公司在母公司和子公司之间分配收入和费用扣除所采用的转让价格需要调整以反映"公平价格"（arm's length prices）。该体系是没有问题的，但转让定价交易的价格是有问题的。美国税务法院提出的一个重要观点是，企业持续努力策略性地构建专利权利与义务来降低税务负担的核心是"纳税人有权利安排将他们的税务负担降到最低的事务"。[11]纳税人"在存在较低纳税义务的途径的情况下，不是必须追求产生更高纳税义务的行为"。[12]

13.3　确定专利权的转让价格

只要转让价格公平，并且反映了交易的真实经济状况，通过转让定价体系将收入转移到较低税率司法管辖区是不违反法律的。问题是构建方可能认为的公平可能会受到税务机关的质疑。减税策略常涉及两个领域的不确定性：

（1）税务机关审计交易的不确定性。

（2）税务机关成功调查交易的一些因素的不确定性。

对于转让定价体系，最有可能受到调查的因素是交易中转让价格的公平性。

当税务机关调查转让价格的公平性时，对于公司纳税人来说，代价是昂贵的。2006 年，全球制药公司 GlaxoSmithKline 同意向 IRS 支付 34 亿美元来和解转让定价案。IRS 曾声称，Glaxo 不足额缴纳美国税的历史可以追溯到 1989 年。34 亿美元的和解费，这是有史以来 IRS 解决税务纠纷所开出的最大罚单，也许可能会更糟糕，据报道，Glaxo 估计"该事件可能花费高达 150 亿美元"。[13]

13.3.1　转让定价法规：Section 482 概述

就美国税法的目的而言，美国国内收入法（IRC）Section 482 及相关法规为关联交易定价提供了主要的治理依据。Section 482 包括两句话，表面上看显得无关紧要。Section 482 规定：

任何两个或两个以上的组织、交易单位或工商企业（不论是否组成公司、不论是否在美国组建、也不论是否存在从属关系），被同一利益集团直接或间接拥有或控制的任何情况下，如果［财政部］部长决定，为了防止逃税或清楚反映这些组织、交易单位或工商企业的所得，在这些组织、交易单位或工商企业之间划分、按比例分配或划归总所得、扣除额、抵免额或免税额，是有必要的，那么他就可以进行这样的划分、按比例分配或划归。在任何无形资产的转让（或许可）时［section 936（h）（3）（B）的规定］，转让或许可所产生的所得应当与归属于这笔无形资产的所得相符。

根据这两句话构建起了庞大的法律体系。超过 100 页的现行法规根据 Section 482 颁布，整个法规记述了符合 Section 482 和现行法规的细节和复杂性。[14] 我们不打算整理所有关于 Section 482 的复杂体系。这一章的目标是更为适度。我们希望简单地解释 Section 482 的基本作用、在专利权上的应用，以及对相关方之间的无形资产转让定价进行指导。

13.3.2 Section 482 的目的

Section 482 可追溯到 20 世纪早期。20 世纪 20 年代，美国国会意识到一些公司利用控股企业巧妙地将收入转移到较低税率司法管辖区，[15] 并以 1928 年的税收法案予以回应，该税收法案最终成为 1954 年的 IRC 的 Section 482。Section 482 允许 IRS 为了防止纳税人逃税或更真实地反映集团组织的所得，可以在关联企业之间重新分配利润、扣除额、抵免额或免税额。Section 482 的目的是"通过确定受控纳税人的真实应纳税所得额，使受控纳税人与非受控纳税人达到税务平等（parity）"。[16]

13.3.3 公平定价标准和可比性

在众多情况下，Section 482 和现行法规通过对关联交易中收取的费用应用公平定价标准确定真实的应纳税所得额。[17] 在非受控企业参与了同一交易的情况下，如果关联方的转让价格与将收取的费用相一致，则他们的转让价格符合公平定价标准。公平定价标准旨在采用公平的以市场为基础的估值技术。理想地说，寻求制定转让价格的各方会确定已经由各非关联方自愿并独立谈判的完全相同的交易。于是，这些完全相同、独立的交易的价格将作为关联交易的转让价格。

现实中，完全相同、独立的交易极难确定。现行法规认识到这一问题并采用可比性分析来解决这一问题。通过在可比较的情况下参考可比较的、独立的交易可以满足公平定价标准。由定义可知，可比性分析容易受到主观因素的影响。现行法规内容庞大的原因之一是试图解决主观性问题和人为操纵的可能性。现行法规试图通过提供允许的定价方法，确定可比性的参数，以及解释可比性如何涉及多种定价方法，来实现公平定价标准。如果纳税人能够证明，根据公平定价标准，转让价格在合理的范围内，则 IRS 不会在受纳税人控制的企业之间重新分配所得。

13.3.4 最佳方法准则

现行法规提供了许多可为法规接受的制定转让价格的方法，使转让价格符合公平定价标准（参见下文）。然而，由于可比性分析具有内在的主观性和潜在的人为操纵性，现行法规要求纳税人采用"最佳方法"。在可接受的方法之间没有严格的优先级，没有一种方法被认为比另一种更可靠。相反，最佳方法准则要求，对于纳税人来讲，要符合公平定价标准，纳税人必须采用提供由公平交易产生最可靠的度量的方法。现行法规继续解释了符合最佳方法的具体方法，"只要根据这个方法假设的可比性、数据的质量和可靠性使该方法比任何其他可用的根据公平定价结果的度量更可靠。"[18] 现行法规还提供了很多有助于具体说明如何应用最佳方法准则的示例。[19]

13.3.5 根据 Section 482 对无形资产定价

现行法规认可一些纳税人可以用来证明其转让价格符合公平定价标准的具体方法。根据关联交易涉及有形资产还是无形资产，应用不同的方法。由于我们论述的是以专利为基础的减税策略，因而无形资产定价方法是本部分的关注点。专利、发明、配方、工艺、外观设计、图案或技术秘密均包括在无形资产的释义内。[20]

13.3.5.1 无形资产和超级特许权条款

为无形资产的关联方转让制定公平交易价格特别具有挑战性。1986 年，美国国会通过了所谓的超级特许权条款，以应对这些挑战。超级特许权条款源自 1986 年的税收修正案增加的 Section 482 的第二句。Section 482 的第二句为：

> 在任何无形资产的转让（或许可）时［Section 936（h）（3）（B）］，转让或许可所产生的所得应当与归属于这笔无形资产的所得相符。

这句话规定了证明无形资产的关联方转让符合公平定价标准的新方法和 IRS 的定期调整权。超级特许权条款引发了美国公司不能够充分证明将无形资产转让给外国子公司符合公平价格标准的担忧。

一般来说，无形资产往往较有形资产具有更少的可比较的交易数据，这使可比性分析更成问题。对于一般没有可比较的交易作为参考的所谓的"超级无形资产"[21]（利润极高的无形资产，如某些药物专利），产生公平交易价格的难度最为严重。拥有超级无形资产的公司很少将这些无形资产转让给非受控企业。在早期阶段，完全缺乏可比较的交易，加上超级无形资产的不确定性，为美国公司创造了一个可以为自身谋取利益的环境。他们可以以调低超级无形资产的真实价值的单一的一次性付款或重复性收取特许权使用费的方式，把他们的超级无形资产转移到低税率的外国司法管辖区。每个案件的影响是减少了美国的正当税收。将未来的利润转移到低税率的外国司法管辖区并非不恰当。然而，逃避对通过调低转让价格向外国子公司转让超级无形资产产生的利润缴纳美国税是不恰当的。

超级特许权条款对无形资产引入了"与收入相符"标准，允许 IRS 根据 Section 482 定期调整无形资产的转让价格。[22]由于 IRS 能够重新审查转让价格以确保它反映了无形资产在市场中实际产生的收入，因此超级特许权条款降低了美国公司低价转让无形资产的能力。

13.3.5.2 可接受的无形资产定价方法

受到公平定价标准、最佳方法准则、可比性要求和与收入相符标准的制约，现行法规明确允许三种无形资产定价方法：

（1）可比非受控交易法（CUTM）

（2）可比利润法（CPM）

（3）利润分割法（PSM）

如果纳税人能够证明其他方法（非指定方法）能产生公平交易结果，那么现行法规也允许使用这样的方法。

1）可比非受控交易法

CUTM[23]通过调查"可比非受控交易中收取的费用"[24]来评估无形资产的转让定价是否符合公平定价标准。这个方法的优点是，如果可以发现这样的可比交易，就会提供根据自愿独立的买方和卖方的决定从市场衍生估值，从而避免尝试更详细的估值计算，这种估值计算伴随着有可能涉及的大量假设带来的不确定性和风险。

如果存在与正被定价的关联交易相同或基本相同条件下进行的"相同的"无形资产的非受控转让，那么 CUTM 通常是对关联交易定价的最佳方法。"如果最多只具有细微差别，即该差别对收取的费用具有确定合理清楚的影响并对其做出适当调整"，[25]那么非受控交易的条件基本上会被认为与该关联交易的条件相同。

如果不能找到基本相似的非受控交易，那么 CUTM 允许纳税人使用可比性分析。纳税人可以使用涉及"可比条件下的可比无形资产的转让"的非受控交易。[26]现行法规提供判断无形资产的可比性和非受控交易的条件的详细指南。由于非受控交易中的无形资产被认为与关联交易中的无形资产可比较，因此这两笔无形资产必须：

■ 用于相同行业或市场内的同类产品或方法。

■ 有类似的盈利潜力。

现行法规规定，衡量盈利潜力的最可靠的方法是，通过"根据资本投入和所需的启动费用、所承担的风险以及其他相关因素，直接计算通过无形资产的应用或后续转让实现的利润（根据预期要实现的利润或要节省的费用）的净现值"。[27]现行法规继续规定，对真实衡量盈利潜力的要求"增加了关于有必要应用无形资产的潜在利润总额和潜在投资回报率"。[28]当纳税人不能获得进行净现值计算所需的信息，而且对真实衡量盈利潜力的要求很低时，盈利潜力的比较可以根据下面的可比条件因素进行：

■ 转让的条件。

■ 在无形资产所应用的市场中无形资产所处的发展阶段。

■ 对无形资产进行改进、改版或变更的权利。

■ 所有权的排他性以及保持这一排他性的期限。

■ 许可、合同或其他协议的期限，以及任何终止或重新谈判的权利。

■ 受让方承担的任何经济和产品责任风险。

■ 受让方和转让方之间存在任何担保交易或持续的业务关系，或者这样的任何担保交易或持续的业务关系的程度。

■ 由转让方和受让方履行的权利与义务。[29]

2）可比利润法

CPM[30]使用一种与 CUTM 相比非常不同的方式评估无形资产的转让价格是否符合公平定价标准。CUTM 调查可比交易，而 CPM 关注的是对可比对象的盈利能力的衡量（利润水平指标）。CPM 的基本思想是，使用在相似条件下进行与关联交易类似的商业活动的非受控纳税人的利润水平指标。这些利润水平指标旨在向关联交易显示进行可比交易的可比商业活动的利润率。然后对关联交易适用该利润率，来判断这样的利润率所产生的转让价格。

具体地说，CPM 规定，如果"受测方"的利润水平指标与可比经营利润相同，那么通过计算受测方在关联交易中获得的经营利润可以表明公平交易结果。[31]受测方是关联交易的参与者，其归属于该交易的经营利润"可以使用最可靠数据和需要最少、最可靠的调整来验证，并且可以为此确定非受控比较方的可靠数据。"[32]结论是受测方往往是受控纳税人最不复杂的一方，并且往往不拥有与潜在的非受控比较方有区别的有价值的无形资产或独有资产。

CPM 方法为进行财务比率分析的人所熟知。Section 482 称作利润水平指标（见文本框 13.2）仅是一个比率，衡量利润与成本或配置的资源之间的关系。这个比率来自在相似条件下进行与关联交易类似的商业活动的非受控纳税人。现行法规中规定，如果受测方和非受控比较方之间的差异会实质上影响这一比率的可靠性，那么应当做出调整。一旦该比率被确定，转让价格就通过计算产生该比率所需的转让价格来判断。例如，如果相关比率是销售的营业利润与可比的非受控纳税人产生 3% 的销售营业利润率，那么转让价格就是对受测方的营业利润使用 3% 的销售营业利润率计算出来的价格。然而，实际上，可比非受控纳税人并不产生单一的利润率。每个非受控纳税人的利润率可能有轻微差别，而一组可比方一起提供了一个利润率范围，现行法规规定了如何确定和使用该范围的详细指南。[33]

文本框 13.2　利润水平指标说明

利润水平指标定义为"衡量利润与成本或配置的资源之间的关系的比率"。[34]判断具体转让价格的具体的利润水平指标是否恰当取决于众多因素，包括：

- 受测方的商业活动的性质。
- 可获得的非受控可比方的数据的可靠性。
- 在一定程度上，利润水平指标可能会产生对受测方的可靠的公平交易收入的判断。

现行法规中具体规定了两个利润水平指标，可以提供比较营业利润的可靠依据：

（1）资本收益率：资本收益率是营业利润与经营性资产的比。在经营性资产对受测方和非受控可比方产生营业利润发挥更大作用的情况下，该指标具有很强的相对性。

（2）财务比率：可以使用衡量利润与成本或销售收入之间的关系的财务比率。与资本收益率相比，财务比率对功能性差异更敏感，因而，在使用财务比率分析时，需要更多的可比性分析。适用的具体财务比率包括营

业利润与销售额的比率和总利润与营业费用的比率。

　　另外，如果纳税人能够证明其他利润水平指标能够对受测方在公平交易中获得的收入进行更真实的衡量的话，现行法规也允许使用其他这样的利润水平指标。[35]

　　3）利润分割法（PSM法）

　　明确规定的最后一个方法是PSM法，[36]PSM法试图通过评估交易各方的经济贡献，然后根据各受控纳税人的贡献在各方之间划分营业利润或亏损来确定关联转让的公平价格。现行法规规定，"以反映相关商业活动中的各参与方所起的作用、承担的风险和投入的资源的方式"[37]来确定这个相对值。营业利润或亏损的分配试图模拟在各方不是关联方时产生的利润或者亏损的划分。一旦利润分割被确定，转让价格就可以通过受控纳税人产生这样的利润分割所需的转让价格来计算。

　　现行法规允许使用两种不同的PSM方法来确定利润分割。一种是可比PSM法，另一种是剩余利润PSM法。

　　在可比PSM法[38]中，利润分割是参考在相似交易和商业活动中的各非受控纳税人之间的营业利润的分配衍生的。然后，使用从这些非受控交易中衍生的营业利润分配在关联交易中的各关联方之间分割营业利润。[39]

　　实际上，似乎很少使用可比PSM法，即使有也非常少[40]。首先，可比PSM法的可靠性取决于很多因素，这往往极大地限制了潜在的有意义的可比方的范围。其中的两个因素是：在会计实务中受控纳税人和非受控纳税人之间的一致性程度，以及可获得的关于相关商业活动和参与方的其他商业活动之间的成本、收入和资产的分配数据的可靠性。[41]即使在确定了可比方的情况下，进行可比PSM法分析的财务数据往往是不能获得的保密的专有信息。

　　剩余利润PSM法[42]尝试隔离由关联交易的主体的独有无形资产明确产生的利润的剩余利润池。这一构思是为了去除那些往往更容易定价的常规贡献，然后试图分配剩余利润。剩余利润PSM法通常用于关联交易的双方均贡献有价值的无形资产的更复杂的交易。[43]剩余利润PSM法的过程包括两个步骤，如下所示：[44]

　　（1）为交易中的每一个关联方分配足够的营业收入来补偿关联交易的常规贡献（例如，交易、分销和市场服务或其他服务中包括的有形资产的贡献）。[45]确定常规的贡献需要对所起的作用、承担的风险和所投入的资源进行功能分析。根据可比的非受控纳税人进行类似商业活动确定常规贡献的补偿率。

（2）根据各关联方对交易的非常规贡献的相对价值在各关联方之间分配剩余利润（在步骤 1 的利润分配之后剩余的利润）。[46]如果非常规贡献来自非常规无形资产的贡献，那么这样的贡献的相对价值可以以多种方式确定。现行法规明确批准以下方法：

■ 参照反映各无形资产的公平市场价值的外部市场基准。

■ 根据每项无形资产的使用寿命减去适当的摊销额来估算开发无形资产的资本化成本。

■ 如果随着时间的推移，各关联方的无形资产开发支出相对固定，并且各关联方贡献的无形资产的使用寿命大致相同，则计算近几年的实际支出额。

与可比 PSM 法相比，剩余利润 PSM 法更经常用于确定转让价格。《联合国发展中国家转让定价实用手册》（*United Nations Practical Manual on Transfer Pricing for Developing Countries*）2011 年 5 月的工作草案提供了剩余利润 PSM 法与可比 PSM 法的如下比较：

> 出于两个原因，剩余利润 PSM 法比可比 PSM 法更多地应用于实践中。首先，剩余利润 PSM 法将复杂的转让定价问题分解成两个可操作的步骤。第一步，根据可比方确定常规商业活动的基本回报。第二步，不仅根据可比方，而且根据在很多情况下的实际方案中的相对价值，来分析通常独有的无形资产的回报。其次，由于在潜在的更具争议性的第二步中减少了利润分割的数额，因而通过利用两步骤的剩余利润 PSM 法降低了与税务机关的潜在冲突。[47]

4）未指定的方法

如果纳税人能够证明其他方法能产生更好的公平交易结果，那么现行法规也允许使用未指定的方法。这种做法与当前偏好灵活的最佳方法的解决方案相一致，并且在确定最能反映经济状况的任何具体交易的估值过程中，对部分纳税人来说提供了更具创造力的可能性。

13.3.6 预约定价安排

为了减少关联方转让定价体系的某些风险和不确定性，纳税人可以尝试与一个或更多的政府税务部门达成预约定价安排（APA）。APA 是纳税人与税务机关协商以使关联方交易中使用的转让定价方法获得批准的协议。纳税人同意在给定时间内使用指定的方法，以换取税务机关同意不寻求任何转让定价调整。

尽管取得 APA 能够降低纳税人的转让定价方法的不确定性，但是这也会增加其他不确定性。请求 APA 将纳税人的关联方交易置于税务机关的监管之下，这牵涉其自身的一系列不确定性和风险。对于很少有争议的简单安排，引入 APA 过程可能并无益处。另外，在考虑使用一种新的或有争议的体系的情况下，APA 可提供很好的清晰度。APA 过程也给予纳税人对当前法规未考虑的转让定价问题提出更具创造性的解决方案的机会。只要建议的方案是合理的，并且纳税人能使税务机关确信所提方案的合法性，那么，APA 可以使纳税人确信，在所涉时期内，税务机关将不会是诉讼不确定性的源头。在纳税人的体系涉及遍布世界各地的税务机关时，的确如此。各单独的税务机关可能对关联方交易的收入的合规性分配持有非常不同的观点，这会导致不确定性成倍增长。在这些情形下，包括多个税务机关可接受的转让定价方法的 APA 值得尝试。

参考文献

[1] Ad Hoc Group of Experts on International Cooperation in Tax Matters. June 26, 2001. "Transfer Pricing: History, State of the Art, Perspectives." *United Nations Document* 2: ST/SG/AC. 8/2001/CRP. 6.

[2] Bonano, William. Feb. 1999. "Transfer Pricing for Intangible Property under Section 482." *International Tax Bulletin—Pillsbury Winthrop Shaw Pittman LLP Tax Page.*

[3] Devereux, Michael, Ben Lockwood, and Michela Redoano. 2002. "Do Countries Compete over Corporate Tax Rates?" Warwick Economic Research Paper No. 642.

[4] Drucker, Jesse. Sept. 28, 2006. "How Merck Saved $1.5 Billion Paying Itself for Drug Patents: Partnership with British Bank Moved Liabilities Offshore; Alarmed U.S. Cracks Down—'The Art of Tax Avoidance.'" *Wall Street Journal.*

[5] Drucker, Jesse. Oct. 21, 2010. "Google 2.4% Rate Shows How $60 Billion Lost to Tax Loopholes." *Bloomberg.*

[6] Eicke, Rolf. 2008. *Tax Planning with Holding Companies: Repatriation of US Profits from Europe: Concepts, Strategies, Structures.* The Netherlands: Kluwer Law International.

[7] Feinschreiber, Robert. 2001 *Transfer Pricing Handbook.* 3rd ed. Somerset, NJ: John Wiley & Sons. Finfacts Team. Mar. 9, 2006. "Microsoft to Hide Irish Tax Haven Data of Subsidiaries That Have Saved It Billions of Dollars in US Taxes." *Finfacts Ireland Business News.*

[8] Hizengrath, David. Sept. 12, 2006. "Glaxo to Pay IRS $3.4 Billion—Tax Settlement Is Biggest in Agency's History." *Washington Post.*

[9] Internal Revenue Service Press Release. Feb. 14, 2007. "Merck Agrees to Pay IRS $2.3 Billion." www. irs. gov/newsroom/article/0,, id = 167773,00. html.

［10］ King, Elizabeth. 2008. *Transfer Pricing and Corporate Taxation: Problems, Practical Implications and Proposed Solutions.* New York: Springer.

［11］ Lent, Robert. 1966. "New Importance for Section 482 of the Internal Revenue Code." *William and Mary Law Review* 7: 345.

［12］ *New York Times.* Nov. 17, 2005. "American Ingenuity, Irish Residence."

［13］ Sartori, Nicola. 2009. "Effects of Strategic Tax Behaviors on Corporate Governance." http://works.bepress.com/nicola_ sartori/1.

［14］ Simpson, Glenn. Nov. 7, 2005. "Irish Subsidiary Lets Microsoft Slash Taxes in U. S. and Europe: Tech and Drug Firms Move Key Intellectual Property to Low-Levy Island Haven Center of Windows Licensing." *Wall Street Journal* A1.

［15］ Smith, Gordon V., and Parr, Russell L. 2005. *Intellectual Property: Valuation, Exploitation, and Infringement Damages.* Hoboken, NJ: John Wiley & Sons.

［16］ *Working Draft of the United Nations Practical Manual on Transfer Pricing for Developing Countries.* May 2011. www. un. org/esa/ffd/tax/documents/bgrd_ tp. htm.

［17］ Wright, Deloris. 1993. *Understanding the New U. S. Transfer Pricing Rules.* Chicago, IL: Commerce Clearing House.

注　释

1. Jesse Drucker, "How Merck Saved ＄1. 5 Billion Paying Itself for Drug Patents: Partnership with British Bank Moved Liabilities Offshore; Alarmed U. S. Cracks Down—'The Art of Tax Avoidance,'" *Wall Street Journal* (Sept. 28, 2006).

2. Drucker.

3. Internal Revenue Service Press Release, "Merck Agrees to Pay IRS ＄2. 3 Billion" (Feb. 14, 2007), www. irs. gov/newsroom/article/0,, id = 167773, 00. html.

4. Mark Everson, Written Testimony before Senate Committee on Finance on Compliance Concerns Relative to Large and Mid-Size Businesses (June 13, 2006), www. irs. gov/newsroom/article/0,, id = 158644,00. html.

5. Glenn Simpson, "Irish Subsidiary Lets Microsoft Slash Taxes in U. S. and Europe: Tech and Drug Firms Move Key Intellectual Property to Low-Levy Island Haven Center of Windows Licensing," *Wall Street Journal* (Nov. 7, 2005), A1; New *York Times* "American Ingenuity, Irish Residence" (Nov. 17, 2005).

6. Simpson, A1.

7. 同上.

8. Ad Hoc Group of Experts on International Cooperation in Tax Matters, "Transfer Pricing: History, State of the Art, Perspectives," *United Nations Document* 2 (June 26, 2001): ST/SG/AC. 8/2001/CRP. 6.

9. Deloris Wright, *Understanding the New U. S. Transfer Pricing Rules* 14 – 15 (1993).

10. *Eli Lilly and Co. v. Commissioner*, 84 T. C. 996 (1985). Other cases challenging similar structures were *GD Searle & Co. v. Commissioner*, 88 T. C. 25 (1987) and *Bausch and Lomb v. Commissioner*, 91-1 USTC P. 50, 244, 933 Fed . 2d 1084 (2d Cir. 1991).

11. *Eli Lilly and Co. v. Commissioner*, 84 T. C. 996, 1120 (1985).

12. 同上。

13. David Hizengrath, "Glaxo to Pay IRS $3.4 Billion—Tax Settlement is Biggest in Agency's History," *Washington Post* (Sept. 12, 2006).

14. 参见, e. g. , Robert Feinschreiber, *Transfer Pricing Handbook*, 3rd ed. (2001); and Robert Cole, contributing author and ed. , *Practical Guide to U. S. Transfer Pricing*, 3rd ed. (2006).

15. 参见 Robert Lent, "New Importance for Section 482 of the Internal Revenue Code," *William and Mary Law Review* 7 (1966): 345, 346.

16. Income Tax Reg. sec. 1.482 - 1.

17. 同上。

18. Income Tax Reg. sec. 1.482 - 8 (a).

19. Income Tax Reg. sec. 1.482 - 8 (b) and sec. 1.482 - 8T.

20. Income Tax Reg. sec. 1.482 - 4 (b) (1).

21. Wright, 503.

22. Income Tax Reg. sec. 1.482 - 4 (f) (2).

23. Income Tax Reg. sec. 1.482 - 4.

24. Income Tax Reg. sec. 1.482 - 4 (c) (1).

25. Income Tax Reg. sec. 1.482 - 4 (c) (2) (ii).

26. 同上。

27. Income Tax Reg. sec. 1.482 - 4 (c) (2) (iii) (B) (1) (ii).

28. 同上。

29. Income Tax Reg. sec. 1.482 - 4 (c) (2) (iii) (B) (2).

30. Income Tax Reg. sec. 1.482 - 5.

31. Income Tax Reg. sec. 1.482 - 5 (b) (1).

32. Income Tax Reg. sec. 1.482 - 5 (b) (2).

33. Income Tax Reg. sec. 1.482 - 5 (b) (3) and sec. 1.482 - 1 (c) (2).

34. Income Tax Reg. sec. 1.482 - 5 (b) (4).

35. Income Tax Reg. sec. 1.482 - 5 (b) (4) (iii).

36. Income Tax Reg. sec. 1.482 - 6.

37. Income Tax Reg. sec. 1.482 - 6 (b).

38. Income Tax Reg. sec. 1.482 - 6 (c) (2).

39. Income Tax Reg. sec. 1.482 - 6 (c) (2) (i).

40. Wright, 111.

41. Income Tax Reg. sec. 1. 482 – 6 (c) (2) (ii) (C).

42. Income Tax Reg. sec. 1. 482 – 6 (c) (3).

43. *Working Draft of the United Nations Practical Manual on Transfer Pricing for Developing Countries* (May 2011): 63, www. un. org/esa/ffd/tax/documents/bgrd_ tp. htm.

44. Income Tax Reg. sec. 1. 482 – 6 (c) (3) (i).

45. Income Tax Reg. sec. 1. 482 – 6 (c) (3) (i) (A).

46. Income Tax Reg. sec. 1. 482 – 6 (c) (3) (i) (B).

47. *Working Draft of the United Nations.*